化学
分析原理与应用研究

刘娟丽　　王丽君　　刘艳凤　编著

HUAXUE
FENXI YUANLI YU YINGYONG YANJIU

中国水利水电出版社
www.waterpub.com.cn

内 容 提 要

本书是作者在总结近年来分析化学学科进展的基础上编撰而成的。全书包括导言、分析误差与数据处理、滴定法分析、光谱分析、色谱分析、电化学分析、生化分析、复杂物质分析、质谱分析、新型化学应用进展几大类,每一类中都涉及与其相关的具体分析方法的原理与应用的阐述。

本书内容丰富,文字表述简明扼要、重点突出,是一本适合分析化学研究爱好者阅读的实用性强的学术著作,对相关院校专业的师生和相关领域的研究人员而言,也是一本颇为有益的参考书。

图书在版编目(C I P)数据

化学分析原理与应用研究 / 刘娟丽,王丽君,刘艳
凤编著. -- 北京 : 中国水利水电出版社,2014.7(2022.10重印)
 ISBN 978-7-5170-2320-3

 Ⅰ. ①化… Ⅱ. ①刘… ②王… ③刘… Ⅲ. ①化学分
析—研究 Ⅳ. ①O65

中国版本图书馆CIP数据核字(2014)第178411号

策划编辑:杨庆川　责任编辑:石永峰　封面设计:崔　蕾

书　　名	化学分析原理与应用研究
作　　者	刘娟丽　王丽君　刘艳凤　编著
出版发行	中国水利水电出版社
	(北京市海淀区玉渊潭南路1号D座 100038)
	网址:www.waterpub.com.cn
	E-mail:mchannel@263.net(万水)
	sales@mwr.gov.cn
	电话:(010)68545888(营销中心)、82562819(万水)
经　　售	北京科水图书销售有限公司
	电话:(010)63202643、68545874
	全国各地新华书店和相关出版物销售网点
排　　版	北京鑫海胜蓝数码科技有限公司
印　　刷	三河市人民印务有限公司
规　　格	184mm×260mm　16开本　18.25印张　444千字
版　　次	2015年1月第1版　2022年10月第2次印刷
印　　数	3001-4001册
定　　价	64.00元

前　言

  分析化学是研究物质的组成、结构、形貌和含量的表征理论、方法、技术及相关信息的一门科学。其研究范围和应用领域非常广泛，在推动科学技术进步和社会可持续发展中具有十分重要的作用。在学科间的交叉、渗透和融合过程中，分析化学的新理论、新方法和新技术层出不穷，导致了分析对象的多样性、不确定性与复杂性的急剧增加，使得分析化学面临着新的机遇与挑战。

  本书共分 10 章，第 1 章分析化学导言，简要介绍了分析化学的发展史、前沿领域、分类、任务和作用；第 2 章对分析化学中的误差与数据处理的相关知识进行了阐述，包括试样的采集、制备、分解，测定方法的选择，测定结果分析，误差分析，有效数字表示，数据的统计等；第 3～9 章为化学分析部分，分为滴定法分析、光谱分析、色谱分析、电化学分析、生化分析、复杂物质分析、质谱分析几大类，每一类中都涉及与其相关的具体的分析方法，着重介绍了各类方法的原理、相应的仪器，并给出了具体的应用实例。此外，为了更好的突出本书知识的先进性，在本书的第 10 章中还就当前分析化学应用的新领域展开了讨论，包括酶法分析、药物分析、免疫分析、活体分析、危险物品分析、环境分析化学、分析化学信息、高分子材料性能分析等内容。

  本书在编撰过程中，力求体现较高的科学性和先进性，在内容编排上尽量做到简明扼要、重点突出。本书的写作特点可以总结为：

  (1)改变传统编排体系，将众多分析方法按大类进行写作，更好地与社会发展趋势与需求完美结合。

  (2)内容选择方面做到与时俱进，增加新的知识，强调对学习者创新意识的培养，同时交代清楚各种分析方法的发展脉络。

  (3)注重理论的前沿性，在传统分析技术的基础上引入新型分析技术，以增强理论的先进性。

  (4)编撰过程中力求做到阐述时语言简明扼要，文字流畅通顺，避免重复叙述。

  (5)科学、有层次地阐述基本内容、理论知识。

  本书在编撰的过程中参考了大量书籍，得到了多位同行的大力支持，并咨询了资深研究人员的修改意见，在此对相关作者和支持者表示衷心的感谢！由于作者水平有限，本书虽经过多次修正，仍难免有疏漏和不当之处，热忱欢迎专家、学者批评指正，帮助我们在实践过程中不断完善和提高。

作　者

2014 年 6 月

目　　录

第 1 章　分析化学导言

1.1　化学分析的发展简史及前沿领域

分析化学是化学学科的重要分支,它通过建立、改进和应用分析方法,对物质的化学组成、结构及现象进行定性鉴别和定量检测的科学。分析化学的基本任务是建立和改进分析方法,鉴别物质的化学组成与结构,测定其组成的含量,以及确定产生特定化学效应的物质基础等。现代科学技术的发展促进了分析化学迅速发展,同时,分析化学的发展也为现代科学提供了更多的关于物质组成和结构的信息。

1.1.1　化学分析的发展简史

分析化学是一门获得物质的组成和结构信息的科学,这些信息对于生命科学、材料科学、环境科学和能源科学都是必不可少的,因此分析化学被称为科学技术的眼睛,是进行科学研究的基础。

分析化学应该起始于人们对物质组成奥秘的探索,在其过程中必然涉及一些技术和方法的使用,如通过简单的分离或提纯手段,逐步加深对组成物质中不同组分特性的了解与认识。反之,又依据物质组分特性,改进和发展使用的技术和方法。所以,分析化学作为人们认识物质世界运动规律的有效手段与工具,在不断的"实践、认识,再实践、再认识"的往复过程中逐步形成和发展。其显著的特点表现在:

①人们对物质世界的深入探索进程中,对新的分析技术与方法的需求不断加剧。

②其他学科以及化学相关学科的发展,尤其是与这些学科的交叉、渗透和结合,引起分析化学的革命性变革。

③科学技术研究和国民经济发展的各个领域所面对的复杂问题,促使分析技术与方法不断改进和创立。

就近代分析化学而言,一般认为分析化学经历了三次巨大的变革。

第一次变革是在 20 世纪初,随着物理化学的溶液平衡理论(酸碱平衡、氧化还原平衡、配位平衡、沉淀平衡)的建立,并且被引入到分析化学,从而使分析化学由一种检测技术发展成为一门具有系统理论的科学,确立了作为化学分支学科的地位。

第二次变革是在 20 世纪 40 年代以后,由于物理学和电子学、半导体以及原子能技术的发展,促进了分析化学中物理方法的发展,出现了以光谱分析、极谱分析为代表的仪器分析方法,改变了以化学分析为主的局面,使经典分析化学发展成为现代分析化学。

第三次变革是 20 世纪 70 年代末至今,由于生命科学、环境科学、新材料科学等发展的要求,生物学、信息科学、计算机技术的引入,分析化学的内容和任务不断地扩大和复杂;再者,由于学科之间的相互交叉与促进,特别是与生物学、信息学、计算机技术等学科的交叉与渗透,使得分析化学的新理论、新技术、新方法、新仪器不断产生和发展,已经成为人们获取物质全面信息,进一步认识自然、改造自然的重要科学工具,标志着分析化学已经发展到具有综合性和交叉性特征的分析科学阶段。

分析化学在许多涉及人类健康和生命安全的领域得到了充分的发挥,如食品安全、环境保护、突发事件的处理等。化学分析是建立在高灵敏度、高选择性、自动化和智能化的新方法基础上的,这必然要求分析化学的分析手段越来越灵敏、准确、快速、简便和自动化。由此可以看出,诸多学科的理论和实际问题的解决越来越需要分析化学的参与。

综上所述,我们可以将分析化学的发展趋势概括为:

①在分析理论上与其他学科相互渗透。

②在分析方法上趋于各类方法相互融合。

③在分析技术上趋于更灵敏、快速、实用、遥测、仪器化、自动化、信息化、智能化和仿生化。

1.1.2 化学分析的前沿领域

现代分析化学完全能提供各种物质的组成、含量、结构、分布、形态等全面的信息。而微区分析、无损分析、联用技术、在线检测等新技术、新方法的应用正使分析化学向更高的境界发展,孕育着新的飞跃。

分析化学将进一步吸取生物学、微电子学、计算机学、数学、材料科学等学科的新成就,朝着提高选择性,提高灵敏度,提高分析速度的方向发展。提高分析技术的智能化水平,尽可能地获取复杂体系的多维化学信息,充分利用与挖掘化学信息。同时分析化学将由现在的化学模式转变为生物-化学模式。分析化学家将更加关注生物活性物质和生命体本身的研究。

下面简单介绍分析化学信息、环境分析化学、高分子材料性能分析等进展。

1. 分析化学信息的发展

21世纪人类已经进入信息化时代,国际的人流、物流和信息流在不断地交换和更迭,信息所包含的内容也在不断地扩展和延伸。信息具有普遍性、无限性、时效性、真伪性和保密性等多种特征。真实的信息反映客观事物的运动状态及变化规律,只有真实的信息才成为科学决策的依据。

按照载体的不同,信息可分为纸质印刷型和非纸质印刷型。纸质印刷型是目前最为主要、最为普遍的信息媒体类型,如图书、期刊等;非纸质印刷型利用的是光、电、磁技术所建立的现代信息媒体,如缩微胶片、计算机阅读型的各种文件、数据库及机读电子出版物等,特别是建立在现代计算机技术和通信技术基础上的网络系统,可以使人们以前所未有的速度和容量获取信息。

分析化学是人们利用分析方法研究物质组成、含量和结构等化学信息的科学,在科学研究和社会发展的不同领域中应用十分广泛,产生了"海量"的分析数据和分析结果,形成了巨大的分析化学信息资源,并随着计算机技术和网络技术的飞速发展而迅速传播、交流和扩展。所以,学习和掌握有效地获取与利用分析化学信息资源的基本知识,应是分析化学专业的重要内容之一。

2. 环境分析化学的发展

世界上重大环境污染事件不断出现,就不断地向分析化学提出了新课题,促进环境分析化学在解决没完没了的新难题中得到新生,引人注目的水俣病事件(甲基汞)、骨痛病事件(cd)、米糠油事件(多氯联苯)、毒大米(黄曲霉素严重超标)、瘦肉精(盐酸克伦特罗)、农药蔬菜等。

1999年3月,比利时发生二噁英污染事件。先是从鸡蛋和鸡肉中发现了二噁英,继而在饲料、乳制品、其他畜禽产品中也发现了二噁英。由于二噁英是世界上已知毒性最强的化合物,被列为一级致癌物,致癌性超过了黄曲霉毒素,因此人心惶惶。二噁英组成复杂,分为多氯二苯并二噁英和多氯二苯并呋喃,它们分别由75个和135个同族体构成,常写成PCDD/Fs。氯原子取代数目不同而使它们各有8个同系物,而每个同系物随氯原子取代位置的不同又存在众多异构体,这些异构体毒性可相差1000倍。另外,二噁英具有高度脂溶性,它先溶于脂肪,再渗入细胞核,与蛋白质结合紧密,难以分离和提取。二噁英含量甚低,进行超痕量分析易受基质中其他成分影响。所以测定前需要复杂、冗长的分离和富集步骤。二噁英的测定需用高效毛细管色谱法加高分辨质谱联用,过程耗时,花费甚高,难以推广普及。

由此可知,发展快速简便的分析方法为当务之急。目前,免疫分析法显示了一定的优越性。无机分析的难点是元素的化学形态分析,化学形态包括价态、化合态、结合态和化学结构态等。只测定污染物的含量很难说明其污染行为。例如:Cr^{6+} 的毒性比 Cr^{3+} 的毒性高100倍;亚砷酸盐的毒性比砷酸盐的毒性高60倍;同是含 N 的 NO_3^- 和 NH_4^+,在土壤中被吸附和淋溶的能力相去甚远。形态分析是一种超痕量分析,需要发展灵敏度高、检出限低的新方法。

由于环境体系的开放性、多变性,以及污染物具有时空分布的特点,需要创新,发展新的原理、新仪器,实现环境分析的连续自动化。当前,各种方法和仪器的联用,取长补短,发挥各自特点,有助于解决复杂的、重大的环境难题,如 HPLC-ICP,HPLC-ICP-MS 联用等。

3. 高分子材料性能分析进展

高分子材料作为材料领域的后起之秀,与传统的金属和无机材料相比具有许多十分突出的性能,而且来源丰富、加工方便、价格低廉。一个世纪以来,高分子材料的生产和应用取得了突飞猛进的发展,发展速度远远超过了其他传统材料。

目前,世界高分子合成材料的年产量已达2亿吨,并且在现代工业、农业、能源、交通、建筑、国防等各个领域都获得了广泛应用。在当今许多尖端技术领域,例如微电子、光电信息技术、生物技术、空间技术、海洋工程等,高分子材料也已成为不可或缺的重要材料。

高分子材料的优异性能与其特殊结构密切相关。结构是决定高分子材料使用性能的基础,而材料的性能则是其内在结构在一定条件下的表现。要知道高分子材料有什么特殊性能、可以在哪些领域应用,必须对聚合物材料的结构有必要的了解。

此外,材料的性能是决定该材料能否在特定条件下使用的依据。人们在从事高分子材料合成、加工和应用的过程中,通常需要对产品质量进行控制和评价,因此需要分析测试聚合物的各种性能。

聚合物的结构和性能分析除了使用一些经典的分析方法,还需要使用现代分析方法和技术。例如,聚合物的结构分析就涉及红外光谱、拉曼光谱、电子能谱、核磁共振、X射线衍射、电子衍射、中子散射、电子显微镜、原子力显微镜、热分析等多种现代分析仪器的使用。而对于聚合物材料的性能测试而言,由于材料的性能非常宽泛,包括力学性能、耐热性能、电性能、光学性能、流变性能等,所涉及的测试仪器和试验方法就更多了。

1.2 化学分析方法的分类

分析化学所面对的物质是多种多样和复杂的,不可能有一种分析方法或一台分析仪器能够解决所有的分析问题。因此,分析化学中包含大量分析方法,通常按照分析任务、测定原理、分析对象的不同进行分类,如表1-1所示,以方便读者了解分析方法的特殊作用和实际应用。

表1-1 常用分析方法分类

	依 据	名 称	应 用
I	分析任务	定性分析 定量分析 结构分析	鉴别物质是由哪些元素、原子团或化合物所组成 测定物质中有关组分的含量 研究物质的分子结构、晶体结构或分子形态
II	分析对象	无机分析 有机分析	无机物质,如冶金分析、地质分析、材料分析等 有机物质,如药物分析、生物分析等
III	测定原理	化学分析 仪器分析	以物质的化学反应及其计量关系为基础的分析方法,又称经典分析法,如重量分析法、容量分析法等 以物质的物理性质和物理化学性质为基础的分析方法,又称物理分析法和物理化学分析法
IV	试样用量 组分含量	常量分析 半微量分析 微量分析 超微量分析	试样质量>0.1 g,或试液体积>10 mL,或被测组分含量>1% 试样质量0.01~0.1 g,或试液体积1~10 mL 试样质量0.1~10 mg,或试液体积0.01~1 mL,或被测组分含量<0.01%~1% 试样质量<0.1 mg,或试液体积<0.01 mL,或被测组分含量<0.01%
V	任务性质	例行分析 仲裁分析	一般分析实验室对日常生产流程中的产品质量指标进行检查控制的分析 不同企业部门间对产品质量和分析结果有争议时,提请权威分析测试部门进行的裁判分析

随着分析化学的发展,仪器分析已成为分析化学的主体内容,且不断丰富和发展。主要的仪器分析方法包括光学分析法、电化学分析法、色谱分析法和其他分析法等,如表1-2所示。

表 1-2 主要仪器分析的分类

类 别		基本原理	具体方法
光学分析法		基于被测物质与电磁辐射的相互作用产生辐射信号变化,而建立的分析方法	分子光谱法、原子光谱法、化学发光法
电化学分析法		根据物质在溶液中的电化学性质及其变化规律,而建立的分析方法	电位分析法、库仑分析法、伏安分析法、极谱分析法等
色谱分析法		基于物质的物理化学性质及相互作用特性,而建立的分离分析方法	气相色谱法、高效液相色谱法、毛细管电泳法等
其他分析法	质谱分析法	物质被电离形成带电离子,在质量分析器中按离子质荷比进行测定的分析方法	有机质谱法、生物质谱法
	热分析法	基于物质的质量、体积、热导或反应热等与温度之间关系,建立的分析方法	差热分析、热重法、差示扫描量热法
	放射分析法	利用物质的放射性同位素进行分析的方法	放射化学分析法、放射免疫分析法

各种分析方法都有其各自的特长和局限性,且有其特定的应用范围。近年来,仪器分析法应用越来越广泛,所占的比重也越来越大,然而化学分析法仍旧有着其重要的作用,始终为整个分析化学的基础。如仪器分析法通常要与样品处理、富集、分离和掩饰等化学手段相结合,并且依靠化学方法给出"标准物质"作相对分析。其实化学分析法和仪器分析法是相互补充、相辅相成的。

1.3 化学分析的任务和作用

分析化学是通过建立、改进和应用分析方法,对物质的化学组成、结构及现象进行定性鉴别和定量检测的科学。分析化学与物质的理化性质有关,从分析技术与方法的建立,到物质化学特征与相关信息的获取、解析和确定,均依赖于物质所特有的物理性质或化学性质。

分析化学的最基本任务是解决未知化学物质的构成和含量问题。除此之外,现代分析化学还在不断发展和应用各种方法、理论、仪器和策略,以获取物质在空间和时间方面的组成和性质。现代分析化学与计算机技术的密切结合,使得现代分析化学成为化学中的信息科学。因此,分析化学在广义上可定义为各种化学信息的获取、评价、挖掘和处理等的学科。分析化学的任务就是通过各种分析手段来确定物质的化学组成,研究与表征物质的分子结构、晶体结构与性质,及为此所进行的各种分析方法(包括创建有关实验技术、研制新型仪器设备和装置)和相关理论的研究。

用一句话来概括,分析化学的主要任务就是获取关于物质化学组成、含量以及结构等方面的信息。

由于分析化学任务的不同,它可以分成相互联系又互有区别的三大部分,即定性分析、定量分析和结构分析。定性分析的任务是鉴定物质由哪些成分组成,这些成分可以是元素、离子、基团或化合物等多种信息;定量分析的任务是测定物质组成中各成分的相对含量;结构分析的任务则主要是确定某物质的结构。例如,通过结构分析可以确定食品所含成分,以及这些成分中哪些是营养元素,哪些是有害元素。这常常用在刚开发研制的新食品批量生产上市以前,因为我们要明确它含有的营养成分(如蛋白质或氨基酸、碳水化合物、脂肪、维生素、色素、风味物质和微量元素等)及有害成分(如有毒生物碱、糖苷、酚类、萜类、肽类等以及汞、砷、铅、镉等有害微量元素)。如果我们想进一步测定某种或几种成分的含量,就必须借助定量分析才能实现。如果还想更进一步深入了解某种成分的结构方面的详细信息,就必须通过结构分析来确定。

几乎任何领域,只要涉及化学现象,分析化学都发挥着重要作用。比如,在环境保护方面,要利用化学分析的手段去研究环境污染物的种类和成分,并对它们做定性、定量和结构分析。我们知道,当代全球存在着十大环境问题(大气污染、臭氧层破坏、全球变暖、海洋污染、淡水资源紧张和污染、土地退化和沙漠化、森林锐减、生物多样性减少、环境公害、有毒化学品和危险废物污染)。由于这些问题直接或间接地与化学物质污染有关,因而分析化学的作用越来越受到人们的重视。另外,在对大气、水质变化的连续监测,生态平衡的研究,环境评价以及对废气、废水、废渣的处理和综合利用过程中都需要分析化学发挥其作用。分析化学能在解决环境中的化学问题时起关键作用,在认识环境过程和保护环境中起核心作用。

可见,分析化学被人们视为一门工具科学,与很多学科密切相关,在科学研究、工农业生产、经济建设等诸多领域,起着"眼睛"的作用。其应用范围涉及经济和社会发展的各个方面,在解决各种理论和实际问题上起着较大的作用。

第 2 章　分析化学中的误差与数据处理

2.1　试样的采集、制备和分解

试样的采集、制备与分解是分析测试工作诸多步骤中重要的一环,作为先行的步骤更是分析测试工作成本和数据是否可靠的先决条件。

2.1.1　试样的采集

进行物质的定量分析,首先要保证所采集试样具有代表性。如果所取试样没有代表性,则分析结果毫无意义。通常遇到的分析试样多种多样,例如矿物原料、煤炭、金属材料、化工产品、石油、天然气、工业废水等,但按各个组分在试样中的分布情况来看,可将分析试样分成组成分布比较均匀的试样和组成分布不均匀的试样两类。

1. 组成分布比较均匀试样的采集

组成分布比较均匀的物料有气体、液体和某些固体。对于气体和液体试样,由于其组成分布一般比较均匀,因此采集与制备试样比较简单。任意取一部分或稍加搅匀后取一部分即成为具有代表性的试样,但应力求避免可能产生不均匀性的一些因素。另外,在采集样品前,还必须把容器,如样瓶或管道等,清洗干净,并用被采集的气体或液体冲洗 3~5 次,然后再取样,以免混入杂质。

(1)气体试样的采集

气体易扩散,通常各种气体之间都可以以任意比例均匀混合,一般不存在分层现象,可以认为气体物料在组成上是处处均匀的。同时气体往往具有压力,存在着容易渗透、易污染、难保存等特点。气体试样的采集一定要考虑气体样品所处的压力状态,若气体处于常压时,采取改变密封液位的方法导出气体试样;若气体处于负压时,要用真空泵抽取气体试样;若气体处于正压时,要在设备取样管口与取样容器间连一缓冲瓶,再进行取样。

常压气体采样是指气体的压力等于大气压,或与大气压接近时的状况。常压采样通常采用低负压方法抽取气体样品。典型的气体采集方法是用吸气瓶采样如图 2-1 所示。

采样时,先将气体瓶 1 中灌满封闭液,瓶口管道 3 和采样点连接,打开控制瓶口管道旋塞 4,再降低封闭液瓶,打开封闭液瓶与吸气瓶管道上的弹簧夹 5,使吸气瓶中的封闭液流出至封闭液瓶 2,制造吸气瓶的负压,将气体吸进瓶内。可以通过弹簧夹 5 控制封闭液的流出速度,调节吸入气体的速度。取足需要体积的气体后,关闭旋塞 4,夹紧弹簧夹 5,将瓶口管道 3 脱离采样点管道即可。

(2)液体试样的采集

若液体处于静止状态,用长玻璃管在不同位置和不同深度取样混合;若溶液处于正在输送的管道上,要考虑压力状态采用与气体相同的方法,通过安装在管道上的取样阀取样。

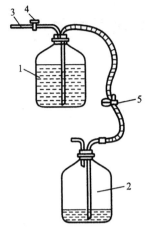

图 2-1　常压气体吸气瓶
1—气样瓶;2—封闭液瓶;3—瓶口管道;4—旋塞;5—弹簧夹

由于液体试样一般比较均匀,取样单元可以较少,当物料的量较大时,应从不同的位置和深度分别采样,混合均匀后作为分析试样,以保证它的代表性。例如,采取水样时,在保证样品的代表性的前提下,可视具体情况,采用不同的方法。当采取水管中的水样时,取样前需要将水龙头或阀门打开,先放水 10 min 左右,然后再用干净的瓶子收集水样,收集时最好在水龙头处连接乳胶管,另一端插入瓶底,使水样自下而上充满样品瓶,当样品瓶盛满水溢出一段时间后,取出乳胶管,塞好瓶塞。当采集池、河中的水样时,可将干净的空样品瓶盖上塞子,塞子上拴一根绳,瓶底缀一铁砣或石头,沉入所需要的深度,然后拉绳拔开塞子,让水样灌满瓶后拿出水面,立即盖好瓶塞。按不同深度或部位取几份样品混合后,取体积不少于 500 ml 的样品作为分析试样。

(3)金属试样的采集

对于固体试样,金属及合金、多数固体化工产品,组成一般比较均匀,常常在不同部位、不同深度、多孔取样,混合均匀即可制得分析试样。在采样时还要注意清除污染的表层。切削或钻取时,速度不宜过快,以免金属发热导致硫、碳等易挥发组分的流失,影响分析结果。

2. 组成分布不均匀试样的采集

组成和分布不均匀的试样多为固体试样,如矿石、煤炭以及农业生产经常遇到的土壤、肥料、食品、饲料、动植物组织等。这些颗粒大小不均匀、成分复杂、组成不均匀的试样,选取具有代表性的试样是一项较为复杂的操作。为了使采取的试样具有代表性,必须按一定的程序,从物料的各个不同部位,取出一定数量大小不同的颗粒,并且取出的份数越多,越具有代表全部物料的可能性。

一般而言,平均试样选取量与试样的均匀度、粒度、易破碎度有关,根据俄国切乔特从实践中得出的经验,试样的最小采样量可用下面的采样公式表示:

$$m = Kd^a \tag{2-1}$$

式中,m 为采取平均试样的最低质量,单位 kg;d 为试样中最大颗粒的直径,单位 mm;K、a 为经验常数,根据物料的均匀程度和易破碎程度等而定,可由实验求得,K 值在 0.02～0.15 之间，α 值通常为 $1.8 \sim 2.5$。

地质部门将 a 值规定为 2，因此，式(2-1)可表示为

$$m = Kd^2$$

例如，在采集赤铁矿额试样时，若此矿石最大颗粒的直径为 20 mm，矿石的 K 值为 0.06，则根据 $m = Kd^2$ 计算最少取样量为

$$m = 0.06 \times 20^2 = 24 \text{ kg}$$

可以看出采取的最低量为 24 kg。这样取得的试样，组成不均匀，质量很大，不适于直接用作试样分析。从式 $m = Kd^2$ 可知，试样的颗粒越小，所需采样质量也越小。如果将上述试样最大颗粒破碎至 4 mm，则采集试样的最低质量应该为

$$m = 0.06 \times 4^2 = 0.96 \text{ kg}$$

因此，采集后必须通过破碎、混合、缩减试样量来制备成适合用作分析的试样。

2.1.2　试样的制备

采集的原始试样的量一般很大，欲将其处理为 $100 \sim 300$ g 左右的分析试样，通常需要经过多次破碎、过筛、混匀、缩分等步骤，直到符合分析要求为止。

1. 破碎

破碎是指使用机械或者人工的方法将样品逐步破碎，其过程大致可以分为粗碎、中碎和细碎等阶段。

①粗碎。使用颚式碎样机或者球磨机把试样粉碎至通过 $4 \sim 6$ 号筛。

②中碎。使用盘式碎样机把粗碎后的试样磨碎至通过 20 号筛。

③细碎。使用盘式碎样机进一步把中碎后的试样细磨至合适的粒度，且必要时进行研钵研碎，一般要求通过 $100 \sim 200$ 号筛。

表 2-1　标准筛的筛号与筛孔

筛号(网目)	筛孔直径/mm
3	6.72
6	3.36
10	2.00
20	0.83
40	0.42
60	0.25
80	0.177
100	0.149
120	0.125
140	0.105
200	0.074

2. 缩分

缩分的目的是使粉碎试样的量减少,同时又不是其代表性,缩分可以用手工或者机械进行。常用的手工缩分法为"四分法",如图 2-2 所示。

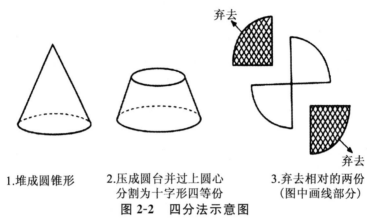

1.堆成圆锥形　　　　2.压成圆台并过上圆心　　　　3.弃去相对的两份
　　　　　　　　　　　分割为十字形四等份　　　　　　（图中画线部分）

图 2-2　四分法示意图

先将已经破碎的样品充分混匀,堆成圆锥形,将其压成圆饼形,通过中心按照十字形切为大致相等的四份,舍弃任意对角的两份,使试样缩减为原来的一半。因为样品中不同粒度、不同比重的颗粒大体上分布均匀,所以留下的样品的量仍能代表原试样的成分。如此重复操作,连续浓缩,直到所剩样品稍大于分析测定所需要的量为止。然后将所留样品进一步粉碎、缩分,最后制备成 100～300 g 的分析试样。

需要注意的是,缩分的次数不是随意的,在每次缩分后,试样的粒度与保留的试样量之间,都应符合取样公式,否则就应该进一步破碎,才能缩分。

2.1.3　试样的分解

由于许多分析测定工作是在溶液中进行的,因此对于一些难溶的试样,为了使其转变为可溶性的物质,选择适当的分解方法和分解用的试剂,常常是分析工作能否顺利地进行的关键。一般试样的分解应遵循如下要求和原则:

①试样分解必须完全,处理后的溶液中不得残留原试样的细屑或粉末,这是分析测定工作的首要条件。

②试样分解过程中待测组分不应挥发损失。分解试样往往需要加热,有些甚至蒸至近干。这些操作往往会发生暴沸或溅跳现象,使待测组分损失。此外,加入不恰当的溶剂也会引起组分的损失。

③不应引入被测组分和干扰物质。

常用的分解方法有溶解法、干灰化法和熔融法等。根据试样性质的不同,通常将试样分为无机试样和有机试样两大类。

1. 无机试样的分解处理

(1)溶解分解法

溶解分解法常用的溶剂有水、各种酸和碱等。

①水溶法。对于可溶性无机盐,如碱金属盐、铵盐、硝酸盐、大多数碱土金属盐、卤化物和硫酸盐等,可以用蒸馏水为溶剂制备试液供分析测定用。

②酸溶法。常用的酸溶剂有硫酸、盐酸、硝酸、氢氟酸、高氯酸、混合酸(如王水、逆王水等)等。

• 硫酸分解法。硫酸的主要特点是沸点高(338℃),许多矿样以及大多数的金属和合金,在这种高温下常常可较快地溶解。热的浓硫酸具有强的脱水能力和氧化能力,而且分解试样速度快,因此硫酸也是分解试样的一种重要的溶剂。由于硫酸的沸点较高,当 HNO_3、HCl、HF 等低沸点酸的阴离子干扰测定时,可加入硫酸,加热蒸发至冒 SO_3 白烟,就可将这些挥发性酸除去。

• 盐酸分解法。常用的浓盐酸,其浓度为 12 mol·L^{-1} 左右;在加热煮沸过程中 HCl 挥发逸去,浓度降低至 6 mol·L^{-1} 左右,这时盐酸的恒沸溶液,其沸点约为 110℃。对于许多金属氧化物、硫化物、碳酸盐以及电动序位于氢以前的金属,盐酸是一种良好的溶剂,主要是利用盐酸中的 H^+ 和 Cl^- 的还原性以及 Cl^- 与某些金属离子的配位作用进行溶解。

• 硝酸分解法。硝酸具有强氧化性,除铂、金和某些稀有元素外,浓硝酸能分解几乎所有的金属试样。但是铝、铬、铁在硝酸中,由于表面上生成氧化膜,产生钝化现象,阻碍了它们的溶解。钨、锡、锑与浓硝酸作用时,因生成难溶的钨酸、偏锡酸和偏锑酸沉淀,而使它们难以溶解。但溶解试样后,将沉淀过滤,就可以使这些化合物和其他可溶性组分离。几乎所有的硫化物及其矿石皆可溶于硝酸,但是应在低温下进行,否则将析出硫黄。可加入混合溶剂($KClO_4$ 或 Br_2 等)使硫氧化成硫酸根离子以除去。

• 氢氟酸分解法。氢氟酸虽是弱酸,但氟离子具有强的配位能力,分解无机试样也经常用到。氢氟酸常与氧化性(HNO_3)或强酸性(H_2SO_4)的酸一起使用,用于分解硅酸盐岩石和矿石以及含钨、铌、钛等的试样,例如硅能和氢氟酸形成 SiF_4 而除去。特别说明的是,氢氟酸分解试样,器皿应使用铂皿或聚四氟乙烯容器,温度不能超过 250℃,否则将产生有毒气体全氟异丁烯。还应该注意防止氢氟酸碰到皮肤,以免烧伤。

• 高氯酸分解法。浓热的高氯酸是一种强氧化剂,可使多种铁合金(包括不锈钢)溶解。由于浓热高氯酸具有强的脱水和氧化能力,72%的浓高氯酸沸点为 203℃,所以用高氯酸分解试样时,当加热到冒出高氯酸白烟时,可以除去低沸点的酸和破坏有机物,所得残渣加水很容易溶解。由于高氯酸的强氧化性,浓热的高氯酸与有机物质或其他易被氧化的物质一起加热时,要发生剧烈的爆炸。因此当试样中含有机物质时,应先加浓硝酸加热,破坏有机物后再加入 $HClO_4$;由于高氯酸的沸点较高,蒸发时溢出的浓烟已在通风橱及管道中凝聚。为了防止这种凝聚的高氯酸在热蒸气通过时,与有机物接触引起燃烧或爆炸,当需要经常加热蒸发高氯酸时,应使用特殊的通风橱。因此,使用高氯酸分解试样时要特别注意安全。一般来说,使用高氯酸必须有硝酸的存在,这样才比较安全。

• 混合酸分解法。利用各种矿物酸配成的混合溶剂,或在矿物酸中加入氧化剂配制成各种氧化性混合溶剂,常常具有更强的溶解能力,或能加速溶解反应的进行。如王水、逆王水等。所谓王水是指浓硝酸与浓硫酸 1+3(体积比)混合的混合酸,逆王水则是 3+1 混合。可用来氧化硫和分解各种难以分解的合金。

③碱溶法。常用的碱溶剂有氢氧化钠和氢氧化钾或再加入少量的过氧化钠(Na_2O_2)和过

氧化钾(K_2O_2)。某些酸性或两性氧化物可用稀碱金属氢氧化物溶解;某些钨酸盐、低品位的钨矿石、磷酸锆、金属氮化物(如氮化钛、氮化铝)等,可以用浓的碱金属氢氧化物分解。

(2)熔融分解法

熔融分解法是将试样与固体熔剂混合,置于适当的容器中,在高温下加热,利用试样与熔剂发生的复分解反应,使试样的全部组分转化成易溶于水或酸的物质。由于熔融分解的反应物仅为熔剂与试样,反应物的浓度很高,因此在高温的条件下,分解的能力强、效果好。但熔融法操作较为麻烦,而且易引入杂质和在熔融过程中使组分丢失。因此,一般先将能以溶解法分解的部分分解后,再将不溶的残渣以熔融法分解。

①酸熔法。常用焦硫酸钾($K_2S_2O_7$)或硫酸氢钾($KHSO_4$)做熔剂。这类熔剂在高于450℃时分解出的硫酐(SO_3)对试样有强的分散作用。它主要可以分解一些难溶于酸的碱性或中性氧化物,如 Fe_2O_3、Al_2O_3、TiO_2 等,生成可溶性的硫酸盐。酸熔法常在瓷坩埚中进行,温度不宜过高,时间也不宜过长,否则硫酸盐又会分解成难以溶解的氧化物。分解后得到的熔块要等到冷却后用稀硫酸浸取,再定容至一定的体积。

②碱熔法。常用的碱性熔剂有 Na_2CO_3(熔点 850℃)、K_2CO_3(熔点 891℃)、NaOH(熔点460℃)、过氧化钠以及它们的混合物等。碱性溶剂除具有碱性外,在高温下可起到氧化作用,可以把一些元素氧化成高价,从而增加了试样的分解作用。碱熔法常用于酸性试样的分解,使样品转化为易溶于酸的氧化物或碳酸盐。其特点是具有熔融速度快、熔块易溶解、熔点低等特点。对于测定土壤样品中的硅和铁的成分是十分有利的。

(3)烧结法

烧结法又称为半熔法,是指将试样与熔剂混合后加热至烧结状态,经过一定时间使试样分解完全。与熔融法相比,烧结法温度低于熔点、不全熔、只是半熔收缩结块,不易损坏坩埚,但加热时间较长,通常使用瓷坩埚。例如,常用碳酸钠和氧化镁的混合物(1+2)作熔剂,利用烧结法分解煤或矿石中的硫。其中碳酸钠作熔剂,氧化镁起疏松和通气作用,使空气中氧将硫氧化成硫酸盐,用水浸提即可分析。

在实际工作中,一般情况下,应先考虑溶解法,尽量不使用熔融法和烧结法。

2.有机试样的分解处理

为了测定有机试样中所含有的常量的或痕量的元素,一般需要把有机试样分解。有机试样指的是有机化合物、动植物组织、食品、饲料以及药物等样品。对于有机试样的分解处理,可采用溶解法和分解法,分解法又包括干式灰化法和湿式消化法。

(1)溶解法

为了测定有机试样中某些组分的含量,测定试样的物理性质,鉴定或测定其功能团,应选择适当的溶剂将有机试样溶解。对于低级醇、多元酸、糖类、氨基酸、有机酸等小分子有机碱金属盐类的有机试样,可采用水溶解法处理试样;对于不溶于水的样品,也可以选择合适的有机溶剂处理试样。根据有机物质的溶解度来选择溶剂时,"相似相溶"原则往往十分有用。一般来讲,非极性试样易溶于非极性溶剂中,极性试样易溶于极性溶剂中。例如,极性有机化合物易溶于甲醇、乙醇等极性溶剂,非极性有机化合物易溶于苯、氯仿、四氯化碳等非极性溶剂中。也可以根据拉平效应,选择适当的溶剂,例如有机酸和酚类易溶于乙二胺、丁胺等碱性有机溶剂,生物碱等有机碱易溶于甲酸、乙酸等酸性有机溶剂。

(2)干法灰化法

这种方法主要是依靠加热使试样灰化分解,将所得灰分溶解后分析测定。该分解方法可以置试样于坩埚中,用火焰直接加热,亦可于炉子中,在控制的温度下热灰化,主要测定有机试样和生物试样中的无机元素。应用这种灰化方法,砷、硒、硼、镉、铬、铜、铁、铅、汞、镍、磷、钒、锌等元素常挥发损失,因此对于痕量组分的测定,应用此法的不多。

干法灰化也可以在"氧瓶"中进行,瓶中充满氧并放置少许吸收溶液。通电使试样在"氧瓶"中"点燃",使分解作用在高温下进行。分解完毕后摇动"氧瓶",使燃烧产物完全被吸收,从吸收液中分析测定硫、卤素和痕量金属。氧瓶燃烧法常用于有机物中非金属元素的分析,包括卤素、硫、磷以及硼等元素;也可以用于有机试样中部分金属元素的测定,如 Hg、Zn、Mg、Co、Ni 等的测定。

(3)湿式消化法

湿式消化法简称消化法,主要用于测定有机物或生物样品中的无机元素,主要包括金属离子、硫、卤素等,是常用的有机样品分解处理方法。常用硝酸、硫酸及其混合物与试样一起置于克氏烧瓶内,在一定温度下进行煮解,其中硝酸能破坏大部分有机物。在煮解的过程中,硝酸逐渐挥发,最后剩余硫酸。继续加热使之产生浓厚的 SO_3 白烟,并在烧瓶内回流,直到溶液变得透明为止。

湿式消化法的优点是有机物分解速度快,所需时间短,由于温度较干式灰化法低,可以减少因挥发逸散而损失样品,容器吸留也少。但这种分解法的不足之处是加入试剂会引入杂质,使测定空白值偏高,引起误差;再者在消化过程产生大量有害气体,还有在消化初期,易产生泡沫外溢,需操作人员随时调温控制。

在实际工作中,为了保证试样分解完全,各种分解方法常常配合使用。例如分析高硅试样中的微量元素,首先选择 HF 做溶剂,加热除去大量的硅,再选择其他方法完成分解。另外,选择分解处理方法还应考虑到对环境是否造成污染,操作是否安全等因素。

总之,分解试样时要根据试样的性质、分解项目的要求和以上原则,选择一种合适的分解方法。

2.2　测定方法的选择及分析结果的表示

获得被测组分在试样中的准确含量是定量分析工作的重要任务。在分析过程中,由于受到各种主观和客观条件的限制,所得结果不可能与真实含量(真值)完全一致。也就是说,分析过程中总是存在着误差,任何一种定量分析的结果都必然带有一定的不确定度。因此,在定量测定中必须对分析结果的可靠性和准确度做出合理的判断和正确的表达,了解分析过程中产生误差的原因及特点,寻找或减小误差的适当途径和方法,尽量减少误差,使分析结果达到一定的准确度。

2.2.1　测定方法的选择

工农业生产和科学技术的发展,为分析化学提供了更多更先进的测定方法,而且对一样品同一组分的测定往往会有多种分析方法。各种方法都有各自的特点和缺陷,因此必须根据不同情况和要求选择合适的方法。实际分析时,一般主要根据测定任务的具体要求、被测组分的性质、被测组分的含量、共存组分的影响以及实验室的具体条件等因素来选择合适的分析方法进行测定。

1. 测定的具体要求

应明确测定的目的及要求,其中主要包括需要测定的组分、准确度及完成测定的速度等。通常对于常量组分、标准试样和基准物质含量的测定,对准确度要求较高;微量(痕量)组分的测定对灵敏度的要求较高;生成过程中的控制分析则要求测定速度快而且简便。例如,在无机非金属材料(如黏土、玻璃等)的分析中,二氧化硅是主要测定项目之一。测定二氧化硅的含量较多采用重量分析法,因为重量分析法具有准确度高、干扰少而且滤液还可以进一步做其他组分的分析等优点。但重量分析法烦琐费时,若是监控土壤流失的分析任务则不可选择,可选择测定速度较快的氟硅酸钡滴定法进行测定。

2. 待测组分的性质

了解待测组分的性质常有助于测定方法的选择。例如,分析生物或土壤试样中的金属离子,由于许多金属离子均与 EDTA 形成稳定的配合物,因此可选择配位滴定法。而对于碱金属,特别是 K^+、Na^+ 离子等,由于它们的络合物一般都很不稳定,大部分盐类的溶解度较大,又不具有氧化还原性质,但能发射或吸收一定波长的特征谱线,因此火焰光度法及原子吸收光谱法是较好的测定方法。

3. 待测组分的含量

组分的含量范围对准确度和灵敏度的要求各不相同,因此在选择分析方法时,必须考虑被测组分的含量范围。常量组分多采用滴定分析法(包括电位、电导、库仑和光度等滴定法)和重量分析法,它们的相对误差为千分之几。由于滴定法简便、快速,因此两者均可应用时,一般选用滴定法。对于微量组分的测定,则应用灵敏度较高的仪器分析法,如分光光度法、原子吸收光谱法、色谱分析法等。这些方法的相对误差一般是百分之几,因此用这些方法测定常量组分时,其准确度就不可能达到滴定法和重量法的那样高;但对微量组分的测定,这些方法的准确度已能满足要求了。例如,钢铁中硅的测定,不能用重量法和滴定法,而应用分光光度法或原子吸收光谱法。

4. 共存组分的影响

选择测定方法时,必须同时考虑共存组分对测定的影响。这就要求我们在工作中,要尽量选择共存组分不干扰或通过改变测定条件、加掩蔽剂(配位、氧化还原、沉淀等)来排除各种干扰后再行测定。

5. 实验室条件

选择测定方法时,还要考虑实验室是否具备所需条件。例如,现有仪器的精密度和灵敏度,所需试剂和水的纯度以及实验室的温度、湿度、防尘和现有仪器的性能以及操作人员的业务能力等实际情况。一般应按现有条件尽可能选择比较先进的分析方法和技术,以提高工作效率。但条件不具备时,只好选用其他方法。

总之,最为理想的分析方法应该是准确度高、灵敏度好、测定迅速、操作简便、选择性好、低成本、自动化程度高,在实际中往往很难同时满足这些要求,所以需要综合考虑各个指标,对选择的各方法进行综合分析,制定出切实可行的实验方案。

2.2.2　分析结果的表示

任何测定结果都会产生误差,为了提高分析结果的准确度,不仅要采用一系列措施减小误差,对整个分析结果进行质量控制,而且要对测定所得数据,利用统计学方法进行合理取舍和归纳,然后根据试样的用量、测定所得数据和分析过程中有关反应的计量关系等计算出分析结果。

1. 待测组分含量的表示方法

①对于固体试样,通常以物质的质量分数 ω 表示被测组分的含量。质量分数的计算公式即为

$$\omega(B) = \frac{m(B)}{m(s)}$$

式中,$\omega(B)$ 表示被测物质 B 的质量分数,通常也用百分数表示,当待测组分含量很低时,有时也用 $\mu g \cdot g^{-1}(10^{-6})$、$ng \cdot g^{-1}(10^{-9})$、$pg \cdot g^{-1}(10^{-12})$ 等表示;$m(B)$ 为被测组分 B 物质的质量;$m(s)$ 为试样的质量。

②对于液体试样,试样中待测组分的含量可用物质的量浓度 c、质量摩尔浓度、质量分数、体积分数、摩尔分数或质量浓度 ρ 等表示。

③对于气体试样,试样中的常量或微量待测组分的含量通常以体积分数表示。

2. 待测组分的化学表示形式

通常分析结果应以待测组分实际存在形式的含量表示。如果某待测组分有多种形式存在或实际存在形式不清楚时,则分析结果一般以元素形式或氧化物形式的含量表示。

①以待测组分实际存在形式表示。例如,含氮量测量,以实际存在形式 NH_3、NO_3^-、NO_2^-、N_2O_5 或 N_2O_3 等形式的含量表示分析结果。

②以氧化物或元素形式表示。例如,铁矿分析中以 Fe_2O_3 的含量表示分析结果。有机物分析中以 C、H、O、P、N 的含量表示分析结果。

③以离子的形式表示。电解质溶液的分析结果,常以所存在离子的含量表示,如以 K^+、Na^+、Ca^{2+}、Mg^{2+}、SO_4^{2-}、Cl^- 等离子的含量表示。

对分析结果的处理,就是对分析结果是否"可取"作出判断。通过多次重复测定确定偶然误差;用标准物质或其他可靠的分析方法检验系统误差;用互换仪器以发现仪器误差,交换操作以发现操作误差;绘制质量控制图以便及时发现测量过程中的问题。除此之外,有时候也将标准样分发给参加的各实验室,考核各实验室的工作质量,评价这些实验室间是否存在明显的

系统误差。

在一般分析工作中，如果选择了良好的分析方法，而且在消除了系统误差的情况下，分析结果已具备获得高准确度的条件，数据之间的差异主要是随机误差造成的，因此，只用精密度就可以对分析结果的优劣进行处理了。

2.3 定量分析误差

定量分析的目的就是测定有关组分含量的值。一般认为，任何被测物理量客观上都存在着一个真实值。但在实际的分析过程中，由于测量本身的局限性，想要得到绝对准确的真实值是不可能的。即使是技术娴熟的同一个分析人员，用同一台仪器、同一种分析方法对同一试样进行多次重复测量，其结果也不尽相同。由此可见，误差总存在于分析结果之中。因此，误差有时会反映一个不真实的数据，给人们一个错误的认识。如果对误差产生的原因有正确的认识，就可能会得出正确的结论，并可以对分析结果的可靠性做出评价。反之，如果分析工作者不了解误差的属性及其产生的原因，掌握实验数据的科学处理方法不恰当，就会影响分析的准确性，对实验数据不能做出可靠性的评价。因此，对于分析工作者来说，熟悉有关误差的基本理论，采取有效措施，掌握实验数据的处理方法是十分必要的。

根据误差的性质和特点，可以将误差分为系统误差和随机误差两大类。

2.3.1 系统误差

定量分析的目的是为了确定被测量的值，尤其是有关被测组分含量的值。不准确的结果会导致产品报废、资源浪费，甚至在科学上得出错误的结论。然而由于测量的局限性，实际上并不能绝对准确地得到结果。即使在相同条件下，同一个人对同一试样进行多次测定，分析结果也不可能完全一致。分析过程中的误差是客观存在的，即任何测量都不可能完全精确。

系统误差是由某种确定的原因引起的。其特点为：①引起误差的原因通常为确定的；②误差的正负通常是固定的；③当平行测定时它会重复出现；④误差的大小基本固定。

系统误差一般可以通过实验测定，所以是可以校正的，也称之为可测误差。系统误差按照来源可分为：

（1）方法误差

方法误差来源于分析方法本身的不够完善或者有缺陷，即使操作再仔细也不能克服。例如，在滴定分析中所选用的指示剂不恰当，从而导致滴定终点和化学计量点不一致；滴定反应进行的不够完全或者不够迅速；有副反应发生；有干扰物质存在；沉淀有明显的溶解损失等，都可能会导致测定结果系统地偏高或者偏低。方法误差是系统误差中最严重的一种。

（2）操作误差

操作误差是由于分析者的实际操作与正确的操作规程有所出入而引起操作误差。例如滴定速度偏快；在判定滴定终点的颜色时，有的操作者习惯偏深，有的习惯偏浅；沉淀洗涤不够充分或者洗涤过分；在读取滴定剂的体积时，操作者有的偏高，有的则偏低等。此类误差在重复操作时，也会重复出现，但是不允许用校正法消除，只能通过规范操作来避免。

操作误差的大小一般因人而异，但是对于同一个操作者则常常是恒定的。

（3）仪器与试剂误差

仪器与试剂误差则是由于所用的仪器和试剂引起的。例如，砝码因磨损或者锈蚀造成其质量与标准质量不符合；滴定管或者移液管等容量仪器的刻度值不够准确而又未经校正；基准试剂的组成与化学式不相符；试验用水中含有杂质，被引入测试物或者干扰物；因器皿受试剂腐蚀而引入其他物质，使分析结果不准等。上述误差都可以通过仪器校准和试剂提纯等方法得到改善。

在测定样品中微量组分的含量时，因试剂不纯和仪器腐蚀所引起的误差往往比较严重，一般我们可以通过空白试验来检测，从而减少误差。空白试验即在不加入样品的情况下，按照与样品分析相同的步骤进行实验，所得的结果称为空白值。测量信号或者分析结果中扣除空白值称为空白校准。

（4）环境误差

环境误差是指由环境因素造成的测量误差。例如，被称量的物质有吸湿性，空气的湿度高低也会引起测量结果的改变；空气中 CO_2 会干扰微量酸的测定等。

2.3.2　随机误差

在平行测定中，即使消除了系统误差的影响，所得的数据仍然参差不齐，这便是随机误差影响的结果。随机误差也称之为偶然误差，是由不确定的原因或者某些难以控制的原因造成的。例如，测定时周围环境的温度、湿度、气压和外电路电压的微小变化；台面的微小震动；分析人员对刻度的数据不确定性；尘埃的影响；测量仪器自身的变动性等，上述因素很难被人们觉察或者控制，且无法避免，随机误差就是这些因素综合作用的结果。它不但造成测定结果的波动，且也使测定值偏离真实值。

下面我们给出一个随机误差的例子。

对移液管做校准时，首先用移液管移取液体，再用分析天平称得液体的重量，然后根据液体的密度计算液体的体积。虽然每次移液时操作都是相同的，但是由于一些随机原因，每次移取液体的体积并不是完全相同，称重时，体积上的差异在分析天平上可以明显地反映出来，因此每一次校准的数据并不完全相同。如表 2-2 所示。

表 2-2　10 ml 移液管校准数据（重复进行 70 次）

数据/ml	出现次数	数据/ml	出现次数	数据/ml	出现次数
9.964	1	9.969	11	9.973	5
9.965	3	9.970	14	9.974	1
9.967	6	9.971	8	9.975	1
9.968	12	9.972	8		

从上表中我们不难算出：平均值为 9.9696 ml；平均偏差为 0.0018 ml；标准偏差为 0.0022 ml。但从每一个分析数据看，似乎我们并不能发现有什么规律，然而，从大量数据总体来看，随机误差的出现有着自己的规律，符合正态分布的统计规律，即无限多个随机误差的代数和必相互抵消为零。

随机误差的特点如下：

①造成误差的原因不定，误差的大小、正负都不固定，因此无法测量和校正，从而也不能在分析操作中避免。

②进行多次测定，我们会发现随机误差符合统计规律。

③大的误差出现机会少，小的误差出现机会多。

④绝对值相同的正负误差出现的机会大致相同。

综上所述，随机误差可以通过增加测量次数使其减小，并且可以采取统计方法对测定结果做出正确表达。

这里我们需要指出，系统误差和随机误差的划分并非绝对的，其在实际工作中有时很难严格区分。虽然系统误差和随机误差的性质和处理方法不同，但是它们往往同时存在，甚至有时候难以区分。例如，在重量分析法中，由于称量时试样吸湿而产生系统误差，但是吸潮的程度又有偶然性。

2.4　有效数字的表示与计算规则

2.4.1　有效数字的表示

为了取得准确的分析结果，不仅要准确地测量，而且还要正确地记录和计算。即记录的数字不仅表示数量的大小，而且要正确地反映测量的精确程度。例如，由于分析天平的感量是 ± 0.0001 g，在读出和记录质量时应该保留至小数点后面的第 4 位数字。若标定某溶液的浓度，用分析天平称取了基准物质，应记录为 1.0010 g，这一数值中，1.001 是准确的，最后一位数字(0)是可疑的，可能有上下一个单位的误差。由于不确定数字所表示的量是客观存在的，仅因为受到仪器、量器的刻度精细程度的限制，在估计时受到观测者主观因素的影响而不能对它准确认定，因此它仍然是一位有效数字。在读出和记录质量时应该保留至小数点后面的第 4 位数字。

因此，有效数字是由全部准确数字和最后一位(只能是一位)不确定数字组成，它们共同决定了有效数字的位数。

有效数字位数的多少反映了测量的准确度，例如用分析天平称取了 1.0010 g 试样，一般情况下称量的绝对误差为 ± 0.0002 g，那么相对误差是：

$$\frac{\pm 0.0002}{1.0010} \times 100\% = \pm 0.02\%$$

若用台秤称取试样 1.0 g，称量的绝对误差为 ± 0.2 g，那么相对误差是：

$$\frac{\pm 0.2}{1.0} \times 100\% = \pm 20\%$$

由此可见，在测量准确度允许的范围内，数据中有效数字的位数越多，表明测定的准确度越高。

应当注意，数字后面的"0"也体现了一定的测量准确度，因而不可任意取舍。对于数据中的"0"，是否作为有效数字要具体情况具体分析。例如，各数有效数字的位数见表 2-3。

表 2-3　各数有效数字的位数

数字	有效数字的位数
2.0207	五位
$0.0760, 1.93 \times 10^{-7}$	三位
$0.6, 0.002\%$	一位
$0.6200, 37.05\%, 8.053 \times 10^{23}$	四位
$0.087, 0.40\%$	两位
400, 2600	较含糊

上述情况表明,数字之间与数字后的"0"是有效数字,因为它们是由测量所得到的。而数字前面的"0"是起定位作用的,它的个数与所取的单位有关而与测量的准确度无关,因而不是有效数字。例如 20.00 ml,改用 L 为单位时,表示成 0.02000 L,有效数字均是四位。上述数据中的最后两个,其有效数字的位数都比较模糊,例如 2600,一般可视为四位。如果根据测量的实际情况,采用科学计数法将其表示成

$$2.6 \times 10^3, \quad 2.60 \times 10^3 \text{ 或 } 2.600 \times 10^3$$

则分别表示两、三或四位有效数字,其位数就明确了。

对于如分数、倍数关系等非测量值,由于它们没有不确定性,其有效数字可视为无限多位,类似地还有数学常数 π、e 等。

pH、pc、lg$K$ 等对数和负对数值,其有效数字的位数仅取决于对数值中尾数部分的位数,因其首数部分只说明了该数据的方次。例如 $[H^+] = 0.0020$ mol · L^{-1},亦可写成 2.0×10^{-3} mol · L^{-1} 或 pH = 2.70,其有效数字均为两位。

分析化学中常用的一些数值,有效数字位数如下:

试样的质量	0.4360 g(分析天平称量)	四位有效数字
滴定剂体积	18.34 ml(滴定管读数)	四位有效数字
试剂体积	22 ml(量筒量取)	两位有效数字
标准溶液浓度	0.1000 mol · L^{-1}	四位有效数字
被测组分含量	24.37%	四位有效数字
解离常数	1.8×10^{-5}	两位有效数字
pH	4.30, 12.03	两位有效数字

2.4.2　有效数字的修约规则

在处理分析数据时,涉及的各测量值的有效数字位数可能不同。从误差传递原理可知,通过运算所得的结果,其误差总比个别测量的误差大。数据计算所得结果的误差取决于各测量值(特别是误差较大的测量值)的误差。所以,为保证计算结果的准确度与实验数据相符合,则需要对其有效数字的位数进行确定,多余部分一概舍弃,我们将该过程称之为数字修约。其基本原则如下:

1. 采用"四舍六入五留双"的规则

该规则规定：当多余位数的首位≤4 时，舍去；多余位数的首位≥6 时，进位；等于 5 时，如果 5 后数字不为 0，则进位；如果 5 后数字为 0，则视 5 前面是奇数还是偶数，采用"奇进偶舍"的方法进行修约，使被保留数据的末位为偶数。

例如，将下列数据修约为两位有效数字：

$$7.549 \rightarrow 7.5 \quad 3.3690 \rightarrow 3.4 \quad 7.4501 \rightarrow 7.5$$
$$0.007350 \rightarrow 0.0074 \quad 0.8450 \rightarrow 0.84$$

2. 禁止分次修约

修约应一次到位，不得连续多次进行修约，例如，将数据 2.3457 修约为两位，则为 2.3457→2.3；然而若分次修约 2.3457→2.346→2.35→2.4 这样出现了错误。

3. 可多保留一位有效数字进行运算

在大量运算中，为了提高运算速度，且又不使修约误差迅速累积，则可采用"安全数字"。即将参与运算各数的有效数字修约到比绝对误差最大的数据多保留一位，再运算后，将结果修约到应有的位数。例如，计算 5.3527、2.3、0.054 及 3.35 的和。按加减法的运算法则，其计算结果只保留一位小数。在计算过程中我们不妨多保留一位，则上述数据计算，可写成

$$5.35 + 2.3 + 0.05 + 3.35 = 11.05$$

计算结果可修约为 11.0。

4. 修约标准偏差

对标准偏差的修约，其结果应使准确度降低。例如，某计算结果的标准偏差为 0.213，取两位有效数字，修约为 0.22。在做统计检验时，标准偏差可多保留 1～2 位数参与运算，计算结果的统计量可多保留一位数字与临界值比较。

5. 与标准限度值比较时不应修约

在分析测定中常需要将测定值与标准限度进行比较，从而确定样品是否合格。

2.4.3 有效数字的运算规则

1. 加减法运算

进行加减运算时，各测量值和计算结果的小数点后保留位数，应与原测量值中小数点后位数最少者相同。也就是计算结果的有效数字取决于测量值中绝对误差最大的那个数据。例如，

$$0.104 + 2.56 + 7.8432 = 0.10 + 2.53 + 7.84 = 10.50$$

其中三个数据中 2.56 的小数点后位数最少，所以计算结果的小数点后的位数为两位与 2.56 的相同。

2. 乘除法运算

对几个数据进行乘除运算时,积或商的有效数字位数的保留,应以其中相对误差最大的那个数据,即有效数字位数最少的那个数据为依据。

例如,求

$$\frac{0.0243 \times 7.105 \times 70.06}{164.2}$$

四个数的相对误差分别为:

$$\frac{\pm 0.0001}{0.0243} \times 100\% = \pm 0.4\%$$

$$\frac{\pm 0.001}{7.105} \times 100\% = \pm 0.01\%$$

$$\frac{\pm 0.01}{70.06} \times 100\% = \pm 0.01\%$$

$$\frac{\pm 0.1}{164.2} \times 100\% = \pm 0.06\%$$

显然,0.0243 的相对误差最大(也是位数最少的数据),所以上列计算式的结果,只允许保留三位有效数字:

$$\frac{0.0243 \times 7.10 \times 70.1}{164} = 0.0737$$

下面是计算和取舍有效数字位数时,需要注意的几种情况:

①若某一数据中第一位有效数字大于或等于 8,则有效数字的位数可多算一位。例如 8.15 可视为四位有效数字。

②在分析化学计算中,经常会遇到一些倍数、分数,如 2、5、10 及 $\frac{1}{2}$、$\frac{1}{5}$、$\frac{1}{10}$ 等,这里的数字可视为足够准确,不考虑其有效数字位数,计算结果的有效数字位数,应由其他测量数据来决定。

③在计算过程中,为了提高计算结果的可靠性,可以暂时多保留一位有效数字位数,得到最后结果时,再根据数字修约的规则,弃去多余的数字。

④对于各种化学平衡常数的计算,一般保留两位或三位有效数字;对于各种误差的计算,取一位有效数字即可,最多取两位;对于 pH 值的计算,通常只取一位或两位有效数字即可,如 pH 值为 3.4、7.5、10.48。

⑤定量分析的结果,对于溶液的准确浓度,用四位有效数字表示。对于高含量组分(例如 ≥10%),要求分析结果为四位有效数字;对于中含量(1%~10%),要求有三位有效数字;对于微量组分(<1%),一般只要求两位有效数字。

3. 对数运算

进行对数计算时,例如,pH,pM,lg$c$,lg$K$ 等,对数的位数应与指数形式的有效数字位数相同,其整数部分仅与指数形式中的指数对应。例如,pH=11.02,换算成指数形式为

$$[H^+] = 9.6 \times 10^{-12}$$

2.5　随机误差的正态分布

由于随机误差的存在性,对同一试样在相同条件下进行多次测定,当测量次数趋于无穷大时,测量数据一般服从正态分布,正态分布的函数式为

$$y = \frac{1}{\sigma \sqrt{2\pi}} e^{-\frac{1}{2}\left(\frac{x-\mu}{\sigma}\right)^2}$$

说明:

①y为概率密度,它是测量值x的函数。

②μ为$n \to \infty$时测量值的平均值,称为总体平均值,表示测量值的集中趋势。若没有系统误差的情况下,μ就是真实值。

③σ为总体标准偏差,表示数据的离散程度。

若以测量值x(或随机误差$(x-\mu)$)为横坐标,概率密度y为纵坐标作图,可得正态分布曲线,如图 2-3 所示。

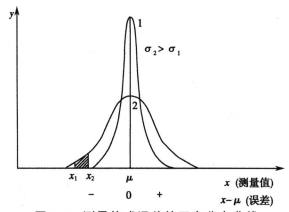

图 2-3　测量值或误差的正态分布曲线

正态分布曲线与横坐标所夹的总面积表示所有测量值出现的概率总和,其值为 1。概率密度函数对某区间(x_1, x_2)定积分就是测量值出现在此区间内的概率,即阴影部分面积。观察图 2-3,我们可以发现:

①曲线为钟形对称,在$x=\mu$处有最高点,说明测量值x在μ附近出现的概率大,大多数的测量值都集中在算术平均值μ的附近。

②曲线以$x=\mu$为对称轴,说明绝对值相同的正负误差出现的概率相等。

③曲线中间大,两头小,当x趋向于$-\infty$或$+\infty$时,曲线以x轴为渐近线,说明小误差出现的概率大,大误差出现的概率小,出现很大误差的概率极小。

④总体标准偏差σ不同时,曲线也不同。σ越小,最高点概率密度y越大,曲线越瘦高,即测量值出现在μ附近的概率越大,测量数据越集中。反之,σ越大,最高点概率密度y越小,曲线越扁平,测量值出现在μ附近的概率越小,测量数据越分散。

⑤若已知μ和σ,正态分布曲线的位置与形状即可确定下来,由于x、μ和σ都是变量,为了方便计算测量值落在某区间内的概率,令

$$u = \frac{x - \mu}{\sigma}$$

u 是以总体标准偏差 σ 为单位的 $(x - \mu)$ 值。以 u 为曲线的横坐标,以概率密度为纵坐标,绘成的曲线即为标准正态分布曲线。

2.6　有限次测定数据的统计处理

2.6.1　平均值的精密度

对分析对象进行 n 次测量可得到 n 个值,在统计学上称为一个样本。通过该样本可以求出样本平均值 $\bar{x}$ 和标准偏差 s。实际中,对同一总体进行 n 个样本的测量,结果有 n 个平均值。这些平均值 $\bar{x}$ 同样有一个平均值和标准偏差,分别记为

$$\bar{\bar{x}} \text{ 和 } s_{\bar{x}}$$

其中,$s_{\bar{x}}$ 反映了平均值 $\bar{x}$ 的离散情况。

由随机误差的传递公式只需要一个样本就可以计算出平均值的标准偏差 $s_{\bar{x}}$。这是因为

$$\bar{\bar{x}} = \frac{1}{n}\bar{x}_1 + \frac{1}{n}\bar{x}_2 + \frac{1}{n}\bar{x}_3 + \cdots + \frac{1}{n}\bar{x}_n$$

根据公式

$$s_R^2 = a^2 s_A^2 + b^2 s_B^2 + c^2 s_C^2$$

式中,R 为 A,B,C 三个测量值相加减的结果,s 代表各项的标准偏差,从而有

$$s_{\bar{x}}^2 = \frac{1}{n^2}(s_1^2 + s_2^2 + s_3^2 + \cdots + s_n^2)$$

在相同条件下测量同一物理量,各样本的标准偏差可以认为是相同的,则有

$$s_1^2 = s_2^2 = \cdots = s_n^2 = s^2$$

于是,有

$$s_{\bar{x}}^2 = \frac{s^2}{n}$$

或

$$s_{\bar{x}} = \frac{s}{\sqrt{n}}$$

从而可知,平均值的标准偏差 $s_{\bar{x}}$ 比单次样本标准偏差 s 小,一般采用平均值的标准偏差 $s_{\bar{x}}$,可以提高分析结果的可靠性。n 越大,$s_{\bar{x}}$ 越小,平均值的精密度越高。但是,当测量次数超过 10,再增加测量次数,$s_{\bar{x}}$ 降低就不明显了。

2.6.2　t 分布

在通常分析工作中平行测试的次数(n)较少,将之称为小样本(总体中的微小部分)试验。那么根据小样本试验总体的标准偏差 σ 和平均值 μ 是不知道的,从而只能用样本的标准偏差 s 代替总体的标准偏差 σ,对于数据的离散情况及 μ 所在区间进行估计。此时随机误差遵循的不是正态分布,而是 t 分布(即少量数据平均值的概率误差分布)。英国化学家戈塞特提出用 t

代替标准正态分布中 μ，定义

$$t = \frac{\overline{x} - \mu}{s_x}$$

或者

$$t = \frac{\overline{x} - \mu}{s} \sqrt{x} \, 。$$

t 分布曲线(图 2-4)与正态分布曲线相似，但是由于测量次数较少，数据的离散程度较大，从而使得分布曲线的形状将变得低而钝，t 分布曲线为一族曲线，"高矮"因自由度 $f(f = n - 1)$ 而变，对用每一个 f 都有一条曲线与之对应。当 n 趋于无穷时，此时 t 分布则趋近于正态分布。与正态分布曲线一样，t 分布曲线下面一定范围内的面积，表示平均值落在该区间的概率。需要注意，对于正态分布曲线，只要 μ 值一定，相应概率也就一定；然而对于 t 分布曲线，当 t 值一定时，因为 f 值的不同，相应曲线所包含的面积不同，其概率也不同。对某一区间 $(-t, +t)$，$\overline{x}$ 落在 $\mu \pm ts_{\overline{x}}$ 内的概率 P，称之为置信度，落在次区间外的概率 $\alpha = 1 - P$，称之为显著性水平。由于 t 值与 α, f 有关，因此引用时需要加脚注，我们使用 $t_{\alpha, f}$ 表示，不同 α, f 所对应的 t 值如表 2-4 所示。

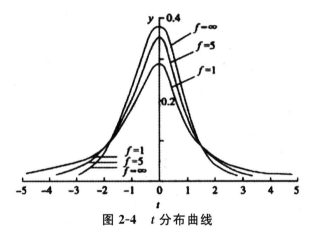

图 2-4 t 分布曲线

表 2-4 t 检验临界值($t_{\alpha, f}$)

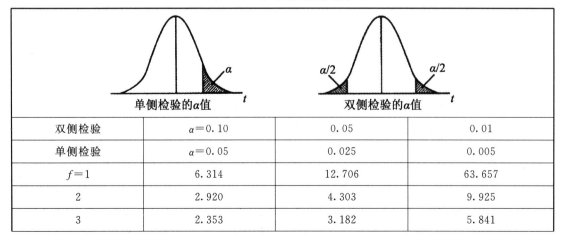

	单侧检验的α值	双侧检验的α值	
双侧检验	$\alpha = 0.10$	0.05	0.01
单侧检验	$\alpha = 0.05$	0.025	0.005
$f = 1$	6.314	12.706	63.657
2	2.920	4.303	9.925
3	2.353	3.182	5.841

双侧检验	$\alpha = 0.10$	0.05	0.01
单侧检验	$\alpha = 0.05$	0.025	0.005
4	2.132	2.776	4.604
5	2.015	2.571	4.032
6	1.943	2.447	3.7.7
7	1.895	2.365	3.499
8	1.860	2.306	3.355
9	1.833	2.262	3.250
10	1.812	2.228	3.169
11	1.796	2.201	3.106
12	1.782	2.179	3.055
13	1.771	2.160	3.012
14	1.761	2.145	2.977
15	1.753	2.131	2.947
20	1.725	2.086	2.845
25	1.708	2.060	2.787
30	1.697	2.042	2.750
40	1.684	2.021	2.704
60	1.671	2.000	2.660
∞	1.645	1.960	2.576
	(μ)	(μ)	(μ)

如表 2-4 可见,t 值随着 f 的改变而改变。测定次数越多,t 值越小,当 $f = \infty$ 时,$t_{0.05,\infty} = 1.96$,此时与正态分布曲线得到的相应的 μ 值相同。

2.6.3 平均值的置信区间

由于日常分析中测定次数有限,总体平均值一般是不清楚的。然而随机误差的分布规律表明,测定值总是在以 μ 为中心的一定范围内波动,并且有向 μ 集中的趋势。因此,依据有限的测定结果来估计 μ 可能存在的范围对我们具有十分重要的意义。置信区间范围越小,说明测定值与 μ 越接近。

用样本平均值 $\bar{x}$ 去估计真实值 μ 称为点估计,点估计的置信概率为零,所以是不可靠的。事实上,我们利用统计量可作出统计意义上的推断,即推断出在某个区间内包含总体平均值 μ 的概率为多少。这就需要先选定一个置信度 P,并且在总体平均值的估计值 x 的两端各定出一个界限,称之为置信限。两个置信限之间的区间,称为置信区间,可表示为

$$\mu = x \pm u\sigma$$

其中, $u\sigma$ 为置信限, $(x\pm u\sigma)$ 为置信区间。

对于经常进行测定的试样,因为已经积累了大量的测定数据,则可认为 σ 为已知,则有

$$x=\mu\pm u\sigma$$

根据随机误差的区间概率可知,其测定值出现在 $\mu\pm u\sigma$ 范围内的概率是由 u 来决定的。

对于少量测量值的平均值 $\bar{x}$ 估计 μ 值的范围,则根据 t 分布的规律性知道, $\bar{x}$ 落在区间 $\mu\pm t_{a,f}s_{\bar{x}}$ 内的概率为 P,表示为

$$\bar{x}=\mu\pm t_{a,f}s_{\bar{x}}$$

因此,为了表示用某一样本的平均值 $\bar{x}$ 作为估计值 μ 时误差的大小,由式 $\bar{x}=\mu\pm t_{a,f}s_{\bar{x}}$ 可得

$$\mu=\bar{x}\pm t_{a,f}s_{\bar{x}}$$

或

$$\mu=\bar{x}\pm t_{a,f}\frac{s}{\sqrt{n}}$$

即在一定的置信度 P 下,以平均值 $\bar{x}$ 为中心包括总体平均值 μ 可靠性范围,称为平均值的置信区间。其上限值为 $\mu=\bar{x}+t_{a,f}\dfrac{s}{\sqrt{n}}$,下限值为 $\mu=\bar{x}-t_{a,f}\dfrac{s}{\sqrt{n}}$。对于置信区间可理解为,如果在相同的情况下测量,得到许多个平均值 $\bar{x}$,每一个 $\bar{x}$ 都取这样一个区间,则预期其中有概率 P 这样的区间包含了 μ。而总体平均值 μ 是一个客观存在的恒定值,不能说它落在某一区间的概率是多少。

在对真实值进行区间估计时,置信度的高低一定要恰当。在日常生活中人们的判断如果有 90% 或者 95% 的把握时,则可认为判断基本正确。

置信度越低,同一体系的置信区间就越窄;置信度越高,同一体系的置信区间就越宽,即所估计的区间包括真值的可能性也就越大。在实际工作中,置信度不能定得过高或过低。若置信度定得过高,会使置信区间过宽,往往这种判断就失去意义了;若置信度定得太低,其判断可靠性就不能保证了。因此,置信度的高低应定得合适。要使置信区间的宽度足够窄,而置信度又足够高,在分析化学中,一般将置信度定在 95% 或 90%。

当 P 一定时,增加测定次数并且提高测定的精确度后置信区间减小,从而说明此时平均值更加接近真实值,因此更加可靠。

2.6.4 显著性检验

在分析工作中,我们经常会遇到这样一些问题,如对标准物质等进行测定时,平均值与标准值的比较问题;两个分析员或者两种分析方法或者两个实验室对同一试样进行分析测定,其结果不相同。造成这种误差的原因有可能是存在系统误差或随机误差。如果差异仅由随机误差引起,那么从统计学的角度来看,为正常现象。但是如果为系统误差所致,那么则称两个结果之间存在着显著性差异。

使用统计方法检验测定值之间是否存在显著差异,推测它们之间是否存在系统误差,从而判断测定结果或者分析方法的可靠性,将该过程称之为显著性检验。在分析化学中,常用的显著性检验方法有 t 检验法和 F 检验法。

1. t 检验法(样本均值与标准值的比较)

t 分布除了可以用于计算置信区间,还经常用于检测样本平均值与标准值或者两组数据的平均值的比较,称为 t 检验法,它用于考察准确度是否存在着统计学上显著性的差异。

方法是先按照下式计算出统计量 t,即

$$t = \frac{|\overline{x} - \mu|}{s} \cdot \sqrt{n}$$

然后根据置信度和自由度,在相关文献中查得相应的临界值 $t_{a,f}$,如果 $t > t_{a,f}$,那么平均值 $\overline{x}$ 与标准值 μ 之间存在显著性差异,即存在系统误差;如果 $t \leqslant t_{a,f}$,则表示不存在显著性差异。

2. F 检验(两组数据的方差比较)

F 检验是通过比较两组数据的方差 s^2,来确定其精密度之间有无显著性差异。统计量 F 的定义为:两组数据的方差的比值,分子为大的方差,分母为小的方差,即

$$F = \frac{s_{大}^2}{s_{小}^2}$$

求出的 F 值与方差比的单侧临界值($F_{\alpha, f_{大}, f_{小}}$)进行比较。如果 $F > F_{\alpha, f_{大}, f_{小}}$,则说明两组数据的精密度存在显著性差异;反之,则不存在显著性差异。

由于表 2-5 所列 F 值是单边值,所以可以直接用于单侧检验,即检验某组数据的精密度是否大于或等于(小于或等于)另一组数据的精密度,此时置信度为 95%(显著性水平为 0.05)。而进行双侧检验时,如判断两组数据的精密度是否存在显著性差异时,即一组数据的精密度可能大于或等于,也可能小于另一组数据的精密度时,显著性水平为单侧检验时的两倍,即 0.10。因此,此时的置信度,即 90%。

表 2-5　置信度 95%($\alpha = 0.05$)时 F 值(单侧)

$f_{小}$ ＼ $f_{大}$	2	3	4	5	6	7	8	9	10	∞
2	19.00	19.16	19.25	19.30	19.33	19.36	19.37	19.38	19.39	19.50
3	9.55	9.28	9.12	9.01	8.94	8.88	8.84	8.81	8.78	8.53
4	6.94	6.95	6.39	6.26	6.16	6.09	6.04	6.00	5.96	50.63
5	5.79	5.41	5.19	5.05	4.95	4.88	4.82	4.78	4.74	4.36
6	5.14	4.76	4.53	4.39	4.28	4.21	4.15	4.10	4.06	3.67
7	4.74	4.35	4.12	3.97	3.87	3.79	3.73	3.68	3.63	3.23
8	4.46	4.07	3.84	3.69	3.58	3.50	3.44	3.39	3.34	2.93
9	4.26	3.86	3.63	3.48	3.37	3.29	3.23	3.18	3.13	2.71
10	4.10	3.71	3.48	3.33	3.22	3.14	3.07	3.02	2.97	2.54
$+\infty$	3.00	2.60	2.37	2.21	2.10	2.01	1.94	1.88	1.83	1.00

注:$f_{大}$ 为大方差数据的自由度;$f_{小}$ 为小方差数据的自由度。

3. 两组平均值的比较(t 检验)

两个样本均值的 t 检验是指：

①两个试样含有同一成分,使用相同分析法所测得两组数据均值间的显著性检验。

②一个试样由不同分析人员或者同一分析人员采用不同方法、不同仪器或者不同分析时间,分析所得的两组数据均值的显著性检验。

如果没有显著性差异,则按下式计算统计量 t,即

$$t = \frac{|\overline{x}_1 - \overline{x}_2|}{s_{合并}} \cdot \sqrt{\frac{n_1 n_2}{n_1 + n_2}}$$

式中,$\overline{x}_1$、$\overline{x}_2$ 分别为两个样本平均值,$s_{合}$ 称之为合并标准偏差或者组合标准差。n_1,n_2 分别为两组数据的测定次数,其中 n_1,n_2 可以不相等,但是不能相差非常悬殊。如果已知 s_1,s_2,那么则可由下式推出 $s_{合}$,即

$$s_{合} = \sqrt{\frac{(n_1-1)s_1^2 + (n_2-1)s_2^2}{(n_1-1)+(n_2-1)}}$$

在置信度一定时,若 $t < t_{a,f}$,说明两组数据的平均值不存在显著性差异,可以认为两个平均值属于同一总体,即 $\mu_1 = \mu_2$;反之,则存在显著性差异。两组数据测定的总自由度为 $f = (n_1-1)+(n_2-1) = n_1 + n_2 - 2$。

下面我们介绍使用显著性检验的几个注意事项：

①两组数据的显著性检验顺序是先进行 F 检验,再进行 t 检验。先由 F 检验确认两组数据的精密度无显著差异后,继而才能进行两组数据的均值是否存在系统误差的 t 检验。

②单侧与双侧检验。检验两个分析结果是否存在显著性差异时,采用双侧检验;如果检验某分析结果是否明显高于某值,采用单侧检验。t 分布曲线为对称性,双侧检验与单侧检验临界值都常见,可以根据要求选择,但是多采用双侧检验;F 分布曲线为非对称性,虽然也分单侧和双侧检验的临界值,但是 F 检验多用于单侧检验。

③置信水平 P 或者显著性水平 α 的选择。因为 t 与 F 等的临界值随着 α 的不同而不同,所以 α 的选择必须适当。

2.6.5 可疑值的取舍

在实验中,当对一份试样平行测定多次时,有时会出现个别数据比其他数据大得多或小得多的情况,这些数据称为可疑值。可疑数据对测定的精密度和准确度均有非常大的影响。若随意取舍可疑值会影响平均值,若测定数据较少时其影响更大,所以对可疑值必须谨慎对待。若检查实验中确实存在过失,则可疑值舍去。若没有充分依据,则应采用统计学方法决定,确定该可疑值与其他数据是否来源于同一总体,以决定取舍。由于从统计学的角度来说,数据可以有一定的波动范围。对于不是由于过失而造成的可疑值,需要按照一定的统计学方法进行处理。统计学用于可疑值取舍的方法有多种,下面介绍常用的两种方法。

1. Q 检验法

Q 检验法适用于测量值较少(10 次以内)的情况,该方法简单易用,具体方法如下：

①将测量值从小到大排序。

②求可疑值与其最邻近测量值之差的绝对值。

③按照下式计算 Q(称为舍弃商),即

$$Q = \frac{|x_{疑} - x_{邻}|}{x_{最大} - x_{最小}}$$

再根据置信度和测量次数 n 查表 2-6 所示 Q 值表,当计算值 Q 大于临界值 Q 时,则该可疑值应当舍去,否则保留。

表 2-6　Q 值表(置信度 90% 和 96%)

测定次数	3	4	5	6	7	8	9	10
$Q_{0.90}$	0.94	0.76	0.64	0.56	0.51	0.47	0.44	0.41
$Q_{0.95}$	0.97	0.84	0.73	0.64	0.59	0.54	0.51	0.49

注:Q 检验法不能用于三个数据中有两个相同的情况,因为计算的 Q 值总是 1,第三个数据总要舍去。

2. G 检验法(格鲁布斯法)

G 检验法的适用范围较 Q 检验法较广,并且由于在检验中引入了两个样本统计量 $\bar{x}$ 和 s,因此准确度较高。按照下式计算 G 值:

$$G = \frac{|x_{疑} - \bar{x}|}{s}$$

式中,$x_{疑}$ 为数据中怀疑有问题的最小值或最大值。

将计算所得 G 值与理论临界值 $G_{a,n}$ 相比较。若 $G > G_{a,n}$,则舍去可疑值,否则保留。

2.7　提高分析结果准确度的方法

想要得到准确的分析结果,必须设法减免在分析过程中带来的各种误差。在实际工作中,我们可以采取有效措施,尽可能减小这些误差。下面我们介绍减免分析误差的几种主要方法。

1. 选择恰当的分析方法

定量分析方法多种多样,不同分析方法的灵敏度和准确度不同,应根据实际情况选择合适的方法。虽然化学分析法的灵敏度不高,但是对于常量组分的测定可以得到较准确的结果,一般相对误差不超过千分之几。滴定法或重量法等化学分析法准确度较高,灵敏度较低,绝对误差较大,适用于含量组分的测定。仪器分析法灵敏度高、绝对误差小,但是相对误差较大,不适合常量组分的测定,满足微量或者痕量组分测定准确度的要求。例如用光谱法测定纯硅中的硼,其结果为 2×10^{-6}%。如果此方法的相对误差为 ± 0.5,则试样中硼的含量应在 1×10^{-6}% 和 3×10^{-6}% 之间。可以看出其相对误差较大,但是由于待测组分含量很低,从而引入的绝对误差则很小,满足测定准确度的要求。

分析方法的选择还与试样的组成有关。例如测定铁矿石中铁的含量,采用重量法会受到

其他组分共沉淀的干扰,若采用重铬酸钾滴定法则可以避免上述的影响。

另外,选择分析法时还要考虑共存物质的干扰。

2. 减小测量的相对误差

为了保证分析结果的准确度,我们应当控制分析过程中各测量值的误差。例如使用万分之一的分析天平,一般情况下称样的绝对误差为±0.0002 g,若称量的相对误差不大于±0.001,则称量的最小质量可按如下公式计算:

$$试样质量=\frac{绝对误差}{相对误差}=\frac{\pm0.0002\ g}{\pm0.001}=0.2\ g$$

在滴定分析中,常规滴定管单次读数估计误差为±0.01 ml。在一次滴定中,需要读数两次,从而可能造成±0.02 ml的误差。因此,为了使测量的相对误差小于$\pm0.1\%$,从而消耗的标准溶液的体积必须为20 ml以上。一般分析天平的称量误差为±0.0001 g,差减法称量时需要称两次,其误差为±0.0002 g。如果要求相对误差小于$\pm0.1\%$。称量试样则必须大于0.2 g。

不同的分析工作要求不同的准确度,因此应根据具体要求,控制各测量步骤的误差。例如,仪器分析法测微量组分,要求相对误差为$\pm0.2\%$,如果取试样0.2 g,则试样的称量误差不大于0.2 g×$(\pm2\%)$=±0.004 g就可以,所以没有必要用分析天平称准至±0.0001g。

3. 减小随机误差的影响

根据随机误差的分布规律,在消除系统误差的前提下,平行测定次数越多,其平均值越接近真值。因此增加测定次数,可以减少随机误差。在实际工作中,一般情况下对同一试样平行测定3~4次,其精密度符合要求即可,过多的测定次数会多耗费时间和试剂。

4. 消除测量中的系统误差

系统误差是定量分析中误差的主要来源,由于系统误差有固定原因,所以查明和消除这些原因,从而可以消除系统误差。通常消除系统误差的方法有以下几种。

(1)对照试验

对照实验用于检验和消除方法误差。对照实验有多种方式,可以与标准物质对照,也可以与成熟的方法对照,还可以与不同的实验室、分析员进行对照。分析的结果可以使用统计学方法检查,从而判断是否存在系统误差。

用已知含量(标准值)的标准试样,按所选的测定方法,在相同的实验条件进行分析,从而求得测定方式的校正值(标准试样的标准值与标注试样分析结果的比值),用来评价所选方法的准确性(有无系统误差),或者直接对实验中引入的系统误差进行校正:

$$试样中某组分含量=试样中某组分测得含量\times\frac{标准试样中某组分已知含量}{标准试样中某组分测得含量}$$

用已知含量的标准物质与被测试样在相同条件下分析,标准物质的组成应与被测试样相接近。在没有标准物质时,可用其他已知含量质量控制试样代替进行对照试验。

使用其他分析方法进行对照试验,分析方法必须可靠,一般我们选用国家颁布的标准分析方法或者公认的经典分析方法。

此外,为了检查分析人员之间的操作是否存在系统误差或者其他方面的问题,往往将一部分试样重复安排给不同分析人员进行测定,称之为"内检"。有时候会将部分试样送给其他单位进行对照实验,称之为"外检"。

对于组成不是十分清楚的试样,常采用加入回收法。此方法是向试样中加入已知量的被测组分与另一份试样平行进行分析,观察加入的被测组分能否定量回收,由回收率检查是否存在系统误差。

(2)空白试验

空白试验时在不加入试样的情况下,按照与试样测定完全相同的条件和操作方法进行试验,所得的结果称为空白值。从试样的分析结果中扣除次空白值,从而可消除由试剂、蒸馏水及实验器皿等引入的杂质所造成的误差。空白值不宜偏大。如果空白值较大,则必须先查明原因,例如,通过提纯试剂、改用纯度较高的溶剂和采用其他更合适的分析器皿等来解决问题,从而达到提高测定准确度的目的。

空白试验的作用是检验和消除由溶剂(大多数为水)、试剂和分析器皿(被腐蚀)中某些杂质引起的系统误差。空白试验对于痕、微量组分的测定具有十分重要的意义。那么选取何种纯度的试剂和溶剂则需要根据测定的要求而定,而不是盲目使用高纯度的试剂,避免造成浪费。

(3)仪器校准和量器

由于仪器不准确造成的误差,均可通过仪器校准消除。当允许测定结果的相对误差大于±0.001时,一般不必校准仪器。在对准确度要求较高的测定中,对于使用的仪器或者量器,例如,天平砝码的重量,滴定管、移液管和容量瓶的体积等必须进行校准,可减免仪器误差。其中,因为计量及测量仪器的状态会随时间、环境条件等发生变化,所以需要定期进行校准。

(4)回收试验

当采用所建方法测出试样中某组分含量后,可以在几份相同试样($n \geqslant 5$)中加入适量待测组分的纯品,在相同的条件下进行测定,按如下计算回收率:

$$回收率(\%)=\frac{加入纯品的测得量-加入前的测得量}{纯品加入量}\times 100\%$$

(5)改进分析方法或者采用辅助方法校正测定结果

分析方法不够完善是引起系统误差的主要因素,则需要我们尽可能找出原因并且加以减免。例如,在滴定分析中选择更加合适的指示剂用来减小终点误差;采用有效的掩蔽方法消除干扰组分的影响等。在重量分析方法中,设法减小沉淀的溶解度,从而使得待测组分沉淀更加完全;减少沉淀对杂质的吸附等。若方法误差无法消除,则可采用辅助其他的测定方法来校正测定结果。例如,采用重量法测定硅的含量时,分离硅沉淀后的滤液中含有少量的硅,我们可以采用光度法测出其含量,并将其加入到结果中去,这样校正了因沉淀不完全而带来的负误差。

5. 正确表示分析结果

定量分析的目的是得到待测组分的真正含量。所以,在报告分析结果时,则应该对测定值和真值相接近的程度作出估计,从而反映分析结果的可靠性。

为了正确表示分析结果,我们不仅仅要表明其数值的大小,还要反应出测定的准确度、精密度以及测定次数。所以,想要通过一组测定数据(随机样本)来反映该样本所代表的总体时,样本平均值 $\bar{x}$、样本标准偏差 s 和测定次数 n 这三项数据是必不可少的。应用置信空间也是表示分析结果的方法之一。

最后要正确表示分析结果的有效数字,它的位数要与测定方法和仪器的准确度相一致。

第3章　滴定法分析的原理与应用

3.1　酸碱滴定法

酸碱滴定法是以酸碱反应为基础的滴定分析方法。酸碱反应的特点是反应速度快、反应过程简单、完全程度高,滴定终点较易确定。因此,酸碱滴定法的应用比较广泛。

酸碱平衡是酸碱滴定的基础,酸碱平衡不仅决定酸碱滴定反应进行的程度,而且影响溶液中其他的平衡过程,如碳酸钙、草酸钙溶解于酸、高锰酸钾在不同酸碱性条件下被还原成不同价态、向铜氨络离子的溶液中加入过量强碱会产生氢氧化铜沉淀的现象,就是酸碱平衡影响沉淀溶解平衡、氧化还原平衡和配位平衡的例子。通过控制溶液的酸碱性,可以达到改变溶液中物质存在形式——也就是反应条件的目的。

3.1.1　水溶液中的酸碱平衡

1. 酸碱质子理论

酸碱理论有很多种,但在分析中普遍使用的是布朗斯特和劳莱提出的酸碱质子理论。

酸碱质子理论认为:凡是能给出质子的物质都是酸,例如,HCl、HAc、NH_4^+ 等;凡能接受质子的物质就是碱,例如,OH^-、Ac^-、NH_3 等。能给出多个质子的物质叫做多元酸;能接受多个质子的物质叫做多元碱。

根据这一定义,一种酸(HA)给出质子后就成了碱(A^-),而碱(A^-)接受质子后就成为了酸(HA)。这种关系可以表示为:

$$HA \Longleftrightarrow H^+ + A^-$$
$$\text{酸} \qquad \qquad \text{碱}$$

可以看出,酸与碱并不是彼此孤立存在的,它们是相互依存的,这种相互依存的关系称为共轭关系。仅相差一个质子的这一对酸碱称为共轭酸碱对。HA 是 A^- 的共轭酸,A^- 是 HA 的共轭碱。该反应被称为酸碱半反应,其中酸给出一个质子形成共轭碱,或碱接受一个质子形成共轭酸。下面是一些酸碱半反应:

$$HCl \Longleftrightarrow H^+ + Cl^-$$
$$HAc \Longleftrightarrow H^+ + Ac^-$$
$$H_2O \Longleftrightarrow H^+ + OH^-$$
$$H_3O^+ \Longleftrightarrow H^+ + H_2O$$

上述的这些反应式中 HCl、HAc、H_2O、H_3O^+、NH_4^+、$H_2PO_4^-$ 都能给出质子,它们都是酸,而 Cl^-、Ac^-、OH^-、H_2O、NH_3、$H_2PO_4^-$ 都能得到质子,它们都是碱。同一种物质,在某一条件下可能是酸,而在另一种条件下可能就变成了碱,例如上述反应中 H_2O、$H_2PO_4^-$。这种既可以给出质子又可以接受质子的物质称为两性物质。

2. 酸碱反应的实质

酸碱质子理论不仅扩大了酸和碱的范围,还可以把解离理论中的解离作用、中和作用、水解作用等,统统包括在酸碱反应的范围之中,皆可看作是质子传递的酸碱反应,酸碱反应的实质就是酸碱之间的质子传递。

共轭酸碱体系中的酸或碱是不能独立存在的,即酸碱半反应都不能单独发生。因而当溶液中某一种酸给出质子后,必须有另一种能接受质子的碱存在才能实现。

酸碱反应的一般式可写为

$$酸_1 + 碱_2 \xrightleftharpoons{} 酸_2 + 碱_1$$

现以醋酸在水溶液中水解为例:

半反应 1 　　　$HAc \xrightleftharpoons{} H^+ + Ac^-$
　　　　　　　酸$_1$　　　　　碱$_1$

半反应 2 　　　$H_2O + H^+ \xrightleftharpoons{} H_3O^+$
　　　　　　　碱$_2$　　　　　酸$_2$

总反应 　　　$HAc + H_2O \xrightleftharpoons{} H_3O^+ + Ac^-$
　　　　　　　酸$_1$　碱$_2$　　酸$_2$　碱$_1$

其结果是质子从 HAc 转移到 H_2O,溶剂 H_2O 起着碱的作用,才使得 HAc 的解离得以实现。通常为书写方便,将 H_3O^+ 简写成 H^+,以上反应式可简写为:

$$H_2O \xrightleftharpoons{} H^+ + OH^-$$

需要注意的是,这个简化式代表的是一个完整的酸碱反应,而不是酸碱半反应。

酸碱质子理论中,酸碱反应实际上是两个共轭酸碱对共同作用的结果,其实质是质子的转移。比如说,H_2O 在水中的离解就是 HCl 与 H_2O 之间的质子转移作用,是由 HCl-Cl$^-$ 与 H^+-H_2O 两个共轭酸碱对共同作用的结果。

3. 水的质子自递反应

同种溶剂分子间的质子转移作用称为质子自递反应。H_2O 作为两性物质,既能给出质子起酸的作用,又能接受质子起碱的作用,存在着质子自递反应:

$$H_2O + H_2O \xrightleftharpoons{} H_3O^+ + OH^-$$

参与该反应的两个共轭酸碱对是 H_2O-OH^- 和 H_3O^+-H_2O。该反应的平衡常数称为水的质子自递常数,又称水的离子积,用 K_w 表示。

K_w 值与温度有关,随着温度的升高而增大,22℃时,$K_w = 1.0 \times 10^{-14}$。

4. 酸碱反应的平衡常数

酸碱反应进行的程度可以用平衡常数的大小来衡量,其中最基本的是酸(碱)解离平衡常

数和水的自递常数。例如,酸在水溶液中的解离,

$$HA + H_2O \rightleftharpoons H_3O^+ + A^-$$

反应的平衡常数称为酸解离常数,用 K_a 表示,

$$K_a = \frac{a_{H^+} a_{A^-}}{a_{HA}} \tag{3-1}$$

又如碱在水溶液中的解离,

$$A^- + H_2O \rightleftharpoons OH^- + HA$$

反应的平衡常数称为碱解离常数,用 K_b 表示:

$$K_b = \frac{a_{OH^-} a_{HA}}{a_{A^-}} \tag{3-2}$$

式(3-1)和式(3-2)为标准平衡常数,即活度平衡常数,a 表示活度,在稀溶液中,通常将溶剂的活度系数视为 1。活度和溶度可以通过活度系数相互转换,活度系数和溶液的离子强度有关。由于反应经常在较稀溶液中进行,所以通常忽略离子强度的影响,这样,活度系数就可以视为 1,即可用平衡溶度代替活度,式(3-1)可写为,

$$K_a^c = \frac{[H^+][A^-]}{[HA]}$$

式中,K_a^c 被称为浓度常数。

3.1.2　酸碱滴定原理

酸碱滴定的关键是滴定终点(化学计量点)的确定。不同类型的酸碱反应的化学计量点的 pH 不同,不同指示剂变色的 pH 也不相同。酸碱滴定的终点误差一般控制在 ±0.1% 以内,为了减小滴定误差,必须了解滴定过程中溶液 pH 的变化,尤为重要的是化学计量点前后 ±0.1% 以内溶液 pH 的变化情况,以便选择一个刚好能在化学计,量点附近变色的指示剂,正确地确定滴定终点。

在酸碱滴定过程中,以所加入滴定液的体积为横坐标,以相应溶液的 pH 为纵坐标,每一个滴加的滴定液体积对应一个 pH,将这些点连成曲线,所得到的曲线称为酸碱滴定曲线,它能很好的描述滴定过程中溶液 pH 的变化情况。不同类型的酸碱滴定过程中 pH 的变化的特点、滴定曲线的形状和指示剂的选择都有所不同。

1. 强酸(强碱)的滴定

滴定反应:$H^+ + OH^- = H_2O$

(1)滴定曲线

现以 0.1000 mol/LNaOH 溶液滴定 20.00 ml(V_0)等浓度的 HCl 溶液为例进行讨论,设滴定中加入 NaOH 的体积为 V(ml),整个滴定过程可以分为四个阶段。

①滴定前($V=0$)溶液的酸度等于 HCl 的原始浓度。

$$[H^+] = c_{HCl} = 0.1000 \text{ mol/L}, pH = 1.00$$

②滴定开始至化学计量点前($V < V_0$):随着滴定剂的加入,溶液中 $[H^+]$ 取决于剩余 HCl 的浓度,即:

$$[H^+] = \frac{V_0 - V}{V_0 + V} \times c_{HCl}$$

例如,当滴入 19.98 mlNaOH 溶液时(-0.1%)

$$[H^+] = \frac{(20.00 - 19.98)}{(20.00 + 19.98)} \times 0.1000 = 5.00 \times 10^{-5} \ mol \cdot L^{-1}$$

$$pH = 4.30$$

③化学计量点时$(V = V_0)$:滴入 20.00 mlNaOH 溶液时,HCl 与 NaOH 恰好完全反应,溶液呈中性,H^+来自水的离解。

$$[H^+] = [OH^-] = 1.0 \times 10^{-7} \ mol \cdot L^{-1}$$

$$pH = 7.00$$

④计量点后$(V > V_0)$:溶液的 pH 由过量的 NaOH 的浓度决定,即

$$[OH^-] = \frac{V_0 - V}{V + V_0} \times c_{NaOH}$$

例如,当滴入 20.02 ml 溶液时(+0.1%)

$$[OH^-] = \frac{(20.02 - 20.00)}{(20.00 + 20.02)} \times 0.1000 = 5.00 \times 10^{-5} \ mol \cdot L^{-1}$$

$$pOH = 4.30$$

$$pH = 9.70$$

如此逐一计算滴定过程中各阶段溶液 pH 变化的情况,将主要计算结果列入表 3-1 中。

表 3-1 0.1000 mol·L^{-1}NaOH 溶液滴定 0.1000 mol·L^{-1}HCl 溶液 20.00 mlpH 变化

加入的 NaOH (ml)	HCl 被滴定 百分数	剩余 HCl (ml)	过量 NaOH (ml)	$[H^+]$/mol·L^{-1}	pH
0.00	0.00	20.00		1.0×10^{-1}	1.00
18.00	90.00	2.00		5.26×10^{-3}	2.28
19.80	99.00	0.20		5.02×10^{-4}	3.30
19.98	99.90	0.02		5.00×10^{-5}	4.30
20.00	100.0	0.00		1.00×10^{-7}	7.00
20.02	100.1		0.02	2.00×10^{-10}	9.70
20.20	101.0		0.20	2.01×10^{-11}	10.70
22.00	110.0		2.00	2.10×10^{-12}	11.68
40.00	200.0		20.00	2.00×10^{-13}	12.70

以 NaOH 加入量为横坐标,以溶液的 pH 为纵坐标,绘制滴定曲线如图 3-1 所示。

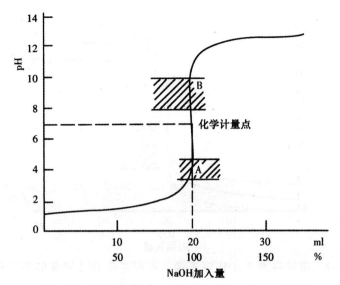

图 3-1　0.1000 mol·L^{-1} NaOH 溶液滴定 0.1000 mol·L^{-1} HCl 溶液 20.00 ml 的滴定曲线

从表 3-1 和图 3-1 中可以可以看出,从滴定开始到加入 NaOH 液 19.98 ml 时,HCl 被滴定了 99.9%,溶液的 pH 仅改变了 3.30 个 pH 单位,但从 19.98～20.02 ml,即在化学计量点前后±0.1%范围内,溶液的 pH 由 4.30 急剧增到 9.70,增大了 5.40 个 pH 单位,即[H$^+$]降低了 25 万倍,溶液由酸性突变到碱性。这种 pH 的突变称为滴定突跃,突跃所在的 pH 范围称为滴定突跃范围。

滴定突跃范围是选择指示剂的依据。对于上述示例来说,凡在突跃范围(pH=4.30～9.70)以内能发生颜色变化的指示剂(即指示剂变色的 pH 范围全部或大部分落在滴定突跃范围之内),都可以在该滴定中使用,例如酚酞、甲基红等。虽然使用这些指示剂确定的终点并非计量点,但是可以保证由此差别引起的误差不超过±0.1%。

如果用 HCl 溶液滴定 NaOH 溶液(条件与前相同),其滴定曲线与上述曲线互相对称,但溶液 pH 变化的方向相反。滴定突跃由 pH=9.70 降至 pH=4.30,可选择酚酞和甲基红为指示剂;若采用甲基橙,从黄色滴定至溶液显橙色(pH=4.0),将产生+0.2%的误差。

(2)影响滴定突跃范围的因素

强碱与强酸的滴定具有较大的滴定突跃,正是这类反应具有很高完全程度的体现。但滴定突跃的大小还与滴定剂和被滴定物的浓度有关(见图 3-2),浓度越大,滴定突跃亦越大。例如,用 1.00 mol·L^{-1} 的 NaOH 溶液滴定 20.00 ml 的 1.00 mol·L^{-1} 的 HCl 溶液,突跃范围为 pH=3.3～10.7。说明强酸、强碱溶液的浓度各增大 10 倍,滴定突跃范围则向上下两端各延伸一个 pH 单位。滴定突跃越大,可供选用的指示剂亦越多,此时甲基橙、甲基红和酚酞均可采用。若 NaOH 和 HCl 的浓度均为 0.01 mol·L^{-1},则突跃范围为 pH=5.3～8.7,此时欲使终点误差不超过 0.1%,采用甲基红为指示剂最适宜,酚酞略差一些,甲基橙则不可使用。

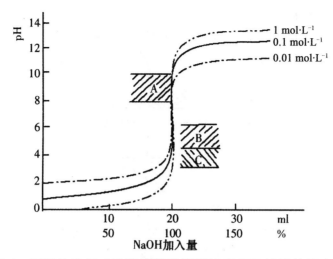

图 3-2   不同浓度 NaOH 溶液滴定不同浓度 HCl 溶液的滴定曲线

A—酚酞；B—甲基橙

2. 一元弱酸(碱)的滴定

(1)滴定前

溶液的$[H^+]$根据 HAc 在水中的离解平衡计算。求得

$$[H^+]=\sqrt{K_a \cdot c}=\sqrt{1.8\times10^{-5}\times0.1000}=1.3\times10^{-3}\ mol \cdot L^{-1}$$
$$pH=2.89$$

(2)滴定开始计量点前

溶液的 pH 值可按缓冲溶液计算公式求得。

例如：当加入 19.98 mLNaOH 溶液，即 99.9% 的 HAc 被滴定时：

$$[HAc]=\frac{0.1000\times(20.00-19.98)}{20.00+19.98}=5.0\times10^{-5}\ mol \cdot L^{-1}$$

$$[Ac^-]=\frac{0.1000\times19.98}{20.00+19.98}=5.0\times10^{-2}\ mol \cdot L^{-1}$$

$$pH=pK_a+lg\frac{[Ac^-]}{[HAc]}=-lg1.8\times10^{-5}+lg\frac{5.0\times10^{-2}}{5.0\times10^{-5}}=7.74$$

(3)计量点时

HAc 与全部 NaOH 反应生成 NaAc，此时溶液的 pH 值由 Ac^- 的离解计算

$$K_b(AC^-)=\frac{K_S(H_2O)}{K_a(HAc)}=5.6\times10^{-10}$$

$$[OH^-]=\sqrt{K_a \cdot c}=\sqrt{5.6\times10^{-10}\times\frac{0.1000}{2}}=5.310^{-3}\ mol \cdot L^{-1}$$

$$pOH=5.27$$

$$pH=8.73$$

（4）计量点后

溶液中过量的 NaOH 抑制了 Ac^- 的离解，溶液的 pH 值由过量 NaOH 的量计算，计算方法与强碱滴定强酸相同。

例如，当滴入 20.02 mlNaOH 溶液，即过量 0.1％NaOH（+0.1％相对误差）时

$$[OH^-] = \frac{0.1000 \times (20.02 - 20.00)}{20.02 + 20.00} = 5.0 \times 10^{-5} \text{ mol} \cdot L^{-1}$$

$$pOH = 4.30$$

$$pH = 9.70$$

如此逐一计算，根据计算结果绘制 pH 滴定曲线，如图 3-3 所示。

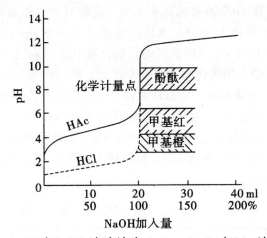

图 3-3　0.1 mol · L^{-1}NaOH 溶液滴定 0.1 mol · L^{-1}HAc 溶液的滴定曲线

3. 多元酸（碱）的滴定

在多元酸（碱）的滴定中情况复杂，因为多元酸发生分步离解。需要确定多元酸（碱）能否分步滴定、滴定到哪一级、各步选择何种指示剂等问题。

多元酸的滴定和指示剂的选择原则为：

①用 $c_a K_{a_1} \geqslant 10^8$ 判断第一级离解的 H^+ 能否被准确滴定。

②根据相邻两级离解常数的比值 K_{a_1}/K_{a_2}。判断相邻两级离解的 H^+ 能否分步滴定。

若 $K_{a_1}/K_{a_2} \geqslant 10^4$，而 $C_{SP_1} K_{a_1} \geqslant 10^{-8}$，则第上级离解的 H^+ 先被滴定，形成第一个突跃。第二级离解的 H^+ 后被滴定，是否有第二个突跃，则取决于 $C_{SP_2} K_{a_2}$ 是否能大于等于 10^{-8}。

3.1.3　酸碱滴定方式

1. 直接滴定法

凡能溶于水，或其中的酸或碱的组分可用水溶解，而它们的 $c_a K_a \geqslant 10^{-8}$ 的酸性物质和 $c_b K_b \geqslant 10^{-8}$ 的碱性物质均可用酸、碱标准溶液直接滴定。

（1）阿司匹林的测定

阿司匹林为乙酰水杨酸，是常用的解热镇痛药，属芳酸酯类结构，在水溶液中可离解出

H^+,故可用标准碱溶液直接滴定,以酚酞为指示剂,其滴定反应为:

为了防止分子中的酯键水解而使测定结果偏高,滴定应在中性乙醇溶液中进行。

（2）药用 NaOH 的测定

在生产和贮存中因吸收空气中的 CO_2,而成为 NaOH 和 Na_2CO_3 的混合碱。分别测定各自的含量有两种方法。

①氯化钡法。准确称取一定量样品,溶解后,吸取两份。一份以甲基橙作指示剂,用 HCl 标准溶液滴定至橙色,消耗 HCl 溶液的体积为 V_1,此时测得的是总碱。另一份加入过量的 $BaCl_2$ 溶液,使全部碳酸盐转换为 $BaCO_3$ 沉淀,以酚酞作指示剂,用 HCl 标准溶液滴定至红色消失,消耗 HCl 溶液的体积为 V_2,此时测得的是混合碱中的 NaOH,$V_1 > V_2$。滴定 NaOH 溶液的体积为 V_2,滴定 Na_2CO_3 用去体积为 $V_1 - V_2$。

②双指示剂滴定法。准确称取一定量样品,溶解后,以酚酞作指示剂,用硫酸标准溶液滴定至终点,消耗 H_2SO_4 溶液的体积为 V_1,此时溶液组成有 Na_2SO_4 和 $NaHCO_3$。再加入甲基橙,并继续滴定至第二终点,消耗 H_2SO_4 溶液的体积为 V_2,此时溶液组成为 CO_2 和 H_2O。滴定 NaOH 溶液的体积为 $V_1 - V_2$,与 Na_2CO_3 反应用去体积为 $2V_2$。NaOH 和 Na_2CO_3 的百分含量可分别按下列两式计算

$$\omega_{NaOH}(\%) = \frac{2c_{H_2SO_4}(V_1 - V_2)\dfrac{M_{H_2SO_4}}{1\,000} \times 100\%}{m}$$

$$\omega_{Na_2CO_3}(\%) = \frac{2V_2 c_{H_2SO_4}\dfrac{M_{Na_2CO_3}}{1\,000} \times 100\%}{m}$$

双指示剂法操作简便,但因第一计量点时酚酞由红—红色消失,误差在 1% 左右,若要求提高测定的准确度,可用氯化钡法。

双指示剂法不仅用于混合碱的定量分析,还用于未知碱样的定性分析。若 V_1 为滴定至酚酞变色时消耗标准酸的体积,V_2 为继续滴定至甲基橙变色时消耗标准酸的体积。当 $V_1 \neq 0$,$V_2 = 0$ 时,OH^-;当 $V_1 = 0$,$V_2 \neq 0$ 时,HCO_3^-;当 $V_1 = V_2 \neq 0$ 时,CO_3^{2-};当 $V_1 > V_2 > 0$ 时,OH^- 和 CO_3^{2-};当 $V_2 > V_1 > 0$ 时,HCO_3^- 和 CO_3^{2-}。

2. 间接滴定法

有些物质虽具有酸碱性,但难溶于水;有些物质酸碱性很弱,不能用强酸、强碱直接滴定,而需用间接滴定法测定。

NH_3 是弱酸,如 $(NH_4)_2SO_4$、NH_4Cl 等,不能直接用碱滴定。通常采用的方法有:

①蒸馏法。在含 NH_3 溶液中加入过量 NaOH,加热煮沸将 NH_3 蒸出后,用过量的 H_2SO_4 或 HCl 标准溶液吸收,过量的酸用 NaOH 标准溶液回滴定;也可用 H_3BO_3 溶液吸收,生成的 $H_2BO_3^-$ 是较强碱,可用酸标准溶液滴定。

$$NH_4^+ + OH^- \rightleftharpoons NH_3 \uparrow + H_2O$$

$$NH_3 + H_3BO_3 \rightleftharpoons NH_4^+ + H_2BO_3^-$$
$$H_2BO_3^- + H^+ \rightleftharpoons H_3BO_3$$

终点产物是 H_3BO_3 和 NH_3（混合弱酸），$pH = 5$，可用甲基红作指示剂。

此法的优点是只需一种酸标准溶液。吸收剂 H_3BO_3 的浓度和体积无须准确。但要确保过量。蒸馏法准确，但比较繁琐费时。

②甲醛法。甲醛与 NH_4^+ 生成六亚甲基四胺离子，同时放出定量的酸，其反应如下：

$$4NH_4^+ + 6NCHO \rightleftharpoons (CH_2)_6N_4H^+ + 3H^+ + 6H_2O$$

选酚酞为指示剂，用 NaOH 标准溶液滴定。若甲醛中含有游离酸，使用前应以甲基红作指示剂，用碱预先中和除去。甲醛法也可用于氨基酸的测定。将甲醛加入氨基酸溶液中时，氨基与甲醛结合失去碱性，然后用标准碱溶液来滴定它的羧基。

③凯氏定氮法：在催化剂存在下，将蛋白质、生物碱及其他有机样品在 $CuSO_4$ 催化下，用浓 H_2SO_4 煮沸分解，并将氮转化变成 NH_3，然后按上述蒸馏法进行测定。

3. 硼酸的测定

硼酸 H_3BO_3 是一种很弱的酸，在水中不能直接用 NaOH 滴定。但 H_3BO_3 与甘露醇或甘油等多元醇生成配位酸后能增加酸的强度，如 H_3BO_3 与甘油按下列反应生成的配位酸的 $pK_a = 4.26$，可用 NaOH 的标准溶液直接滴定。

对于一些极弱的酸（碱），除利用生成稳定的配合物使弱酸强化，还可利用沉淀反应、氧化还原反应使弱酸强化后，进行准确滴定。

3.2 氧化还原滴定法

氧化还原滴定法是以氧化还原反应为基础的滴定分析方法，是滴定分析中应用广泛的一种重要的方法。氧化还原滴定法应用非常广泛，它不仅可用于无机分析，而且广泛用于有机分析，许多具有氧化性或还原性的有机物都可以用氧化还原滴定法来加以测定。

3.2.1 氧化还原平衡

氧化剂和还原剂的强弱，可用有关电对的电极电位来衡量。电对的电极电位越高，其氧化型的氧化能力越强；电对的电极电位越低，其还原型的还原能力越强。

1. 电极电位

（1）电极电位的表示

对于一个可逆氧化还原电对的半电池反应，可表示为：

$$Ox + ne \rightleftharpoons Red$$

它的电极电位大小可用能斯特（Nernst）方程式计算：

$$\varphi_{Ox/Red} = \varphi_{Ox/Red}^{\ominus} + \frac{RT}{nF} \ln \frac{a_{Ox}}{a_{Red}} = \varphi_{Ox/Red}^{\ominus} + \frac{2.303RT}{nF} \lg \frac{a_{Ox}}{a_{Red}}$$

式中，$\varphi_{Ox/Red}$ 为 Ox/Red 电对的电极电位，简写成 φ；$\varphi_{Ox/Red}^{\ominus}$ 为 Ox/Red 电对的标准电极电位，简

写成 $\varphi^{\ominus}$；R 为气体常数，其值为 8.314 C·mol^{-1} J·(K·mol)$^{-1}$；T 为热力学温度；F 为法拉第常数，96484 C·mol^{-1} J·(K·mol)$^{-1}$；n 为半电池反应中电子的转移数

在 25℃时，将各常数代入，则

$$\varphi = \varphi^{\ominus} + \frac{0.0592}{n} \lg \frac{a_{Ox}}{a_{Red}}$$

分析工作中通常知道的是反应物的浓度而不是活度，活度等于平衡浓度与活度系数的乘积，即：

$$a_{Ox} = \gamma_{Ox}[Ox], a_{Red} = \gamma_{Red}[Red]$$

用浓度代替活度将会引起较大的误差，而其他的副反应如酸度的影响、沉淀或配合物的形成，都会引起氧化型及还原型浓度的改变，进而使电对的电极电位改变。若要以浓度代替活度，还需引入副反应系数。

$$a_{Ox} = \frac{C_{Ox}}{[Ox]}, a_{Red} = \frac{C_{Red}}{[Red]}$$

C_{Ox}、C_{Red} 分别表示溶液中 Ox、Red 的分析浓度。得

$$\varphi = \varphi^{\ominus} + \frac{0.0592}{n} \lg \frac{\gamma_{Ox} C_{Ox} a_{Red}}{\gamma_{Red} C_{Red} a_{Ox}}$$

$$= \varphi^{\ominus} + \frac{0.0592}{n} \lg \frac{\gamma_{Ox} a_{Red}}{\gamma_{Red} a_{Ox}} + \frac{0.0592}{n} \lg \frac{C_{Ox}}{C_{Red}}$$

令

$$\varphi' = \varphi^{\ominus} + \frac{0.0592}{n} \lg \frac{\gamma_{Ox} a_{Red}}{\gamma_{Red} a_{Ox}}$$

则

$$\varphi = \varphi' + \frac{0.0592}{n} \lg \frac{C_{Ox}}{C_{Red}}$$

式中，φ' 称为条件电极电位。它是在一定条件下，氧化型和还原型的分析浓度均为 1 mol·L^{-1} 或它们的浓度比为 1 时的实际电极电位。实验条件不变时为常数。

条件电极电位不同于标准电极电位，标准电极电位是指在一定温度下，氧化还原半反应中各组分活度均为 1 时的电极电位，它的大小为常数，只与电对本性及温度有关；而条件电极电位则随介质的种类和浓度的改变而改变。因此用它处理分析工作中的问题既简单，也更符合实际情况。

目前，条件电极电位都是由实验测得，人们只测出了部分氧化还原电对的条件电极电位数据。若缺乏相关电对的条件电极电位值，可用标准电极电位值进行粗略近似计算，否则应用实验方法测定。

(2)电极电位的影响因素

影响条件电位的因素主要有副反应和离子强度。

①副反应。生成沉淀和生成配合物是氧化还原滴定中常见的副反应。氧化态生成沉淀将使电对的条件电位降低；还原态生成沉淀将使电对的条件电位升高。

当溶液中存在能与电对的氧化态或还原态反应生成配合物的配位剂时，电对的条件电位就会受到影响。如果氧化态配合物的稳定性高于还原态配合物，那么条件电位将降低；反之，

条件电位将升高。由此可知,在氧化还原滴定中,经常借助配位剂与干扰离子生成稳定的配合物来消除对测定的干扰。

②离子强度。电解质浓度的变化会改变溶液中的离子强度,从而改变氧化态和还原态的活度系数。在氧化还原滴定体系中,若电解质浓度较大,则离子强度也较大,活度与浓度的差别较大,能斯特方程中用浓度代替活度计算的结果与实际情况会有较大差异;若副反应对条件电位的影响远比离子强度的影响大,则在估算条件电位时则可忽略离子强度的影响,而着重考虑副反应对电极电位的影响。

2. 反应进行的方向

根据电对的电位可以判断氧化还原反应进行的方向。但外界条件的改变都会使氧化还原电对的电位发生变化,甚至改变氧化还原反应的方向。例如

$$H_3AsO_4 + 2I^- + 2H^+ = H_3AsO_3 + I_2 + H_2O$$

其半电池反应式为

$$H_3AsO_4 + 2H^+ + 2e = H_3AsO_3 + H_2O$$

$$I_2 + 2e \rightleftharpoons 2I^-$$

根据 Nernst 方程可得到:

$$\varphi_{H_3AsO_4/H_3AsO_3} = \varphi'_{H_3AsO_4/H_3AsO_3} + \frac{0.0592}{2}\lg\frac{[H_3AsO_4][H^+]^2}{[H_3AsO_3]}$$

$$\varphi_{I_2/I^-} = \varphi'_{I_2/I^-} + \frac{0.0592}{2}\lg\frac{1}{[I^-]^2}$$

由于电对 I_2/I^- 的电位值与溶液 pH 值几乎无关,而电对 H_3AsO_4/H_3AsO_3 的电位值受溶液 pH 值影响很大。据此,若将溶液调至酸性,电对 H_3AsO_4/H_3AsO_3 的电位高于电对 I_2/I^- 的电位,反应向右进行,可用间接碘量法测定 As(V);若将溶液调至弱碱性(pHi-8),电对 H_3AsO_4/H_3AsO_3 电位低于电对 I_2/I^- 的电位,反应向左进行,可用直接碘量法测定 As(Ⅲ)。

3. 反应进行的速度

氧化还原反应平衡常数可衡量氧化还原反应进行的程度,但不能说明反应的速度。有的反应平衡常数很大,但实际上觉察不到反应的进行。其主要原因是反应的机制较复杂,且常分步进行,反应速度较慢。氧化还原反应速度除与反应物的性质有关外,还与下列外界因素有关。

(1)反应物浓度

根据质量作用定律,反应速度与反应物浓度的乘积成正比。但是,许多氧化还原反应是分步进行的,整个反应速度由最慢的一步决定。因此,不能简单地按总的氧化还原方程式来判断浓度对反应速度的影响程度。但通常来看,增大反应物的浓度可以加快反应速度。

(2)催化剂

使用催化剂是加快反应速率的有效方法之一。催化反应的机理非常复杂。在催化反应中,由于催化剂的存在,可能产生了一些不稳定的中间价态离子、游离基或活泼的中间配合物,从而改变了氧化还原反应历程,或者改变了反应所需的活化能,使反应速率发生变化。催化剂

有正催化剂和负催化剂之分,正催化剂,增大反应速率,负催化剂减小反应速率。分析化学中,常用正催化剂来加快反应的速率。

(3)温度

升高反应温度一般可提高反应速率。通常温度每升高 10℃,反应速率可提高 2～4 倍。这是由于升高反应温度时,不仅增加了反应物之间碰撞的几率,而且增加了活化分子数目。

(4)氧化剂和还原剂的性质

不同性质的氧化剂和还原剂,其反应速率相差极大。这与它们的电子层结构、条件电极电位的差异和反应历程等因素有关,具体情况较为复杂。目前对此问题的了解尚不完整。

(5)诱导作用

有些氧化还原反应在通常情况下,并不进行或进行得很慢的反应,但是由于另一个反应的进行,受到诱导而得以进行。这种由于一个氧化还原反应的发生促进另一氧化还原反应进行的现象,称为诱导作用,所发生的反应称为诱导反应。

需要注意的是,诱导作用和催化作用是不同的。在催化反应中,催化剂在反应前后的组成和质量均不发生改变;而在诱导反应中,诱导体参加反应后转变为其他物质。因此,对于滴定分析而言,诱导反应往往是有害的,应该尽量避免。

4. 反应进行的程度

滴定分析要求氧化还原反应能够定量进行,反应的完全程度,可以用条件平衡常数 K' 来衡量。K' 值越大,反应进行越完全。

(1)平衡常数

根据条件电极电位 φ',由能斯特方程式可求得条件平衡常数 K'。

对于任一氧化还原反应:

$$n_1 \text{Red}_2 + n_2 \text{Ox}_1 \Longrightarrow n_2 \text{Red}_1 + n_1 \text{Ox}_2$$

两电对的电极电位分别为:

$$\text{Ox}_1 + n_1 \text{e} \Longrightarrow \qquad \varphi_1 = \varphi'_1 + \frac{0.0592}{n_1} \lg \frac{C_{\text{Ox}_1}}{C_{\text{Red}_1}}$$

$$n_2 \text{e} + \text{Ox}_2 \Longrightarrow \text{Red}_2 \qquad \varphi_2 = \varphi'_2 + \frac{0.0592}{n_2} \lg \frac{C_{\text{Ox}_2}}{C_{\text{Red}_2}}$$

反应达到平衡时,两电对的电极电位相等,即 $\varphi_1 = \varphi_2$,并令 $\Delta\varphi = \varphi'_1 - \varphi'_2$,整理可得

$$\Delta\varphi = \frac{0.0592}{n_2} \lg \frac{C_{\text{Ox}_2}}{C_{\text{Red}_2}} - \frac{0.0592}{n_1} \lg \frac{C_{\text{Ox}_1}}{C_{\text{Red}_1}}$$

$$= \frac{0.0592}{n_1 n_2} \lg \left[\left(\frac{C_{\text{Ox}_2}}{C_{\text{Red}_2}} \right)^{n_1} \left(\frac{C_{\text{Red}_1}}{C_{\text{Ox}_1}} \right)^{n_2} \right]$$

由于

$$K' = \left(\frac{C_{\text{Ox}_2}}{C_{\text{Red}_2}} \right)^{n_1} \left(\frac{C_{\text{Red}_1}}{C_{\text{Ox}_1}} \right)^{n_2}$$

所以

$$\lg K' = \lg \left[\left(\frac{C_{\text{Ox}_2}}{C_{\text{Red}_2}} \right)^{n_1} \left(\frac{C_{\text{Red}_1}}{C_{\text{Ox}_1}} \right)^{n_2} \right]$$

于是有

$$\lg K' = \frac{n_1 n_2 \Delta \varphi'}{0.0592} = \frac{n \Delta \varphi'}{0.0592}$$

根据两个电对的条件电极电位值,就可以计算反应的条件平衡常数 K' 值。显然,$\Delta \varphi'$ 值越大,反应中得失电子数越多,$\lg K'$ 也越大,反应向右进行越完全。式中,n 为 n_1 和 n_2 的最小公倍数。

(2)判断反应程度

当滴定误差不大于 0.1% 时,则反应完成程度就能达到 99.9% 以上,因此,当氧化还原反应达到化学计量点时,其反应物与生成物的浓度关系为:

$$\frac{C_{Ox_2}}{C_{Red_2}} \geqslant \frac{99.9}{0.1} \approx 10^3$$

$$\frac{C_{Red_1}}{C_{Ox_1}} \geqslant \frac{99.9}{0.1} \approx 10^3$$

于是得

$$\lg K' = \lg \left[\left(\frac{C_{Ox_2}}{C_{Red_2}} \right)^{n_1} \left(\frac{C_{Red_1}}{C_{Ox_1}} \right)^{n_2} \right] \approx \lg (10^{3n_1} 10^{3n_2}) = 3(n_1 + n_2)$$

$$\Delta \varphi = \frac{0.0592}{n_1 n_2} \lg K' \geqslant \frac{0.0592 \times 3(n_1 + n_2)}{n_1 n_2}$$

即 $\lg K' \geqslant 3(n_1 + n_2)$,或 $\Delta \varphi' \geqslant 0.0592 \times 3(n_1 + n_2)/n_1 n_2$ 的氧化还原反应才能用于滴定分析。

另外,两电对的条件电极电位相差很大时,反应不一定能定量进行。例如 $K_2Cr_2O_7$ 与 $Na_2S_2O_7$ 的反应,虽然两电对的电极电位差值很大,但它们之间的副反应复杂,没有定量关系。因此,在碘量法中以 $K_2Cr_2O_7$ 作基准物质标定 $Na_2S_2O_7$ 时,采用间接法标定。

3.2.2　氧化还原滴定原理

1. 滴定曲线

在氧化还原滴定过程中,随着滴定剂的加入和反应的进行,被测物质的氧化态和还原态的浓度逐渐改变,其有关电对的电极电势也随之不断变化,即被测试液的特征变化就是溶液电极电势的变化。这种电极电位的变化类似与其他滴定法,可以用滴定曲线来表示。以加入滴定剂的体积或滴定分数为横坐标,溶液的电极电势为纵坐标描绘的曲线就为氧化还原滴定曲线。可以用实验的方法测得氧化还原滴定曲线,也可以用能斯特方程式进行计算得到。

现以在 1.00 mol·L^{-1} H$_2$SO$_4$ 介质中,0.1000 mol·L^{-1} Ce(SO)$_2$ 标准溶液滴定 20.00 ml 0.1000 mol·L^{-1} FeSO$_4$ 溶液为例,计算滴定过程的电极电势,并绘制滴定曲线。

滴定反应为:

$$Ce^{4+} + Fe^{2+} = Ce^{3+} + Fe^{3+}$$

已知在此条件下两电对的电极反应及条件电极电势分别为:

$$Ce^{4+} + e^- = Ce^{3+}, \quad Fe^{3+} + e^- = Fe^{2+}$$

$$\varphi^{\theta'}(Ce^{4+}/Ce^{3+})=1.44\ V, \varphi^{\theta'}(Fe^{3+}/Fe^{2+})=0.68\ V$$

需要注意的是:滴定过程中任一时刻,当反应体系达平衡时,溶液中同时存在两个电对,并且两电对的电极电势相等,即

$$\varphi(Ce^{4+}/Ce^{3+})=\varphi(Fe^{3+}/Fe^{2+})$$

故在滴定的不同阶段,可选择方便于计算的电对,用能斯特方程式计算滴定过程中溶液的电极电势,即溶液电势。

(1)滴定前

在化学计量点前,由于空气中的氧化作用,其中必然存在极少量的 Fe^{3+} 溶液中存 Fe^{3+}/Fe^{2+} 电对,由于此时 Fe^{3+} 的浓度从理论上无法确定,故此时电极电位无法依据 Nernst 方程式进行计算。

(2)滴定开始至化学计量点前

滴定开始后,溶液中同时存在两个氧化还原电对。在滴定过程中的任何时刻,反应达到平衡后,两个电对的电极电位相等,即

$$\varphi^{\theta'}(Fe^{3+}/Fe^{2+})+0.059\lg\frac{c(Fe^{3+})}{c(Fe^{2+})}=\varphi^{\theta'}(Ce^{4+}/Ce^{3+})+0.059\lg\frac{c(Ce^{4+})}{c(Ce^{3+})}$$

此阶段,溶液体系中存在 Fe^{3+}/Fe^{2+} 和 Ce^{4+}/Ce^{3+} 两个电对,达到平衡时溶液中 Ce^{4+} 在溶液中存在量极少且难以确定其浓度,故只能用 Fe^{3+}/Fe^{2+} 电对计算该阶段的电极电位。

$c(Fe^{3+})/c(Fe^{2+})$ 的值则可根据加入滴定剂 Ce^{4+} 的百分数来确定。所以,利用 Fe^{3+}/Fe^{2+} 电对来计算体系的电极电位比较方便。

当有 10.00 ml 的滴定剂 Ce^{4+} 加入时,50.0% 的 Fe^{2+} 被氧化并生成 Fe^{3+},因此,体系的电极电位为

$$\varphi=\varphi^{\theta'}(Fe^{3+}/Fe^{2+})+0.059\lg\frac{50.0\%}{50.0\%}=0.68\ V$$

若有 19.98 ml 的滴定剂 Ce^{4+} 加入时,99.9% 的 Fe^{2+} 被氧化并生成 Fe^{3+},即

$$c(Fe^{3+})/c(Fe^{2+})=\frac{99.9}{0.1}=999$$

$$\varphi(Fe^{3+}/Fe^{2+})=\varphi^{\theta'}(Fe^{3+}/Fe^{2+})+0.059\lg\frac{c(Fe^{3+})}{c(Fe^{2+})}=0.68+0.059\lg999=0.86\ V$$

(3)化学计量点时

这时,加入的滴定剂 Ce^{4+} 体积为 20.00 ml,Ce^{4+} 和 Fe^{2+} 分别定量地反应生成 Ce^{3+} 和 Fe^{3+}。溶液中的 Ce^{4+} 和 Fe^{2+} 浓度极小,不易求得。可利用 $c(Ce^{4+})=c(Fe^{2+})$,$c(Ce^{3+})=c(Fe^{3+})$ 关系计算体系的电极电位。以 φ_{sp} 表示化学计量点时的电极电位,则有两式相加,得

$$\varphi_{sp}=\varphi^{\theta'}(Ce^{4+}/Ce^{3+})+0.59\lg\frac{c(Ce^{4+})}{c(Ce^{3+})}$$

$$\varphi_{sp}=\varphi^{\theta}(Fe^{3+}/Fe^{2+})'+0.59\lg\frac{c(Fe^{3+})}{c(Fe^{2+})}$$

上述两式相加可得

$$2\varphi_{sp} = \varphi^{\theta'}(\mathrm{Ce^{4+}/Ce^{3+}}) + 0.59\lg\frac{c(\mathrm{Ce^{4+}})c(\mathrm{Fe^{3+}})}{c(\mathrm{Ce^{3+}})c(\mathrm{Fe^{2+}})}$$

$$= 1.44 + 0.68 + 0.59\lg 1$$

$$= 2.12\ \mathrm{V}$$

故
$$\varphi_{sp} = 1.06\ \mathrm{V}$$

（4）化学计量点后

这一阶段，溶液中的 $\mathrm{Fe^{2+}}$ 基本上都被氧化而生成 $\mathrm{Fe^{3+}}$，$\mathrm{Fe^{2+}}$ 的浓度极小，不易求得，但 $c(\mathrm{Ce^{4+}})/c(\mathrm{Ce^{3+}})$ 的值可根据加入滴定剂 $\mathrm{Ce^{4+}}$ 的百分数来确定。因此，利用 $\mathrm{Ce^{4+}/Ce^{3+}}$ 的电对来计算体系的电极电位比较方便。

当加入的 $\mathrm{Ce^{4+}}$ 过量 0.1%（20.02 ml）时，体系的电极电位为

$$\varphi = \varphi^{\theta'}(\mathrm{Ce^{4+}/Ce^{3+}}) + 0.59\lg\frac{0.1\%}{100\%} = 1.26\ \mathrm{V}$$

当加入的 $\mathrm{Ce^{4+}}$ 过量 10%（22.00 ml）时，体系的电极电位为

$$\varphi = \varphi^{\theta'}(\mathrm{Ce^{4+}/Ce^{3+}}) + 0.59\lg\frac{10\%}{100\%} = 1.38\ \mathrm{V}$$

用同样的方法，计算滴定曲线上任意一点的电极电位，具体可见表 3-2，由此可得如图 3-4 所示的滴定曲线。滴定突跃范围根据化学计量点前、后 0.1% 时的电极电位确定为 0.86～1.26 V，即滴定曲线的电位突跃是 0.4 V，这为判断氧化还原反应滴定的可能性以及选择指示剂提供了依据。

表 3-2　$0.1000\ \mathrm{mol\cdot L^{-1}}\ \mathrm{Ce(SO_4)_2}$ 滴定 20 ml $0.1000\ \mathrm{mol\cdot L^{-1}}\ \mathrm{Fe^{2+}}$ 溶液的电位（$1.0\ \mathrm{mol\cdot L^{-1}}\ \mathrm{H_2SO_4}$ 溶液中）

加入 $\mathrm{Ce^{4+}}$ 标准溶液的体积/ml	滴定分数/(%)	φ/V
1.00	5.0	0.60
4.00	20.0	0.64
10.00	50.0	0.68
18.00	90.0	0.74
19.80	99.0	0.80
19.98	99.9	0.86
20.00	100.0	1.06（化学计量点）
20.02	100.1	1.26
20.20	101.0	1.32
22.00	110.0	1.38
40.00	200.0	1.44

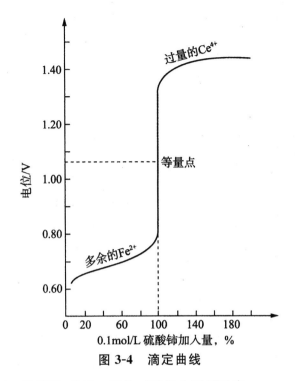

图 3-4　滴定曲线

通过上例,可推至一般情况,对于一般的可逆氧化还原反应:

$$n_2 Ox_1 + n_1 Red_2 \rightleftharpoons n_1 Ox_2 + n_2 Red_1$$

同理可得化学计量点时的电极电位的一般公式:

$$\varphi_{sp} = \frac{n_1 \varphi_1^{\theta'} + n_2 \varphi_2^{\theta'}}{n_1 + n_2}$$

根据化学计量点±0.1%得到滴定突跃范围为

$$\left(\varphi_1^{\theta'} + \frac{3 \times 0.059}{n_2} \right) \sim \left(\varphi_2^{\theta'} - \frac{3 \times 0.059}{n_1} \right) V$$

由此可知,若氧化还原滴定中,两个氧化还原电对的电子转移数相等($n_1 = n_2$),则化学计量点的电极电位 φ_{sp} 恰好位于滴定突跃的正中间,化学计量点前、后的曲线基本对称;若 $n_1 \neq n_2$,则化学计量点的电极电位 φ_{sp} 不在滴定突跃的正中间,而是偏向电子转移数较多的电对一方。

2. 氧化还原滴定中的指示剂

在氧化还原滴定过程中,除了用电位法确定滴定终点外,通常用指示剂指示滴定终点。氧化还原滴定法常用的指示剂有三类。

(1)自身指示剂

有些标准溶液或被测溶液的颜色与其生成物的颜色明显不同,在滴定过程中可利用其自身的颜色变化指示滴定的终点,而无须另加指示剂,称为自身指示剂。

例如,在酸性溶液中用 $KMnO_4$ 标准溶液滴定 Fe^{2+} 时,滴到计量点后过量一滴,溶液即呈现 $KMnO_4$ 的紫红色,由此来确定滴定终点。

另外,有些物质的溶液虽然也有颜色,但是由于灵敏度不够,不能用作自身指示剂。

(2)专用指示剂

某些物质本身不具有氧化还原性质,但能与某种氧化剂或还原剂发生可逆的显色反应,引起颜色变化,从而指示滴定的终点,称为特殊指示剂,有时也称为专属指示剂。

例如,无色的淀粉溶液本身不具有氧化还原性,但是可溶性淀粉与碘溶液反应,生成蓝色的化合物,当 I^- 被氧化为 I_2 时,溶液中立即出现蓝色。实验证明,当 I_2 的浓度为 2×10^{-6} mol·L^{-1} 时即能看到蓝色,反应非常灵敏。因此,在碘量法中,可用淀粉溶液做指示剂。

(3)氧化还原指示剂

氧化还原指示剂本身具有弱的氧化还原性质,其氧化态和还原态具有明显不同的颜色。在滴定过程中,指示剂被氧化或被还原,发生颜色变化,从而指示滴定的终点。

例如,用 $K_2Cr_2O_7$ 溶液滴定 Fe^{2+},用二苯胺磺酸钠为指示剂。二苯胺磺酸钠的还原态是无色,氧化态为紫红色。当用 $K_2Cr_2O_7$ 溶液滴定 Fe^{2+} 达到计量点时,稍微过量的 $K_2Cr_2O_7$ 就能使二苯胺磺酸钠氧化,使它由还原态(无色)转变为氧化态(紫红色),从而可以判断滴定终点。

可以用下式表示氧化还原指示剂所发生的氧化还原反应:

$$In(Ox) + ne \Longrightarrow In(Red)$$

$$\text{氧化态} \qquad \text{还原态}$$

根据能斯特方程,氧化还原指示剂的电位与其浓度之间的关系式是:

$$E_{In} = E_{In}^{\theta} + \frac{0.0592}{n} \lg \frac{c_{In(Ox)}}{c_{In(Red)}}$$

E_{In}^{θ} 为指示剂的条件电极电位。当溶液的电位改变时,指示剂的氧化态和还原态浓度之比也会发生改变,溶液的颜色因而发生变化。氧化还原指示剂变色的电位范围是:

$$E_{In} = E_{In}^{\theta'} \pm \frac{0.0592}{n}$$

不同指示剂的 $E_{In}^{\theta'}$ 值各不相同,同一指示剂在不同介质中,条件电极电位 $E_{In}^{\theta'}$ 也不同。

在选择氧化还原指示剂时,应该使氧化还原指示剂的条件电极电位尽量与反应的计量点的电位相一致,以减小滴定误差。指示剂变色范围应部分或全部落在滴定的突跃范围内。或者说,凡变色点处于滴定突跃范围内的指示剂均可选用。

3. 氧化还原滴定预处理

利用氧化还原滴定测定物质之前,经常要进行预处理,目的是使待测组分转变成有利于反应的同一价态,除去对测定有干扰的物质。预处理方法分为预氧化、预还原和除去还原性共存物等。

(1)预氧化、预还原

例如,测定试样中的 Mn 或 Cr 含量,需要将试样溶解后用强氧化剂如 $(NH_4)_2S_2O_8$ 预先将 Mn^{2+}、Cr^{3+} 氧化成 MnO_4^-、$Cr_2O_7^{2-}$,然后用还原剂标准溶液直接滴定。预处理用的氧化剂或还原剂应满足下列条件:

①能够将欲测组分定量地氧化或还原。

②容易除去过量的预处理试剂,包括自行分解、生成沉淀物等。

③反应速率快。

(2)除去有机物

测定试样中的无机物时,有机物常干扰测定,为此常用灰化法除去。干法灰化是在充有氧气的瓶中将试样燃烧,使有机物完全氧化成 CO_2 除去。湿法灰化是利用氧化性酸在沸点温度下使有机物分解除去。

3.2.3 氧化还原滴定方式

氧化还原滴定法可以根据待测物的性质来选择合适的滴定剂,并常根据所用滴定剂的名称来命名,比如碘量法、高锰酸钾法、重铬酸钾法、溴酸钾法、铈量法等,各种方法都有其特点和应用范围,应该根据实际情况正确选用。这种仅对碘量法、高锰酸钾法、重铬酸钾法进行阐述。

1. 碘量法

碘量法是以 I_2 作为氧化剂或以 I^- 作还原剂的氧化还原滴定法,其主要原理是:由于碘在水中的溶解度很小,室温下仅约为 $0.00133\ mol\cdot L^{-1}$。在配制碘溶液时,常将固体碘溶于碘化钾溶液中,此时 I_2 与 I^- 结合成 I_3^-,从而增大了溶解度。碘量法中,I_3^-/I^- 的半反应为

$$I_3^- + 2e^- \rightleftharpoons 3I^- \qquad \varphi^\theta_{I_3^-/I^-} = 0.535\ V$$

为了方便,通常可以将 I_3^- 简写为 I_2。

由上可知,I_2 是一种较弱的氧化剂,只能氧化具有较强还原性的物质;而 I^- 是一种中等强度的还原剂,能够还原许多具有氧化性的物质。直接碘量法和间接碘量法的应用使碘量法成为应用广泛的重要的氧化还原滴定法之一。

(1)直接碘量法

直接碘量法也称碘滴定法,是用 I_2 标准溶液直接滴定还原性物质的滴定分析法。该方法可用于测定电极电位比 $\varphi^\theta(I_2/I^-)$ 低的还原性较强的物质,例如,硫化物、硫代硫酸盐、亚硫酸盐、亚砷酸盐及含有烯二醇基的物质等。

例如

$$I_2 + SO_2 + 2H_2O = 2I^- + SO_4^{2-} + 4H^+$$

因此,可用 I_2 标准溶液直接滴定这类还原性物质,但是,直接碘量法不能在碱性溶液中进行,当溶液的 pH>8 时,部分 I_2 要发生歧化反应:

$$3I_2 + 6OH^- = IO_3^- + 5I^- + 3H_2O$$

这一反应会带来测定误差。在酸性溶液中也只有还原能力强而不受 H^+ 浓度影响的物质才能发生定量反应,又由于碘的标准电极电位不高,所以直接碘量法不如间接碘量法应用广泛。

(2)间接碘量法

间接碘量法也称滴定碘法,电极电位比碘电对的电极电位高的氧化性物质,可在一定的条件下,用 I^- 还原,定量置换出 I_2,然后用 $Na_2S_2O_3$ 标准溶液滴定置换出 I_2,这就是间接碘量法。

这种方法的滴定反应方程式为:

$$I_2 + 2S_2O_3^{2-} = 2I^- + S_4O_6^{2-}$$

用 $Na_2S_2O_3$ 滴定 I_2 的反应要求在中性或弱酸性溶液中进行。在碱性溶液中,有以下副反应发生:

$$4I_2 + S_2O_3^{2-} + 10OH^- = 8I^- + 2SO_4^{2-} + 5H_2O$$

强酸性溶液中, $Na_2S_2O_3$ 被酸分解,反应方程式如下:

$$S_2O_3^{2-} + 2H^+ = S\downarrow + SO_2\uparrow + H_2O$$

间接碘量法广为推广和应用,可用于测定 $KMnO_4$、$K_2Cr_2O_7$、$CuSO_4$、KIO_3、H_2O_2、漂白粉等氧化性物质(置换滴定方式),也常用于测定葡萄糖、甲醛、焦亚硫酸钠、硫脲等还原性物质(返滴定方式)。

为了得到准确的结果,在使用碘量法时,需要注意:

①控制溶液的酸度。直接碘量法不能在碱性溶液中进行;间接碘量法应在中性或弱酸性溶液中进行。

②防止 I_2 的挥发和 I^- 被空气中的 O_2 氧化。使用碘量瓶,在滴定前密塞、封水,既可防止 I_2 挥发,又可避免空气中的 O_2 对 I^- 的氧化。为了减少 I_2 的挥发,直接碘量法中,用 KI 溶液溶解 I_2 配制碘标准溶液;间接碘量法中也常加入过量的 KI。此外,反应温度不宜高,也不要剧烈摇动溶液。为防止 I^- 的氧化,溶液酸度不能太高,酸度越高, I^- 被 O_2 氧化的反应速率就越大;还应注意消除对 O_2 氧化 I^- 的反应有催化作用的因素,包括避免光线的直接照射以及除去 Cu^{2+}、NO_2^- 等离子。

2. 高锰酸钾法

高锰酸钾法是以高锰酸钾为滴定剂的氧化还原滴定法,称为高锰酸钾法。$KMnO_4$ 是一种强氧化剂。它在不同酸度的溶液中反应不同。

在强酸性溶液中, $KMnO_4$ 与还原剂反应后,本身被还原为 Mn^{2+}:

$$MnO_4^- + 8H^+ + 5e = Mn^{2+} + 4H_2O \qquad \varphi^\theta = 1.491\ V$$

在弱酸性、中性或弱碱性溶液中, $KMnO_4$ 被还原为 MnO_2:

$$MnO_4^- + 2H_2O + 3e = MnO_2 + 4OH^- \qquad \varphi^\theta = 0.58\ V$$

在 $[OH^-] > 2.0\ mol/L$ 的强碱性条件下, $KMnO_4$ 被还原为 MnO_4^{2-}:

$$MnO_4^- + e = MnO_4^{2-} \qquad \varphi^\theta = 0.56\ V$$

由于 $KMnO_4$ 在强酸性溶液中有更强的氧化能力,同时生成无色的 Mn^{2+},便于滴定终点的观察,因此一般都在强酸性条件下使用。但在强碱性条件下 $KMnO_4$ 氧化有机物的反应速率,比在酸性条件下更快,所以用高锰酸钾测定有机物时,大都在碱性溶液中进行。

在使用 $KMnO_4$ 法时,根据被测组分的性质,选择不同的酸度条件和不同的滴定方法:

(1)直接滴定法

直接滴定法主要应用于测定还原性较强的物质,如 Fe^{2+}、Sb(II)、As(III)、H_2O_2、$C_2O_4^{2-}$、NO_2^-、W^{5+}、U^{4+} 等都可用 $KMnO_4$ 标准溶液直接滴定。

(2)返滴定法

某些氧化性物质不能用 $KMnO_4$ 溶液直接滴定,但可用返滴定法测定。例如, MnO_2 等,可在 H_2SO_4 溶液中加入一定量过量的 $Na_2C_2O_4$ 标准溶液,待 MnO_2 与 $Na_2C_2O_4$ 反应完全后,再用 $KMnO_4$ 标准溶液滴定剩余的 $Na_2C_2O_4$。

（3）间接滴定法

某些非氧化还原性物质，如 Ca^{2+}，可向其中加入一定量过量的 $Na_2C_2O_4$ 标准溶液，使 Ca^{2+} 全部沉淀为 CaC_2O_4，沉淀经过滤洗涤后，再用稀 H_2SO_4 溶解，最后用 $KMnO_4$ 标准溶液滴定沉淀溶解释放出的 $C_2O_4^{2-}$，从而求出 Ca^{2+} 的含量。

$$5H_2C_2O_4+2KMnO_4+3H_2SO_4 \Longrightarrow 2MnSO_4+K_2SO_4+10CO_2\uparrow+8H_2O$$

$$Ca^{2+}+C_2O_4^{2-} \Longrightarrow CaC_2O_4\downarrow$$

$$CaC_2O_4+H_2SO_4 \Longrightarrow CaSO_4+H_2C_2O_4$$

并且，某些有机物，如：甲醇、甲醛、甲酸、甘油、乙醇酸、酒石酸、柠檬酸、水杨酸、葡萄糖、苯酚等. 亦可用间接法测定。测定时，在强碱性溶液中进行。反应如下：

$$6MnO_4^-+CH_3OH+8OH^- \Longrightarrow CO_3^{2-}+6MnO_4^{2-}+6H_2O$$

$$H_2COHCHOHCH_2OH+6MnO_4^-+20OH^- \Longrightarrow 3CO_3^{2-}+14MnO_4^{2-}+14H_2O$$

以甲醇、甘油等测定为例，先向试样中加入一定量过量的 $KMnO_4$ 标准溶液，待反应完全后，将溶液酸化，用还原性 $FeSO_4$ 标准溶液滴定溶液中所有的高价锰离子为 Mn^{2+}，计算出消耗还原性 $FeSO_4$ 标准溶液的物质的量；用同样的方法，测定出反应前一定量碱性 $KMnO_4$ 标准溶液相当于还原性 $FeSO_4$ 标准溶液的物质的量。根据两次消耗还原性 $FeSO_4$ 标准溶液物质的量之差，即可求出试样中甲醇、甘油等物质的含量。

3. 重铬酸钾法

重铬酸钾法（Potassium Dichromate Method）是以重铬酸钾为标准溶液的氧化还原滴定法。$K_2Cr_2O_7$ 是一种常用的强氧化剂，在酸性介质中与还原性物质作用时，本身被还原为 Cr^{3+}：

$$K_2Cr_2O_7+14H^++6e=2Cr^{3+}+7H_2O \quad \varphi^\theta=1.33\text{ V}$$

虽然 $K_2Cr_2O_7$ 的氧化能力比 $KMnO_4$ 稍弱，又只能在酸性条件下测定，应用范围比 $KMnO_4$ 法稍窄，但与 $KMnO_4$ 法相比，$K_2Cr_2O_7$ 具有以下优点：

①$K_2Cr_2O_7$ 易提纯，性质稳定，经 140℃～250℃ 干燥后可直接配制标准溶液。

②$K_2Cr_2O_7$ 标准溶液非常稳定，只要保持在密闭的容器中，其浓度保持不变，可长期储存。

③$K_2Cr_2O_7$ 的氧化能力较 $KMnO_4$ 弱，在 1 mol·L^{-1} HCl 溶液中 $\varphi^\theta=1.00$ V，室温下不会与 Cl^- 作用（$\varphi^\theta(Cl_2/Cl^-)=1.36$ V），故可在盐酸介质中进行滴定，并且受其他还原性物质的干扰较 $KMnO_4$ 少。

虽然 $K_2Cr_2O_7$ 本身显橙色，但其还原产物 Cr^{3+} 显绿色，常导致终点时难以辨别稍过量的 $K_2Cr_2O_7$ 的橙色，故不宜用做自身指示剂。故，重铬酸钾法常用二苯胺磺酸钠作指示剂。

重铬酸钾法是测定铁矿石中全铁的标准方法。反应方程式为

$$Fe_2O_3+6H^+=2Fe^{3+}+3H_2O$$

$$2Fe^{3+}+Sn^{2+}（过量）=2Fe^{2+}+Sn^+$$

$$Cr_2O_7^{2-}+6Fe^{2+}+14H^+=2Cr^{3+}+6Fe^{3+}+7H_2O$$

铁矿石样品用热的浓 HCl 溶解，加入还原剂 $SnCl_2$ 将 Fe^{3+} 还原为 Fe^{2+}，过量的 $SnCl_2$ 用 $HgCl_2$ 氧化。近年来，为了保护环境，提倡用无汞法测铁，则预处理步骤改为用 $SnCl_2$ 将大部分 Fe^{3+} 还原，再用 $TiCl_3$ 还原剩余的 Fe^{3+}（与高锰酸钾法测铁的含量类似）。然后，在 1～2 mol·L^{-1}

的 H_2SO_4 和 H_3PO_4 混合酸介质中,以二苯胺磺酸钠为指示剂,用 $K_2Cr_2O_7$ 标准溶液滴定 Fe^{2+},溶液由浅绿色变为紫色或蓝紫色即为终点。试液中加入 H_2SO_4 用于调节酸度,这里加 H_3PO_4 主要是使 Fe^{3+} 生成无色稳定的 $[Fe(HPO_4)_2]^-$ 配离子,一来可以消除 Fe^{3+} 的黄色,有利于终点的观察;另一方面,可以降低 Fe^{3+}/Fe^{2+} 电对的条件电位,从而增大滴定突跃范围,使得二苯胺磺酸钠指示剂变色的电位范围较好地落在滴定的电位突跃内,减小滴定误差。

值得注意的是工业废水中常含有较多 Cl^-,不宜用高锰酸钾法测定 COD,此时可用重铬酸钾法(COD_{cr})测定其 COD。

3.3　沉淀滴定法

沉淀滴定法是基于沉淀反应的滴定分析方法。沉淀反应虽然很多,但能用作沉淀滴定的反应并不多。一般要满足以下几个条件:

①生成的沉淀具有恒定的组成,而且溶解度很小。

②沉淀反应必须迅速、定量的进行。

③有合适的方法确定终点。

基于上述条件的限制,所以能够用于沉淀滴定法的反应很少。目前沉淀滴定法技术条件最成熟、应用最广的是利用银离子沉淀反应所设计的滴定法,我们把这类沉淀滴定分析法命名为银量法。

3.3.1　沉淀的溶解度

在沉淀重量分析法中,要求沉淀反应进行完全。一般可根据沉淀溶解度大小来衡量,因为沉淀的溶解损失是误差的主要来源之一,所以人们总是希望待测组分沉淀得越完全越好。但是绝对不溶解的物质是没有的,通常在重量分析中,沉淀溶解损失不超过分析天平的称量误差,即可认为沉淀已经完全。因为一般的沉淀很少能达到这一要求,所以如何减小沉淀的溶解损失保证分析结果的准确度成为一个重要的问题。在实际中,如果控制好沉淀条件,就可以降低溶解损失,使其达到上述要求,为此,必须了解沉淀的溶解度及其影响因素。

1. 溶解度

沉淀在水中溶解有两步平衡,有固相与液相间的平衡,溶液中未解离分子与离子之间的解离平衡。如 1∶1 型难溶化合物 MA,在水中有如下的平衡关系

$$MA(固) \rightleftharpoons MA(水) \rightleftharpoons M^+ + A^-$$

由此可见,在水溶液中固体 MA 的溶解部分以 M^+,A^- 和 MA(水)两种状态存在。其中,MA(水)可以是分子状态,也可以是 $M^+ \cdot A^-$ 离子对化合物。

例如,

$$AgCl(固) \rightleftharpoons AgCl(水) \rightleftharpoons Ag^+ + Cl^-$$
$$CaSO_4(固) \rightleftharpoons Ca^{2+} \cdot SO_4^{2-}(水) \rightleftharpoons Ca^{2+} + SO_4^{2-}$$

根据 MA(固)和 MA(水)之间的沉淀平衡可得

$$S = \frac{a_{MA(水)}}{a_{MA(固)}}$$

考虑到纯固体活度 $a_{MA(水)} = 1$，那么 $a_{MA(水)} = S^0$，所以在一定温度下溶液中分子状态或离子对化合物的活度为一常数，叫做固有溶解度（或分子溶解度），用 S^0 表示。一定温度下，在有固相存在时，溶液中以分子状态（或离子对）存在的活度为一常数。

根据沉淀 MA 在水溶液中的平衡关系，得到

$$\frac{a_{M^+} \cdot a_{A^-}}{a_{MA(水)}} = K$$

将 S^0 代入可得

$$a(M^+) \cdot aA^- = S^0 \cdot K = K_{ap}$$

K_{ap} 为活度积常数，简称活度积。活度与浓度的关系是

$$a(M^+) \cdot a(A^-) = \gamma(M^+) \cdot c(M^+) \cdot \gamma(A^-) \cdot c(A^-) = \gamma(M^+) \cdot c(M^+) \cdot \gamma(A^-) \cdot c(A^-)$$

因为溶解度是指在平衡状态下所溶解的 MA（固）的总浓度，所以如果溶液中不再存在其他平衡关系时，那么固体 MA（固）的溶解度 S 应为固有溶解度 S^0 和构晶离子 M^+ 或 A^- 的浓度之和，即

$$S = S^0 + [M^+] = S + [A^-]$$

固有溶解度不易测得，大多数物质的固有溶解度都比较小。例如，$AgBr$、AgI、$AgCl$、$AgIO_3$ 等的固有溶解度仅占其总溶解度的 $0.1\% \sim 1\%$；其他如 $Fe(OH)_3$、$Zn(OH)_2$、CdS、CuS 等的固有溶解度也很小，所以固有溶解度可忽略不计，那么 MA 的溶解度近似认为

$$S = [M^+] = [A^-] = \sqrt{K_{sp}}$$

对于 $M_m A_n$ 型难溶盐溶解度的计算，其溶解度的公式推导如下。

$$[M^{n+}]^m [A^{m-}]^n = \frac{K_{sp}}{\gamma(M^{n+})\gamma(A^{m-})} = K_{sp}$$

$$K_{sp} = [M^{n+}]^m [A^{m-}]^n$$

$$= (mS)^m (nS)^n$$

$$= m^m n^n S^{m+n}$$

$$S = \sqrt[m+n]{\frac{K_{sp}}{m^m n^n}}$$

难溶盐的溶解度小，在纯水中离子强度也很小，此种情况下活度系数可视为 1，所以活度积 K_{ap} 等于溶度积 K_{sp}。一般溶度积表中所列的 K 均为活度积，但应用时一般作为溶度积，不加区别。但是，如果溶液中离子强度较大时，K_{ap} 与 K_{sp} 差别就大了，应采用活度系数加以校正。

2. 溶度积

实际上，在沉淀的平衡过程中，除了被测离子与沉淀剂形成沉淀的主反应之外，往往还存在多种副反应，如水解效应、配位效应和酸效应等可表示如下。

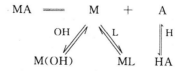

其中,在副反应中省略了各种离子的电荷。

此时构晶离子在溶液中以多种型体存在,其各种型体的总浓度分别为$[M']$和$[A']$。引入相应的副反应系数 α_M、α_A,则

$$K_{sp} = [M][A] = \frac{[M'][A']}{\alpha_M \alpha_A} = \frac{K'_{sp}}{\alpha_M \alpha_A}$$

即

$$K'_{sp} = [M'][A'] = K_{sp} \alpha_M \alpha_A$$

K'_{sp} 称为条件溶度积。因为 α_M、α_A 均大于 1,由此可见,因副反应的发生,使条件溶度积 K'_{sp} 大于 K_{sp},此时沉淀的实际溶解度为

$$S = [M'] = [A'] = \sqrt{K'_{sp}}$$

对于 $M_m A_n$ 型的沉淀,其条件溶度积为

$$K'_{sp} = K_{sp} \alpha_M^m \alpha_A^n$$

K'_{sp} 能反映溶液中沉淀平衡的实际情况,用它进行有关计算较之用溶度积 K_{sp} 更能反映沉淀反应的完全程度,反映各种因素对沉淀溶解度的影响。

3. 影响溶解度的因素

(1)温度的影响

溶解一般是吸热过程,绝大多数沉淀的溶解度是随温度升高而增大,温度越高,溶解度越大。但增大的程度各不相同。根据图 3-5 可知,温度对 AgCl 的溶解度影响比较大,对 $BaSO_4$ 的影响则不显著。在重量分析中,如果沉淀物的溶解度非常小或者温度对溶解度的影响很小时,一般采用热过滤和热洗涤。热溶液的黏度小,可加快过滤和洗涤的速度;同时,杂质的溶解度也可能增大而易洗去。如 $Fe_2O_3 \cdot nH_2O$ 沉淀采用热过滤、热洗涤,测定 SO_4^{-2} 时用温水洗涤 $BaSO_4$ 沉淀等。在热溶液中溶解度较大的沉淀,如 CaC_2O_4 应在过滤前冷却,以减少溶解损失。

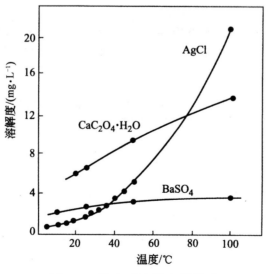

图 3-5　温度对溶解度的影响

（2）颗粒性质的影响

晶体内部的分子或离子都处于静电平衡状态，彼此的吸引力大。而处于表面上的分子或离子，尤其是晶体的棱上或角上的分子或离子，受内部的吸引力小，同时受溶剂分子的作用，易进入溶液，溶解度增大。同一种沉淀，在相同重量时，颗粒愈小，表面积愈大，所以具有更多的棱和角，所以小颗粒沉淀比大颗粒沉淀溶解度大。另外，有些沉淀初生成时是一种亚稳态晶型，有较大的溶解度，需待转化成稳定结构，才有较小的溶解度。如 CoS 沉淀初生成时为 α 型，$K_{sp}=4\times10^{-20}$，放置后转化为 β 型，$K_{sp}=7.9\times10^{-24}$。

（3）溶剂的影响

大部分无机难溶盐溶解度受溶剂极性影响较大，溶剂极性越大，无机难溶盐溶解度就越大，改变溶剂极性可以改变沉淀的溶解度。对一些水中溶解度较大的沉淀，加入适量与水互溶的有机溶剂，可以降低溶剂的极性，减小难溶盐的溶解度。如 $PbSO_4$ 在 30% 乙醇水溶液中的溶解度比在纯水中小约 20 倍。

（4）酸效应的影响

溶液的酸度对沉淀溶解度的影响称为酸效应。产生酸效应的原因主要是溶液中 H^+ 溶度对弱酸、多元酸或难溶解离平衡的影响。也可以说是沉淀的构晶离子与溶液中 H^+ 或 OH^- 发生了副反应。不同类型的沉淀其影响程度不同。如果沉淀是酸强盐，则影响不大；如果沉淀是弱酸盐或者多元酸盐，或者沉淀本身是弱酸（如硅酸），以及许多与有机沉淀形成的沉淀，酸效应影响较大。根据溶度积和弱电解质解离两种平衡关系，改变溶液的 pH 可使氢氧化物和弱酸盐沉淀的溶解度发生变化。如果溶液的 pH 值是已知的，就可以利用酸效应系数 α 或分布系数 δ 来计算溶解度。

（5）配位效应的影响

配位效应是当溶液中存在能与金属离子生成可溶性配合物的配位剂时，使难溶盐溶解度增大的现象。

有些沉淀反应，当沉淀剂适当过量时，同离子效应起主要作用；当沉淀剂过量太多时，配位效应起主要作用。例如，在 Ag^+ 溶液中加入 Cl^-，生成 AgCl 沉淀，但如果继续加入过量的 Cl^-，则 Cl^- 能与 AgCl 配位生成 $AgCl_2^-$ 和 $AgCl_3^{2-}$ 配位离子，而使 AgCl 沉淀逐渐溶解，参见表 3-3。

表 3-3 AgCl 在不同浓度 NaCl 溶液中的溶解度

过量 Cl^- 浓度（mol·L^{-1}）	AgCl 溶解度（mg·L^{-1}）
0.0	1.3×10^{-5}
3.9×10^{-3}	7.2×10^{-7}
3.6×10^{-2}	1.9×10^{-6}
8.8×10^{-2}	3.6×10^{-6}
3.5×10^{-1}	1.7×10^{-5}
5.0×10^{-1}	2.8×10^{-5}

（6）络合效应的影响

如果溶液中存在的络合剂能与生成沉淀的例子形成可溶性络合物，则会使沉淀的溶解度增大。络合物越稳定，络合剂的溶度越大，溶解度就增加得越大。在重量分析中，必须注意由络合效应引起的溶解损失。如果络合剂的溶度是已知的，就可以利用络合效应系数来计算溶解度。

（7）同离子效应的影响

组成沉淀晶体的离子称为构晶离子。当沉淀反应达到平衡后，向溶液中增加某一构晶离子的浓度，使沉淀溶解度降低的现象，称为同离子效应。同离子效应是降低沉淀溶解度的有效手段，所以在沉淀重量分析中，一般都要加入适当过量的沉淀剂来减少沉淀的溶解损失。但是，沉淀剂的量并不是越多越好，沉淀的溶解度 S 不可能小于它的固有溶解度，沉淀剂加的太多，还可能引起盐效应等副反应，反而使沉淀的溶解度增加。一般情况下，沉淀剂过量 $50\%\sim100\%$，如果沉淀剂不易挥发除去，则以过量 $20\%\sim30\%$ 为宜。如果过量太多则又有可能引起酸效应盐效应、及配位效应等副反应，反而使沉淀的溶解度增大。

（8）盐效应的影响

盐效应是指难溶盐溶解度随溶液中离子强度增大而增加的现象。溶液的离子强度越大，离子活度系数越小。

在一定温度下，K_{ap} 是一常数，活度系数与 K_{sp} 成反比，活度系数 γ_{M^+}、γ_{A^-} 减小，K_{sp} 增大，溶解度必然增大。高价离子的活度系数受离子强度的影响较大，所以构晶离子的电荷越高，盐效应越严重。一般由盐效应引起沉淀溶解度的变化与同离子效应、酸效应和配位效应等相比，影响要小得多，常常可以忽略不计。

所以，利用同离子效应降低沉淀溶解度的同时应考虑到盐效应和配位效应的影响，否则沉淀溶解度不但不能减小反而增加，达不到预期的目的。

（9）水解作用的影响

因为沉淀构晶离子发生水解，使难溶盐溶解度增大的现象称为水解作用。例 $MgNH_4PO_4$ 的饱和溶液中，三种离子都能水解。

$$Mg^{2+}+H_2O \rightleftharpoons MgOH^++H^+$$
$$NH_4^++H_2O \rightleftharpoons NH_4OH+H^+$$
$$PO_4^{3-}+H_2O \rightleftharpoons NPO_4^{2-}+OH^-$$

因为水解使 $MgNH_4PO_4$ 离子浓度乘积大于溶度积，沉淀溶解度增大。为了抑制离子的水解，在 $MgNH_4PO_4$ 沉淀时需加入适量的 NH_4OH。

（10）胶溶作用的影响

进行无定形沉淀反应时，极易形成胶体溶液，甚至已经凝集的胶体沉淀还会重新转变成胶体溶液。同时胶体微粒小，可透过滤纸而引起沉淀损失。因此在无定形沉淀时常加入适量电解质防止沉淀胶溶。如 $AgNO_3$ 沉淀 Cl^- 时，需加入一定浓度的 HNO_3 溶液；洗涤 $Al(OH)_3$ 沉淀时，要用一定浓度 NH_4NO_3 溶液，而不用纯水洗涤。

3.3.2 沉淀滴定原理

沉淀滴定法在滴定过程中,溶液中离子浓度变化的情况相似与其他滴定法,可用滴定曲线表示。

现以 0.1000 mol·L^{-1} 的 $AgNO_3$ 标准溶液滴定 20.00 ml 0.1000 mol·L^{-1} 的 NaCl 溶液为例。沉淀反应方程式为:

$$Ag^+ + Cl^- = AgCl \downarrow (白色)$$

$$K_{sp} = 1.77 \times 10^{-10}$$

(1)滴定前

溶液中[Cl^-]为溶液的原始溶度,

$$[Cl^-] = 0.1000 \text{ mol} \cdot L^{-1} \qquad pCl = -\lg 0.1000 = 1.00$$

(2)滴定至化学计量点前

溶液中[Cl^-]取决于剩余的 NaCl 浓度。若加入 $AgNO_3$ 溶液 V ml 时,

$$[Cl^-] = \frac{(20.00 - V) \times 10^{-3} \times 0.1000}{(20.00 + V) \times 10^{-3}} \text{mol} \cdot L^{-1}$$

当加入 $AgNO_3$ 溶液 19.98 ml 时,

$$[Cl^-] = \frac{(20.00 - 19.98) \times 10^{-3} \times 0.1000}{(20.00 + 19.98) \times 10^{-3}} = 5.0 \times 10^{-5} \text{ mol} \cdot L^{-1}$$

$$pCl = 4.30$$

(3)化学计量点时

溶液为 AgCl 的饱和溶液,

$$[Ag^+][Cl^-] = K_{sp}$$

$$[Cl^-] = [Ag^+] = \sqrt{K_{sp}(AgCl)} = \sqrt{1.8 \times 10^{-10}} = 1.3 \times 10^{-5} \text{ mol} \cdot L^{-1}$$

$$pCl = pAg = 4.88$$

(4)化学计量点后

溶液中[Ag^+]由过量的 $AgNO_3$ 浓度决定。若加入 $AgNO_3$ 溶液的体积为 V ml 时,则溶液个[Ag^+]为

$$[Ag^+] = \frac{(V - 20.00) \times 10^{-3} \times 0.1000}{(V + 20.00) \times 10^{-3}} \text{mol} \cdot L^{-1}$$

当加入 $AgNO_3$ 溶液 20.02 ml 时,

$$[Ag^+] = \frac{(20.02 - 20.00) \times 10^{-3} \times 0.1000}{(20.02 + 20.00) \times 10^{-3}} = 5.0 \times 10^{-5} \text{ mol} \cdot L^{-1}$$

$$pAg = 4.30$$

$$pCl = 5.51$$

逐一计算,可得表 3-4 中。根据表中列数据绘出滴定曲线,如图 3-6 所示。

表 3-4　以 0.1000 mol·L^{-1}的 AgNO₃ 标准溶液滴定 20.00 ml 0.1000 mol/L·L^{-1}的 NaCl 溶液过程中 pAg 及 pCl

加入 AgNO₃ 溶液的体积		滴定 Cl⁻	
ml	%	pCl	pAg
0.00	0	1.0	
18.00	90	2.3	7.5
19.60	98	3.0	6.8
19.80	99	3.3	6.5
19.96	99.8	1.0	5.8
19.98	99.9	4.3	5.5
20.00	100	4.9	4.9
20.02	100.1	5.5	4.3
20.04	100.2	5.8	4.0
20.20	101	6.5	3.3
20.40	102	6.8	3.0
22.00	110	7.5	2.3

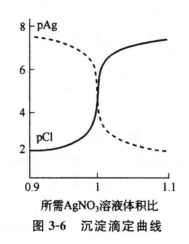

所需AgNO₃溶液体积比

图 3-6　沉淀滴定曲线

根据表 3-4 和图 3-6 可以看出:

①滴定开始时,溶液中离子浓度较大,滴入 Ag⁺ 所引起的 Cl⁻ 浓度改变不大,曲线比较平坦;接近化学计量点时,溶液中 Cl⁻ 浓度已经很小,再滴入少量 Ag⁺ 即可使浓度产生很大变化而产生突跃。

②pAg 与 pCl 两条曲线以化学计量点对称。这表示随着滴定的进行,溶液中 Ag⁺ 浓度增加,而 Cl⁻ 浓度以相同比例减少,化学计量点时,两种离子浓度相等,因此,两条曲线的交点即是化学计量点。

③突跃范围的大小,取决于沉淀的溶度积常数与溶液的浓度。溶度积常数越小,突跃范围

越大;溶液的浓度越小,突跃范围越小。

3.3.3 沉淀滴定方式

1. 滴定曲线

沉淀滴定法在滴定过程中,溶液中离子浓度变化的情况相似与其他滴定法,可用滴定曲线表示。

现以 $0.1000\ mol\cdot L^{-1}$ 的 $AgNO_3$ 标准溶液滴定 $20.00\ ml\ 0.1000\ mol\cdot L^{-1}$ 的 NaCl 溶液为例。沉淀反应方程式为:

$$Ag^+ + Cl^- = AgCl\downarrow \qquad K_{sp} = 1.77\times10^{-10}$$
$$白色$$

(1)滴定开始前

溶液中[Cl^-]为溶液的原始浓度,

$$[Cl^-] = 0.1000\ mol\cdot L^{-1} \qquad pCl = -lg0.1000 = 1.00$$

(2)滴定至化学计量点前

溶液中[Cl^-]取决于剩余的 NaCl 浓度。若加入 $AgNO_3$ 溶液 V ml 时,

$$[Cl^-] = \frac{(20.00-V)\times10^{-3}\times0.1000}{(20.00+V)\times10^{-3}}mol\cdot L^{-1}$$

当加入 $AgNO_3$ 溶液 19.98 ml 时,

$$[Cl^-] = \frac{(20.00-19.98)\times10^{-3}\times0.1000}{(20.00+19.98)\times10^{-3}} = 5.0\times10^{-5}\ mol\cdot L^{-1}$$
$$pCl = 4.30$$

(3)化学计量点时

溶液为 AgCl 的饱和溶液,

$$[Ag^+][Cl^-] = K_{sp}$$
$$[Cl^-] = [Ag^+] = \sqrt{K_{sp}(AgCl)} = \sqrt{1.8\times10^{-10}} = 1.3\times10^{-5}\ mol\cdot L^{-1}$$
$$pCl = pAg = 4.88$$

(4)化学计量点后

溶液中[Ag^+]由过量的 $AgNO_3$ 浓度决定。若加入 $AgNO_3$ 溶液的体积为 V ml 时,则溶液个[Ag^+]为

$$[Ag^+] = \frac{(V-20.00)\times10^{-3}\times0.1000}{(V+20.00)\times10^{-3}}mol\cdot L^{-1}$$

当加入 $AgNO_3$ 溶液 20.02 ml 时,

$$[Ag^+] = \frac{(20.02-20.00)\times10^{-3}\times0.1000}{(20.02+20.00)\times10^{-3}} = 5.0\times10^{-5}\ mol\cdot L^{-1}$$
$$pAg = 4.30$$
$$pCl = 5.51$$

逐一计算,可得表3-5中。根据表3-5所列数据绘出滴定曲线,如图3-7所示。

表 3-5　以 0.1000 mol·L⁻¹的 AgNO₃ 标准溶液滴定 20.00 mL 0.1000 mol·L⁻¹的 NaCl 溶液过程中 pAg 及 Px

加入 AgNO₃ 溶液的体积		滴定 Cl⁻		滴定 Br⁻	
mL	%	pCl	pAg	pBr	pAg
0.00	0	1.0	1.0		
18.00	90	2.3	7.5	2.3	10.0
19.60	98	3.0	6.8	3.0	9.3
19.80	99	3.3	6.5	3.3	9.0
19.96	99.8	1.0	5.8	4.0	8.3
19.98	99.9	4.3	5.5	4.0	8.0
20.00	100	4.9	4.9	6.2	6.2
20.02	100.1	5.5	4.3	8.0	4.3
20.04	100.2	5.8	4.0	8.3	4.0
20.20	101	6.5	3.3	9.0	3.3
20.40	102	6.8	3.0	9.3	3.0
22.00	110	7.5	2.3	10.0	2.5

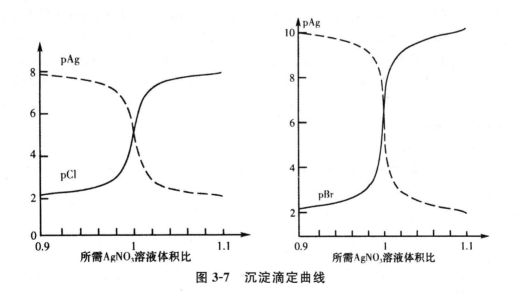

图 3-7　沉淀滴定曲线

根据表 3-5 和图 3-7 可以看出：

①pAg 与 pCl 两条曲线以化学计量点对称。这表示随着滴定的进行,溶液中 Ag⁺ 浓度增加,而 Cl⁻ 浓度以相同比例减少,化学计量点时,两种离子浓度相等,因此,两条曲线的交点即是化学计量点(化学计量点时的 $pAg=\frac{1}{2}lgK_{sp,AgCl}$)。

②滴定开始时,溶液中离子浓度较大,滴入 Ag⁺ 所引起的 Cl⁻ 浓度改变不大,曲线比较平

坦;接近化学计量点时,溶液中 Cl^- 浓度已经很小,再滴入少量 Ag^+ 即可使浓度产生很大变化而产生突跃。

③突跃范围的大小,取决于沉淀的溶度积常数与溶液的浓度。溶度积常数越小,突跃范围越大;溶液的浓度越小,突跃范围越小。

2. 莫尔法

用铬酸钾作指示剂的银量法称为莫尔法。

莫尔法主要用于以 $AgNO_3$ 为标准溶液,直接测定氯化物或溴化物的滴定方法。在这个滴定中,产生白色或浅黄色的卤化银沉淀;在加入第一滴过量的 $AgNO_3$ 溶液时,即产生砖红色的 Ag_2CrO_4 沉淀指示终点的到达。莫尔法依据的是 $AgCl$(或 $AgBr$)与 Ag_2CrO_4 溶解度和颜色有显著差异。滴定反应为:

终点前
$$Ag^+ + Cl^- \Longleftrightarrow AgCl \downarrow$$
$$\text{白色}$$

终点时
$$2Ag^+ + CrO_4^{2-} \Longleftrightarrow Ag_2CrO_4 \downarrow$$
$$\text{砖红色}$$

其中,
$$K_{sp}(AgCl) = 1.56 \times 10^{-10}$$
$$K_{sp}(Ag_2CrO_4) = 9.0 \times 10^{-12}$$

由于 $AgCl$ 和 Ag_2CrO_4 不是同一类型的沉淀,所以不能用溶度积直接进行比较和计算,需要用他们的溶解度进行讨论。求得 $AgCl$ 的溶解度为 1.25×10^{-5} 小于 Ag_2CrO_4 的溶解度 1.3×10^{-4},根据分步沉淀的原理,在滴定过程中,Ag^+ 首先和 Cl^- 生成 $AgCl$ 沉淀,而此时 $[Ag^+]^2[CrO_4^{2-}] < K_{sp}$,所以不能形成 Ag_2CrO_4 沉淀。随着滴定进行,溶液中 Cl^- 浓度越来越低,Ag^+ 浓度越来越高,在计量点后稍稍过量的 Ag^+,可使 $[Ag^+]^2[CrO_4^{2-}] > K_{sp}$,产生砖红色的 Ag_2CrO_4 沉淀,即滴定终点。

(1)指示剂的用量

用 $AgNO_3$ 标准溶液滴定 Cl^- 时,在滴定终点时,应有:
$$[Ag^+][Cl^-] = 1.8 \times 10^{-10}$$
$$[Ag^+]^2[CrO_4^{2-}] = 9.0 \times 10^{-12}$$
$$[Cl^-] = \frac{1.8 \times 10^{-10}}{\sqrt{9.0 \times 10^{-12}}} \sqrt{[CrO_4^{-2}]}$$

可见,滴定至终点时,溶液中剩余的 Cl^- 浓度的大小与 CrO_4^{-2} 的浓度有关。若 CrO_4^{-2} 的浓度过大,则终点提前到达,溶液中剩余的 Cl^- 浓度就大,从而使测定结果产生较大的负误差。若 CrO_4^{-2} 的浓度过小,则终点推迟,消耗的 Ag^+ 又会增多,从而使测定结果产生较大的正误差。因此为了获得准确的测定结果,则必须严格控制 CrO_4^{-2} 的浓度。

滴定达到化学计量点时,溶液中的 $[Ag^+]$ 为
$$[Ag^+] = [Cl^-] = \sqrt{K_{sp,AgCl}} = \sqrt{1.8 \times 10^{-10}} = 1.3 \times 10^{-5} \text{ mol} \cdot L^{-1}$$

Ag_2CrO_4 沉淀恰好析出,则溶液中的 $[CrO_4^{2-}]$ 为

$$[CrO_4^{2-}] = \frac{K_{sp,AgCl}}{[Ag^+]^2} = \frac{9.0 \times 10^{-12}}{(1.3 \times 10^{-5})^2} = 5.3 \times 10^{-2}\ mol \cdot L^{-1}$$

以上的计算说明在滴定到达化学计量点时,刚好生成 Ag_2CrO_4 沉淀所需 $[CrO_4^{2-}]$ 较高,由于 K_2CrO_4 溶液呈黄色,浓度较高时颜色较深,会影响滴定终点的判断,所以指示剂的浓度应略低一些为宜,一般滴定溶液中 K_2CrO_4 的浓度约为 $5.0 \times 10^{-3}\ mol \cdot L^{-1}$。显然,$K_2CrO_4$ 浓度降低,要生成 Ag_2CrO_4 沉淀就要多消耗一些 $AgNO_3$,这样滴定剂就会过量,滴定终点将在化学计量点后出现,因此需做指示剂的空白值对测定结果进行校正,以减小误差。具体就是在不含 Cl^- 的同量的溶液中加入同量的指示剂,滴入 $AgNO_3$ 呈现砖红色,记录其用量,即为指示剂空白值。

（2）溶液的酸度

滴定溶液应为中性或弱碱性(pH=6.5～10.5)。

若溶液为酸性,则 CrO_4^{-2} 与 H^+ 发生反应:

$$2CrO_4^{2-} + 2H^+ \Longrightarrow 2HCrO_4^- \Longrightarrow Cr_2O_7^{2-} + H_2O$$

若溶液碱性太强,则 Ag^+ 与 OH^- 发生反应:

$$2OH^- + 2Ag^+ \Longrightarrow 2AgOH \downarrow \Longrightarrow Ag_2O \downarrow + H_2O$$

当试液中有铵盐时,要求溶液的酸度范围更窄,pH=6.5～7.2,因为当溶液的 pH 值更高时,便有相当数量的 NH_3 释出,形成 $[Ag(NH_3)_2]^+$,使 AgCl 及 Ag_2CrO_4 溶解度增大,影响定量滴定。

（3）干扰离子

莫尔法的选择性较差,以下几类离子都会干扰到滴定,应预先分离出去。

① 能与 CrO_4^{2-} 生成沉淀的阳离子,例如 Ba^{2+}、Pb^{2+}、Bi^{3+} 等离子。

② 能与 Ag^+ 生成沉淀的阴离子,例如 PO_4^{3-}、AsO_4^{3-}、CO_3^{2-}、S^{2-}、$C_2O_4^{2-}$ 等离子。

③ 大量有色离子,例如 Cu^{2+}、Co^{2+}、Ni^{2+} 等离子。

由于生成的 AgCl 沉淀易吸附溶液中的 Cl^-,使溶液中的 Cl^- 浓度降低,以致终点提前而引入误差。因此,测定时必须剧烈摇动,使被吸附的 Cl^- 释出。测定 Br^- 时,AgBr 吸附 Br^- 比 AgCl 吸附 Cl^- 严重,测定时更要注意剧烈摇动,否则会引入较大的误差。

3. 福尔哈德法

福尔哈德法是以铁铵矾 $[NH_4Fe(SO_4)_2 \cdot 12H_2O]$ 作指示剂的银量法,包括直接滴定法和返滴定法。

（1）直接滴定法测定 Ag^+

在酸性介质中,以铁铵矾做指示剂,用 NH_4SCN 标准溶液滴定 Ag^+。在滴定过程中,先析出白色的 AgSCN 沉淀,

$$Ag^+ + SCN^- \Longrightarrow AgSCN \downarrow$$
$$（白色）$$

达到化学计量点时,微过量的 NH_4SCN 与 Fe^{3+} 生成红色 $FeSCN^{2+}$,

$$Fe^{3+} + SCN^- \Longrightarrow FeSCN^{2+} \downarrow$$
$$（红色）$$

即为滴定终点。

在滴定过程中,会不断生成 AgSCN 沉淀,由于它有较强烈的吸附作用,所以有部分 Ag^+ 被吸附在沉淀表面,这样就会造成终点出现过早的情况,导致结果偏低。所以滴定时要剧烈振荡,避免吸附,减小测定误差。

(2)返滴定法测定卤素离子

在含有卤素离子的试液中,首先加入一定量过量的 $AgNO_3$ 标准溶液,使之与卤素离子充分反应,然后以铁铵矾为指示剂,用 NH_4SCN 标准溶液返滴定过量的 AgSCN。

用返滴定法测定 Cl^- 时,由于 AgCl 的溶解度比 AgSCN 大,故终点后,稍过量的 SCN^- 将与 AgCl 发生沉淀转化反应,使 AgCl 转化为溶解度更小的 AgSCN:

$$AgCl + SCN^- = AgSCN \downarrow + Cl^-$$

所以溶液中出现了红色之后,随着不断地摇动溶液,红色又逐渐消失,不仅多消耗一部分 NH_4SCN 标准溶液,同时也使终点不易判断。为了避免上述误差,通常采取下列措施:

①当加入过量 $AgNO_3$ 标准溶液,立即加热煮沸溶液,使 AgCl 沉淀凝聚,以减少 AgCl 沉淀对 Ag^+ 的吸附。滤去 AgCl 沉淀,并用稀 HNO_3 洗涤沉淀,洗涤液并入滤液中,然后用 NH_4SCN 标准溶液返滴滤液中过量的 Ag^+。

②加入有机溶剂如硝基苯(有毒)或 1,2-二氯乙烷 1~2 ml。用力摇动,使 AgCl 沉淀表面覆盖一层有机溶剂,避免沉淀与溶液接触,这样就可以阻止转化反应发生。此法虽然比较简便,但由于硝基苯的毒性,操作时应多加小心。

用返滴定法测定 Br^- 或 I^- 时,由于 AgBr 及 AgI 的溶解度均比 AgSCN 小,不发生上述的转化反应。但在测定 I^- 时,指示剂必须在加入过量的 $AgNO_3$ 后加入,否则 Fe^{3+} 将氧化 I^- 为 I_2,影响分析结果的准确度。

4. 法扬司法

用 $AgNO_3$ 为标准溶液,吸附指示剂确定终点,测定卤化物含量的方法称为法扬司法。

胶状沉淀(如 AgCl)具有强烈的吸附作用,能够选择性地吸附溶液中的离子,首先是构晶离子。如在 Cl^- 过量时沉淀优先吸附 Cl^- 离子,使胶粒带负电荷;在 Ag^+ 过量时,首先吸附 Ag^+ 离子,使胶粒带正电荷。

吸附指示剂,是在接近计量点时能够突然被吸附到沉淀表面层上的物质,在吸附时伴随有颜色(双色吸附指示剂)或荧光(荧光吸附指示剂)的明显变化。指示剂离子的突然吸附,是由于在沉淀表面层上的电荷的改变而引起的。

例如荧光黄指示剂,它是一种有机弱酸,用 HFI 表示,在溶液中可解离为阴离子 FI^-,呈黄绿色。当用 $AgNO_3$ 标准溶液滴定 Cl^- 时,加入荧光黄指示剂,在化学计量点之前,溶液中 Cl^- 过量,AgCl 沉淀表面胶体微粒吸附 Cl^- 而带负电荷($AgCl \cdot Cl^-$),不吸附指示剂阴离子 FI^-,溶液呈黄绿色。滴定到化学计量点之后,稍过量的 $AgNO_3$ 可使 AgCl 沉淀表面胶体微粒吸附 Ag^+ 而带正电荷($AgCl \cdot Ag^+$)。这时,带正电荷的胶体微粒吸附 FI^-,形成表面化合物($AgCl \cdot Ag^+ \cdot FI^-$),使整个溶液由黄绿色变成淡红色,以指示终点的到达。

为使终点时指示剂颜色变化明显,使用吸附指示剂应注意以下几点:

①增大沉淀的表面积。因吸附指示剂的颜色变化是发生在沉淀表面,应尽可能使沉淀呈

胶体状态,使沉淀物体有较大的表面积。为此,通常加入胶体保护剂如淀粉、糊精等,防止 AgCl 沉淀凝聚。

②控制适当的 pH。必须控制适当的酸度使指示剂呈阴离子状态。例如荧光黄($pK_a \approx 7$)只能在中性或弱碱性(pH=7~10)溶液中使用。若 pH<7,则主要以 HFI 形式存在,不被吸附,无法指示终点。

③应避免阳光直接照射。因为带有吸附指示剂的卤化银胶体对光极为敏感,遇光溶液很快变为灰色或黑色。

④指示剂的呈色离子与加入标准溶液的离子应带有相反电荷。如用 Cl^- 滴定 Ag^+ 时,可用甲基紫作吸附指示剂,这一类指示剂称为阳离子指示剂。

⑤指示剂的吸附性要适中。胶体微粒对指示剂的吸附能力应稍低于对待测离子的吸附能力,否则化学计量点前,指示剂离子就进入吸附层使终点提前。但也不能太差,否则会导致变色不敏锐。

常用吸附指示剂见表 3-6 所示。

表 3-6　常用吸附指示剂

指示剂	被测定离子	滴定剂	滴定条件
荧光黄	Cl^-	Ag^+	pH 7~10
二氯荧光黄	Cl^-	Ag^+	pH 4~10
曙红	Br^-、I^-、SCN^-	Ag^+	pH 2~10
溴甲酚绿	SCN^-	Ag^+	pH 4~5
二甲基二碘荧光黄	I^-	Ag^+	中性溶液
甲基紫	Ag^+	Cl^-	酸性溶液
罗丹明 6G	Ag^+	Br^-	酸性溶液
钍试剂	SO_4^{2-}	Ba^{2+}	pH 1.5~3.5

3.3.4　沉淀滴定法的应用

1. 合金中银含量的测定

准确称取银合金试样,将其完全溶解于 HNO_3,制成溶液,其反应式如下:
$$Ag+NO_3^-+2H^+=Ag^++NO_2 \uparrow +H_2O$$
需要注意的是在溶解样品时,必须煮沸以逐去氮的低价氧化物,防止其与 SCN^- 作用产生红色化合物,会影响终点的观察,
$$HNO_3+H^++SCN^-=NOSCN+H_2O$$
$$红色$$
在试样溶解后,加入铁铵矾指示剂,用 NH_3SCN 标准溶液滴定,根据试样的质量和滴定用去的 NH_3SCN 标准溶液的浓度和体积,计算银的质量分数。

$$Ag^+ + SCN^- = AgSCN\downarrow$$

白色

$$Fe^{3+} + SCN^- = FeSCN^{2+}$$

红色

$$w(Ag) = \frac{c(NH_3SCN)\,V(NH_3SCN)\,M(Ag)}{m} \times 100\%$$

铁铵矾指示剂的用量最好以控制 Fe^{3+} 浓度在 $0.015\ mol\cdot L^{-1}$ 左右。

2. 盐酸丙卡巴肼的含量测定

某些游离的有机碱，单独存在时易分解、挥发或氧化变质，为了便于保存，常将其制成能够稳定存在的盐酸盐形式。作为药物，盐酸盐的形式也有利于人体吸收。以盐酸盐形式存在的有机碱可用银量法测定其含量。抗肿瘤药盐酸丙卡巴肼（$C_{12}H_{19}N_3O\cdot HCl$），其含量测定可采用铁铵矾指示剂法。盐酸丙卡巴肼结构式如图 3-8 所示。

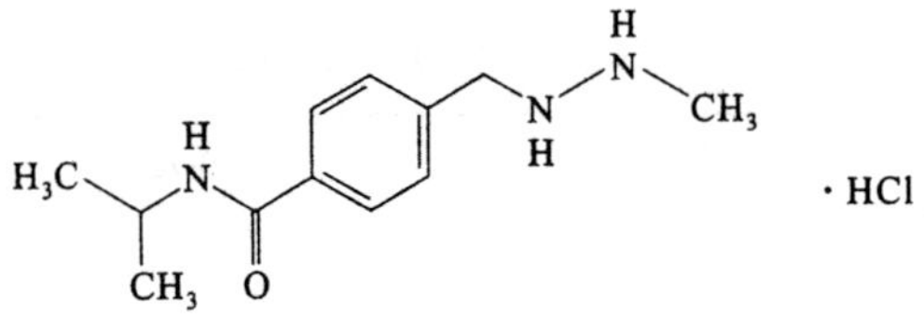

图 3-8　盐酸丙卡巴肼

3.4　配位滴定法

配位滴定法是以形成配位化合物反应为基础的滴定分析法。配位反应在分析化学中的应用非常广泛，许多显色剂、沉淀剂、萃取剂和掩蔽剂等都为配位剂。所以配位反应和配位滴定理论为分析化学的重要内容之一。

3.4.1　配位平衡

1. 配位平衡常数

在配位反应中，配合物的形成和离解，同处于相对平衡状态，其配位平衡常数常用稳定常数 K_f 表示。

（1）ML 型

ML 型配合物表示 EDTA 与金属离子形成的 $1\!:\!1$ 的配合物，其反应简式如下：

$$M + L \rightleftharpoons ML$$

式中，M 为金属离子；L 为单基配位体；ML 为金属配合物。

此反应为配位滴定的主反应，平衡是配合物的稳定常数表达式为：

$$K_f = \frac{[ML]}{[M]\cdot[L]}$$

K_f 越大，那么 EDTA 所形成的配合物 ML 越稳定。

不同金属离子与 EDTA 形成的配合物的稳定性有较大的差别。碱金属离子的配合物最不稳定，$\lg K_f < 3$；碱土金属离子的 $\lg K_f$ 在 $8 \sim 11$；二价及过渡金属、稀土金属离子和 Al^{3+} 的 $\lg K_f$ 在 $15 \sim 19$；三价、四价金属离子及 Hg^{2+} 的 $K_f > 20$。

ML 型配合物的稳定性主要受离子电荷数、半径和电子层结构影响。离子电荷数越高，离子半径越大，电子层结构越复杂，配合物稳定常数就越大。

（2）ML_n 型配合物

金属离子与其他配位剂 L 可以形成 ML_n 型配位化合物，此时，在溶液中存在着一系列配位平衡，各有其相应的平衡常数。

ML_n 的逐级稳定常数为：

$$M + L \rightleftharpoons ML \qquad K_{f_1} = \frac{[ML]}{[M][L]}$$

$$M + L \rightleftharpoons ML_2 \qquad K_{f_2} = \frac{[ML_2]}{[ML][L]}$$

$$\vdots \qquad\qquad\qquad \vdots$$

$$ML_{n-1} + ML_n \qquad K_{f_n} = \frac{[ML_n]}{[ML_{n-1}][L]}$$

式中，K_{f_1}、K_{f_2}、$\cdots$、K_{f_n} 称为逐级稳定常数。

在许多配位平衡的计算中，常常用到 K_{f_1}、K_{f_2}、K_{f_3} 等数值，这样将逐级稳定常数一次相乘得到的乘积称之为稳定常数，用 β 表示。

第一级：　　　　　　　$\beta_1 = K_{f_1}$

第二级：　　　　　　　$\beta_2 = K_{f_1} \times K_{f_2}$

第 n 级：　　　　　　$\beta_n = K_{f_1} \times K_{f_2} \times \cdots \times K_{f_n}$

$$\lg \beta_n = \lg K_{f_1} + \lg K_{f_2} + \cdots + \lg K_{f_n}$$

最后一级积累稳定常数又称为总稳定常数，对于 $1 : n$ 型配合物 ML_n 的总稳定常数 $K_{f_总}$ 为

$$K_{f_总} = K_{f_1} \times K_{f_2} \times \cdots \times K_{f_n} = \beta_n = \frac{[ML_n]}{[M][L]^n}$$

2. 配位平衡的影响因素

在配位滴定中所涉及的化学平衡比较复杂，除了被测金属离子 M 与滴定剂 Y 之间的主反应外，还存在不少副反应，从而影响主反应的进行。如下式所示：

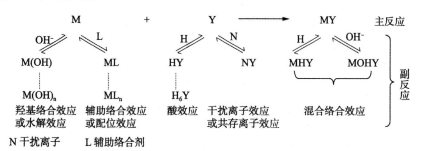

十分明显,这些副反应的发生都将影响主反应。反应物 M、Y 发生副反应将不利于主反应的进行;产物 MY 发生副反应则有利于主反应的进行,但是这些混合配合物大多数不太稳定,从而可以忽略不计。为了定量的表示副反应进行的程度,我们引入副反应系数 α。

(1)平衡常数的影响

无副反应时,金属离子 M 与配位剂 EDTA 的反应进行程度可用稳定常数 K_{MY} 表示,它不受溶液浓度、酸度等外界条件的影响,故又称为绝对稳定常数。K_{MY} 值越大,配合物越稳定。然而在实际滴定中,由于受到副反应的影响,K_{MY} 值已经不能反应主反应的进行程度,此时稳定常数的表达式中,Y 应用 Y$'$代替,M 应用 M$'$代替,所形成的配位化合物也应当用总浓度 [MY$'$]表示,那么,在有副反应的情况下,平衡常数变为:

$$K'_{MY}=\frac{[MY']}{[M'][Y']}$$

K'_{MY} 称为条件稳定常数。表示在一定条件下,有副反应发生时主反应进行的程度。

因为

$$[M']=\alpha_M[M] \qquad [Y']=\alpha_Y[Y] \qquad [MY']=\alpha_{MY}[MY]$$

所以

$$K'_{MY}=\frac{\alpha_{MY}[MY]}{\alpha_M[M]\cdot\alpha_Y[Y]}=K_{MY}\cdot\frac{\alpha_{MY}}{\alpha_M\alpha_Y}$$

即

$$\lg K'_{MY}=\lg K_{MY}-\lg\alpha_M-\lg\alpha_Y+\lg\alpha_{MY}$$

此式表示 MY 的条件稳定常数随溶液酸度不同而改变。K'_{MY} 的大小反映了在相应 pH 条件下形成配合物的实际稳定常数,是判定滴定可能性的重要依据。

(2)副反应系数的影响

用 α_Y 表示配位剂的副反应系数:

$$\alpha_Y=\frac{[Y']}{[Y]}$$

α_Y 表示未与 M 配位的 EDTA 的各种型体的总浓度[Y$'$]为游离 EDTA(Y^{4-})浓度([Y])的 α_Y 倍。配位剂的副反应主要有酸效应和共存离子效应,其副反应系数则分别表示酸效应系数 $\alpha_{Y(H)}$ 和共存离子效应系数 $\alpha_{Y(N)}$。

因为 H$^+$ 与 Y 之间的副反应,使得 M 和 Y 的主反应的配位能力下降,将这种现象称为醋效应。当 H$^+$ 与 Y 发生副反应时,未与金属离子配位的配位体除游离的 Y 外,还有 HY、H_2Y、H_3Y、H_4Y、H_5Y、H_6Y 等,所以未与 M 配位的 EDTA 的浓度应等于以上七种浓度的总和为:

$$[Y']=[Y]+[HY]+[H_2Y]+[H_3Y]+[H_4Y]+[H_5Y]+[H_6Y]$$

醋效应的大小使用醋效应系数来表示如下:

$$\alpha_{Y(H)}=\frac{[Y']}{[Y]}$$

根据 EDTA 的各级离解平衡关系,我们可以推导出:

$$\alpha_{Y(H)} = 1 + \frac{[H^+]}{K_{a_6}} + \frac{[H^+]^2}{K_{a_6}K_{a_5}} + \frac{[H^+]^3}{K_{a_6}K_{a_5}K_{a_4}} + \frac{[H^+]^4}{K_{a_6}K_{a_5}K_{a_4}K_{a_3}}$$
$$+ \frac{[H^+]^5}{K_{a_6}K_{a_5}K_{a_4}K_{a_3}K_{a_2}} + \frac{[H^+]^6}{K_{a_6}K_{a_5}K_{a_4}K_{a_3}K_{a_2}K_{a_1}}$$

由此可以看出，$\alpha_{Y(H)}$ 与溶液酸度有关，随着溶液 pH 的增大而减小，$\alpha_{Y(H)}$ 越大，配位反应 Y 的浓度越小，从而表示滴定剂发生的副反应越严重；当 $\alpha_{Y(H)} = 1$ 时，$[Y'] = [Y]$，表示滴定剂没有发生副反应，EDTA 全部以 Y 的形式存在。

根据 EDTA 的各级离解常数 K_{a_1}、K_{a_2}、K_{a_3}……K_{a_6}，还可以计算出在不同 pH 下的 $\alpha_{Y(H)}$ 值。

（3）配位效应的影响

由于溶液中的其他配位立体与金属离子配位所产生的副反应，是金属离子参加主反应的能力降低的现象称之为金属离子的配位效应。当有配位效应存在时，未与 Y 配位的金属离子，除了游离的 M 外，还有 ML、ML_2、……ML_n 等，以 $[M']$ 表示与 Y 配位的金属离子的总浓度，则有：

$$[M'] = [M] + [ML] + [ML_2] + \cdots + [ML_n]$$

配位效应对主反应影响程度的大小可用配位效应系数 $\alpha_{M(L)}$ 来衡量，它表示未与 Y 配位的金属离子各种型体的总浓度（$[M']$）为游离金属离子浓度（$[M]$）的 $\alpha_{M(L)}$ 倍，其表达式为

$$\alpha_{M(L)} = \frac{[M']}{[M]}$$

3.4.2　配位滴定原理

1. 滴定曲线

与酸碱滴定情况相似，配位滴定时，在金属离子的溶液中，随着配位滴定剂的加入，金属离子不断发生配位反应，其浓度也随之减小。与酸碱滴定法类似，在化学计量点附近，金属离子浓度发生突跃。因此可将配位滴定过程中金属离子浓度随着滴定剂加入量不同而变化的规律绘制成滴定曲线。

若被滴定的金属离子为不易水解也不易与其他配位剂反应的离子，例如 Ca^{2+}，则只需要考虑 EDTA 的酸效应 $\alpha_{Y(H)}$。可以利用 $K'_{MY} = \dfrac{K_{MY}}{\alpha_{Y(H)}}$ 可计算出在不同 pH 溶液中，滴定到不同阶段时被滴定的金属离子的浓度，其计算的思路类同于酸碱滴定。图 3-9 为 EDTA 滴定 Ca^{2+} 的滴定曲线。

在化学计量点前一段曲线的位置仅随着 EDTA 的加入 Ca^{2+} 的浓度不断缩小，后一段受 EDTA 酸效应的影响，pCa 数值随着 pH 的不同而不同。

若被滴定的金属离子为易水解或者易与其他配位剂反应的离子，那么滴定曲线同时受酸效应和配位效应的影响。如图 3-10 为 EDTA 滴定 Ni^{2+} 的滴定曲线，由于氨缓冲溶液中 Ni^{2+} 易与 NH_3 配位，从而生成较为稳定的 $[Ni(NH_3)_4]^{2+}$，使游离的 Ni^{2+} 的浓度减小，所以滴定曲线在化学计量点前一段的位置升高。

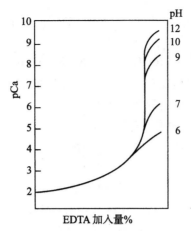

图 3-9　不同 pH 时用 0.01 mol·L^{-1}DETA 标准溶液滴定 0.01 mol·L^{-1}Ca^{2+} 的滴定曲线

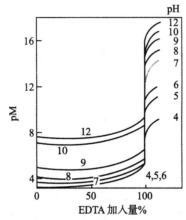

图 3-10　EDTA 滴定 0.001 mol·L^{-1} Ni^{2+} 的滴定曲线

用 EDTA 标准溶液滴定不同浓度的同一金属离子 M 的滴定曲线绘制方法,如图 3-11 所示。

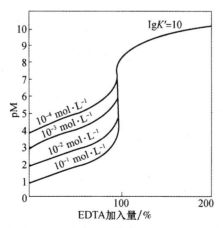

图 3-11　EDTA 与不同浓度 M 的滴定曲线

已知,在配位滴定中,滴定突跃的大小取决于配合物的条件稳定常数和金属离子的起始浓度。配合物的条件稳定常数越大,则滴定突跃的范围越大;当条件稳定常数一定时,金属离子的起始浓度越大,滴定突跃的范围越大。

2. 配位滴定中适宜 pH 范围

(1)滴定金属离子的最小 pH

当 pH＝2.0 时 ZnY 的条件稳定常数 K'_{ZnY} 仅为 $10^{2.99}$,配位反应不完全,那么则在该酸度条件下不能进行滴定;当酸度降低时,$\lg\alpha_{Y(H)}$ 减小,配位反应趋向完全,在 pH＝5.0 时,K'_{ZnY} 为 $10^{10.05}$,此时说明 ZnY 已经十分稳定,此时可以进行滴定分析。上述表明,对于配合物 ZnY 而言,pH＝2.0～5.0,存在着可以滴定与不可滴定的界限。所以,需要求出对于不同的金属离子进行滴定时允许的最小 pH。

如果配位滴定反应中只有 EDTA 的酸效应而无其他副反应时,配位滴定中被测金属离子的 [M] 一般为 0.01 mol·L^{-1},则有

$$\lg K'_f(MY)=\lg K_f(MY)-\lg\alpha_{Y(H)}\geqslant 8$$

即有

$$\lg\alpha_{Y(H)}\leqslant\lg K_f(MY)-8$$

按照上式计算所得的 $\lg\alpha_{Y(H)}$ 值对应的 pH 就是滴定该金属离子的最低 pH。如果溶液 pH 低于这一限度时,金属离子则不能被准确滴定。

(2)酸效应曲线

使用上述方法计算出滴定各种金属离子所允许的最低 pH,将各种金属离子的稳定常数 $\lg K_{MY}$ 与滴定允许的最低 pH 绘制成 pH－$\lg K_{MY}$ 曲线,称为酸效应曲线,或林邦曲线。如图 3-12 所示。

酸效应曲线的用途:

①确定滴定时允许的最低 pH 条件。从曲线上可以找出各种金属离子单独被 EDTA 准确滴定时允许的最低 pH,即最大酸度。如果滴定时溶液的 pH 小于该值,那么金属离子配位不完全。实际滴定时所采用的 pH 要比所允许的最低 pH 高一些,从而保证被测滴定的金属离子配位完全。

②判断干扰情况。一般而言,酸效应曲线上被测金属离子右下的离子都会干扰测定。例如,在 pH＝10.0 附近滴定 Mg^{2+} 时,溶液中如果同时存在位于 Mg^{2+} 下方的离子,此时它们均可以被同时滴定。即根据"上不干扰下干扰"的原则判断共存金属离子对被滴金属离子是否存在干扰。

③控制溶液酸度进行连续滴定。当溶液中多种金属离子同时存在时,利用控制溶液酸度的方法可以进行选择滴定或者连续滴定。例如,溶液中有 Bi^{3+}、Zn^{2+} 和 Mg^{2+} 时,可在溶液 pH＝1.0 时滴定 Bi^{3+},然后调节 pH＝5.0～6.0 时滴定 Zn^{2+},最后调节 pH＝10.0～11.0 时滴定 Mg^{2+}。

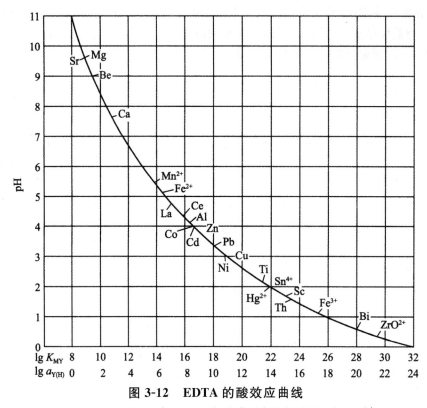

图 3-12　EDTA 的酸效应曲线

（金属离子浓度为 10^{-2} mol·L^{-1}，允许测定的相对误差为 0.1%）

3. 滴定金属离子的最高 pH

配位滴定时实际采用的 pH 要比允许的最低 pH 略高些，从而使得金属离子反应更加完全。然而高的 pH 又会引起金属离子的水解生成沉淀，而影响 MY 的形成，甚至有时候会使滴定无法进行。所以不同金属离子在被滴定时有不同的最高 pH。在没有其他配位剂存在时，最高 pH 可由 $M(OH)_n$ 的溶度积求得。

溶液的 pH 逐渐减小，增大了酸效应，使得配合物不稳定，减小了突跃范围，继而不利于滴定的进行。所以，在配位滴定中往往需要加入一定量的缓冲溶液来控制溶液的 pH。

3.4.3　配位滴定方式

1. 直接滴定法

直接滴定法（Direct Titration）用 EDTA 标准溶液直接滴定被测金属离子的方法。直接滴定法方便、快速，准确度高。能满足配位滴定要求的配位反应均可采用直接滴定法。例如，EDTA 滴定法测定水中钙、镁的含量。取一定量试液，在 pH＝10 的氨缓冲溶液中，以 EBT 为指示剂，用 EDTA 滴定，测得 Ca^{2+}，Mg^{2+} 总量。另取同量试液，在 pH＞12 时，镁以 $Mg(OH)_2$ 沉淀形式被掩蔽。以钙指示剂为指示剂，用 EDTA 滴定，测得 Ca^{2+} 的含量。两次测定结果之差即为镁含量。

2. 返滴定法

若被测金属离子与 EDTA 反应缓慢,或发生水解等副反应,或对指示剂有封闭作用,或没有合适指示剂,可采用返滴定法,即加入过量的 EDTA 标准溶液使被测离子反应完全,然后用另一种金属离子的标准溶液返滴剩余的 EDTA,即可求得被测物质的含量。

如在 pH 为 5~6 的 Al^{3+} 溶液中,以二甲酚橙作指示剂,若用 EDTA 直接滴定 Al^{3+},会出现下列问题:Al^{3+} 与 EDTA 反应缓慢;Al^{3+} 会水解;Al^{3+} 对指示剂有封闭作用,故不能直接滴定 Al^{3+},可采用返滴定法。在试液中,先加入已知过量 EDTA 标准溶液,pH 为 3~4 时加热煮沸,使 Al^{3+} 与 EDTA 反应完全,由于过量 EDTA 的存在,Al^{3+} 浓度很小,对指示剂不产生封闭作用。然后在 pH 为 5~6 时加入二甲酚橙,用 Zn^{2+} 标准溶液返滴剩余的 EDTA。

3. 间接滴定法

当 EDTA 与某有些金属离子或非金属离子不发生配位反应或不能生成稳定的配合物,这时可以采用间接滴定法。间接法通常的做法是选择一种沉淀剂,这种沉淀剂中含有能与 EDTA 生成稳定配合物的金属离子,故可被 EDTA 滴定。供试液被滴定时,先加入这种沉淀剂,将被测定离子定量地沉淀为固定组成的沉淀,过量的沉淀剂用 EDTA 滴定,或将沉淀分离、溶解后,再用 EDTA 滴定其中的金属离子,从而计算被测金属离子的含量。

例如,K^+ 可沉淀为 $K_2NaCo(NO_2)_6 \cdot 6H_2O$,沉淀过滤溶解后,用 EDTA 滴定其中的 Co^{2+} 以间接测定 K^+ 的含量。Na^+ 可沉淀为 $NaZn(UO_2)_3Ac_9 \cdot 9H_2O$,沉淀过滤溶解后,用 EDTA 滴定其中的 Zn^{2+} 以间接测定 Na^+ 的含量。又如,PO_4^{3-} 可沉淀为 $MgNH_4PO_4.6H_2O$,沉淀过滤溶解于 HCl,加一定量过量 EDTA 标准溶液,并调至碱性,用 Mg^{2+} 标准溶液滴定过量的 EDTA,以求得 PO_4^{3-} 的量。SO_4^{2-} 的测定可定量地加入过量 Ba^{2+} 标准溶液,将其沉淀为 $BaSO_4$,而后以 MgY 和铬黑 T 指示剂,用 EDTA 滴定过量的 Ba^{2+},从而计算出 SO_4^{2-} 的含量。

4. 置换滴定法

利用置换反应,置换出等物质量的另一种金属离子或置换出 EDTA,然后用标准溶液滴定的方法,称为置换滴定法。

(1)置换出金属离子

例如,Ag^+ 与 EDTA 的配合物很不稳定,不能用 EDTA 直接滴定,但将 Ag^+ 加入到 $[Ni(CN)_2]^{2-}$ 溶液中则有下列反应:

$$2Ag^+[Ni(CN)_2]^{2-} \Longleftrightarrow 2[Ag(CN)_2]^- + Ni^{2+}$$

在 pH=10 的氨性溶液中,以紫脲酸铵作指示剂,用 EDTA 滴定置换出来的 Ni^{2+},即可得到 Ag^+ 的含量。又如,在 pH=10 的溶液中用 EDTA 滴定 Ca^{2+} 时,常于溶液中先加入少量 MgY,由于 $K_{CaY} > K_{MgY}$,而 $K_{MgIn} > K_{CaIn}$ 此时发生置换反应:

$$MgY + Ca^{2+} \Longleftrightarrow CaY + Mg^{2+}$$
$$Mg^{2+} + HIn^{2-} \Longleftrightarrow MgIn^- + H^+$$

置换出来的 Mg^{2+} 与 EBT 显很深的红色。达到滴定终点时,EDTA 夺取 Mg-EBT 配合物

中的 Mg^{2+}，形成 MgY，游离出指示剂而显纯蓝色，颜色变化很明显。

(2)置换出 EDTA

用 EDTA 将样品中所有金属离子生成配合物，在加入专一性试剂 L，选择性地与被测金属离子 M 生成比 MY 更稳定的配合物 ML，因而将与 M 等量的 EDTA 置换出来。

$$MY+L \rightleftharpoons ML+Y$$

释放出来的 EDTA 用锌标准溶液滴定，可计算出 M 的含量。

例如，测定合金中 Sn 时，可于供试液中加入过量的 EDTA，试样中 Pb^{2+}、Cd^{2+}、Ba^{2+}、Sn^{4+}、Zn^{2+} 都与 EDTA 形成配合物，过量的 EDTA 用锌标准液回滴定。再加入使转变成更稳定的，释放出的 EDTA 再用锌标准溶液滴定，即可求得的含量。

3.4.4　配位滴定法的应用

1. 水的硬度的测定

水的硬度是指水中除碱金属外的全部金属离子浓度的总和。溶于水中的钙盐和镁盐是形成水的硬度的主要成分，所以水的硬度通常以水中 Ca^{2+}、Mg^{2+} 的总量表示，把 Ca^{2+}、Mg^{2+} 的总量折算成 CaO 或 $CaCO_3$ 来计算水的硬度，单位是 $mg \cdot L^{-1}$。硬度是水质指标的重要内容之一。

水的硬度常分为碳酸盐硬度和非碳酸盐硬度两种。碳酸盐硬度也称暂时硬度，主要由水中钙、镁的重碳酸盐形成，当这种水煮沸时，钙、镁的重碳酸盐将分解形成碳酸盐沉淀，这样，水中的碳酸盐硬度大部分可被除去，故称为暂时硬度。非碳酸盐硬度又称永久硬度，主要是由钙、镁的硫酸盐、氯化物，如 $CaSO_4$、$MgSO_4$、$CaCl_2$ 和 $MgCl_2$ 等形成。由于它不能用一般煮沸的方法除去，故称为永久硬度。

在实际应用中又常用"度"来表示，以水中含有 $10\ mg \cdot L^{-1}$ 的 CaO 称为 1 德国度；以水中含有 $10\ mg \cdot L^{-1}$ 的 $CaCO_3$ 称为 1 法国度。我国采用德国度或 $mg \cdot L^{-1}$（以 $CaCO_3$ 计）单位制。

可以把天然水分为：4 度以下为最软水，4～8 度为软水，8～16 度为稍硬水，16～30 度为硬水，30 度以上为最硬水。各种工业用水对硬度要求不同，如高硬度的水不易作为锅炉用水；纺织印染工业对用水的硬度有较高要求，因为不溶性的钙盐、镁盐易附着在织物纤维上，影响印染质量。我国生活用水卫生标准规定以 $CaCO_3$ 计的硬度不得超过 $150\ mg \cdot L^{-1}$。

水的硬度测定可分为水的总硬度和钙、镁硬度测定。

(1)总硬度的测定

测定水的总硬度就是测定水中的 Ca^{2+}、Mg^{2+} 的总量，通常用 EDTA 配位滴定法测定，其原理如下。

在水样中加入 NH_3-NH_4Cl 缓冲溶液，使 pH 保持在 10 左右，滴加指示剂铬黑 T，生成酒红色配合物。铬黑 T 分别与 Ca^{2+} 和 Mg^{2+} 生成配合物的稳定性大小为

$$CaY^{2-} > MgY^{2-} > MgIn^- > CaIn^-$$

所以配合物是 $CaIn^-$ 和 $MgIn^-$，反应如下：

$$HIn^{2-}+Ca^{2+} \rightleftharpoons CaIn^-+H^+$$
$$\text{纯蓝} \qquad\qquad \text{酒红}$$

$$HIn^{2-} + Mg^{2+} \rightleftharpoons MgIn^- + H^+$$
$$\text{纯蓝} \qquad\qquad \text{酒红}$$

再用 EDTA 标准溶液进行滴定,滴入的 EDTA 首先与游离的 Ca^{2+}、Mg^{2+} 配合,接近终点时,EDTA 便从 $CaIn^-$、$MgIn^-$ 中夺取 Ca^{2+}、Mg^{2+},当溶液由酒红色变为纯蓝色时,即指示终点到来。其反应如下:

$$CaIn^- + H_2Y^{2-} \rightleftharpoons CaY + HIn^{2-} + H^+$$
$$\text{酒红} \qquad\qquad\qquad \text{纯蓝}$$

$$MgIn^- + H_2Y^{2-} \rightleftharpoons MgY + HIn^{2-} + H^+$$
$$\text{酒红} \qquad\qquad\qquad \text{纯蓝}$$

根据所消耗 EDTA 标准溶液的体积及其浓度,可以计算出:

$$\text{总硬度} = \frac{c_{EDTA} \cdot V_{EDTA}}{V_{水}} \times 1000 \times 100.09$$

式中,c 为 EDTA 标准溶液的浓度,$mol \cdot L^{-1}$;

V 为测定总硬度时消耗 EDTA 标准溶液的体积,L。

$V_{水}$ 为测定时水样的体积,L。

100.09 为 $CaCO_3$ 的摩尔质量,$g \cdot mol^{-1}$。

(2)钙、镁硬度的测定

取一份水样,先加盐酸酸化,煮沸,然后加入 10% 的 NaOH 溶液,控制溶液的 $pH \geqslant 12$,使 Mg^{2+} 生成 $Mg(OH)_2$ 沉淀,然后加钙指示剂,用 EDTA 标准溶液滴定,终点时溶液由酒红色变纯蓝色。

钙硬度计算公式为:

$$\text{钙硬度} = \frac{c(EDTA) \cdot V(EDTA)}{V_{水}} \times 1000 \times 100.09$$

$$\text{镁硬度} = \text{总硬度} - \text{钙硬度}$$

2. 锌矿中锌含量的测定

锌矿中锌含量的测定运用了配合掩蔽直接滴定法。

在 pH 值为 5～6 的醋酸—醋酸钠缓冲溶液中,Zn^{2+} 与 EDTA 生成稳定的配合物

$$Zn^{2+} + H_2Y^{2-} \rightleftharpoons ZnY^{2-} + 2H^+$$

用二甲酚橙为指示剂,EDTA 标准溶液滴定至由紫红色突变为亮黄色为终点。

矿石用盐酸—氢氟酸—硝酸溶解,铁、铝、锰等干扰元素通过氨分离除去,铜先还原成低价铜,再用硫脲络合掩蔽,滤液中尚有微量的铁、铝、钛等离子采用乙酰丙酮—磺基水杨酸掩蔽。

3. 铝盐中 Al^{3+} 测定

由于 Al^{3+} 与 EDTA 配位反应的速度较慢,需要加热才能配合完全,且 Al^{3+} 对二甲酚橙、EBT 等指示剂有封闭作用,在 pH 不高时,水解生成一系列多核羟基配合物,影响滴定,因此 Al^{3+} 不能用 EDTA 直接滴定法进行测定,但可采用返滴法和置换滴定法进行测定。

返滴法即在含 Al^{3+} 的试液中,加入过量 EDTA 标准溶液,在 $pH = 3.5$ 时煮沸溶液,使其

完全反应,然后将溶液冷却,并用缓冲溶液调 pH 为 5~6,加入二甲酚橙指示剂,用 Zn^{2+} 标准溶液返滴过量的 EDTA。终点时溶液颜色由亮黄色变为微红色。

置换滴定法即将 Al^{3+} 的试液调节 pH=3~4,加入过量 EDTA 标准溶液,煮沸使 Al^{3+} 与 EDTA 完全反应,冷却、调溶液 pH 为 5~6,以二甲酚橙为指示剂,用标准溶液滴定过量的 EDTA。然后加入过量的 KF,煮沸,将 Al—EDTA 中的 EDTA 定量置换出来,再用 Zn^{2+} 标准溶液滴定使溶液颜色从亮黄色变为微红色即为终点。其反应式如下:

$$AlY^- + 6F^- = AlF_6^{3-} + Y^{4-}$$
$$Y^{4-} + Zn^{2+} = ZnY^{2-}$$

4. 可溶性硫酸盐中 SO_4^{2-} 的测定

SO_4^{2-} 不能与 EDTA 直接反应,可采用间接滴定法进行测定。即在含有 SO_4^{2-} 的溶液中加入已知准确浓度的过量 $BaCl_2$ 标准溶液,使 SO_4^{2-} 与 Ba^{2+} 充分反应生成 $BaSO_4$ 沉淀,剩余的 Ba^{2+} 用 EDTA 标准溶液返滴定,可用铬黑 T 指示剂。由于 Ba^{2+} 与铬黑 T 的配合物不够稳定,终点颜色变化不明显,因此,实验时常加入已知量的 Mg^{2+} 标准溶液,以提高测定的准确性。

SO_4^{2-} 的质量分数可用下式求得:

$$\omega(SO_4^{2-}) = \frac{c(Ba^{2+})V(Ba^{2+}) + c(Mg^{2+})V(Mg^{2+}) - c(EDTA)V(EDTA)M(SO_4^{2-})}{m_S}$$

式中,$c(Ba^{2+})$ 为加入 $BaCl_2$ 标准溶液的浓度,$mol \cdot L^{-1}$;$V(Ba^{2+})$ 为加入 $BaCl_2$ 标准溶液的体积,L;$c(Mg^{2+})$ 为加入 Mg^{2+} 标准溶液的浓度,$mol \cdot L^{-1}$;$V(Mg^{2+})$ 为加入 Mg^{2+} 标准溶液的体积,L;$c(EDTA)$ 为 EDTA 标准溶液的浓度,$mol \cdot L^{-1}$;$V(EDTA)$ 为滴定时消耗 EDTA 的体积,L;$M(SO_4^{2-})$ 为 SO_4^{2-} 的摩尔质量,g/mol;m_S 为称取硫酸盐样的质量,g。

5. Ag^+ 的测定

Ag^+ 与 EDTA 的配合物不稳定,不能用 EDTA 直接滴定,此时可采用置换滴定法进行测定。

在含 Ag^+ 的试液中加入已知过量的 $[Ni(CN)_4]^{2-}$ 标准溶液,发生如下反应:

$$2Ag^+ + [Ni(CN)_4]^{2-} \rightleftharpoons 2[Ag(CN)_2]^- + Ni^{2+}$$

在 pH=10.0 的氨性缓冲溶液中,以紫脲酸铵为指示剂,用 EDTA 滴定置换出来的 Ni^{2+},根据 Ag^+ 和 Ni^{2+} 的换算关系,即可求得 Ag^+ 的含量。

3.5 电位滴定法

用电位法确定滴定终点的滴定方法即为电位滴定技术。随着滴定剂的加入,电化学池的两个电极端发生化学反应,从而使试液中待测离子或与之有关的离子的浓度不断变化,指示电极的电位也发生变化,而电池电动势也发生变化。终点时电位发生突变,即电池电动势发生突变,根据此电动势的变化就可确定终点。与电位法相比,电位滴定法是测定电位的变化,测量结果应比电位法更准确;与常规的滴定法相比,电位滴定法可分析混浊或有色溶液,并能实现连续和自动滴定。电位滴定法的实验装置如图 3-13 所示。

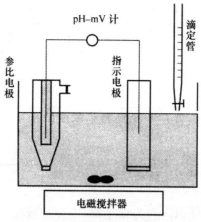

图 3-13　电位滴定装置

电位滴定法可以通过绘制滴定曲线来确定滴定终点,具体方法有三种,即 E-V 曲线法、$\dfrac{\Delta E}{\Delta V}$-$V$ 曲线法和 $\dfrac{\Delta^2 E}{\Delta V^2}$-$V$ 曲线法。

以银电极作指示电极,饱和甘汞电极作参比电极,用 $0.100\,0\ \mathrm{mol \cdot L^{-1}}$ $AgNO_3$ 标准溶液滴定 Cl^-,实验数据如表 3-7 所示,以此为例,说明终点的确定方法。

表 3-7　$0.100\,0\ \mathrm{mol \cdot L^{-1}}$ $AgNO_3$ 标准溶液滴定 Cl^- 实验数据

加入 $AgNO_3$/ml	E/mV	$\Delta E/\Delta V$	$\Delta^2 E/\Delta V^2$
5.00	0.062		
15.00	0.085	0.002	
20.00	0.107	0.004	
22.00	0.123	0.008	
23.00	0.138	0.015	
23.50	0.146	0.016	
23.80	0.161	0.050	
24.00	0.174	0.065	
24.10	0.183	0.090	
24.20	0.194		
24.30	0.233	0.390	2.8
24.40	0.316	0.830	4.4

加入 AgNO₃/ml	E/mV	$\Delta E/\Delta V$	$\Delta^2 E/\Delta V^2$
24.50	0.340	0.240	−5.9
24.60	0.351	0.110	−1.3
24.70	0.358	0.070	−0.4
25.00	0.373	0.050	
25.50	0.385	0.024	

(1)E-V 曲线法

用滴定剂 AgNO₃ 的加入体积(ml)为横坐标,电位计读数(E)为纵坐标,绘制 E-V 曲线,如图 3-14(a)所示,E-V 曲线的拐点,即为滴定终点。

(2)$\Delta E/\Delta V$-V 曲线法

此法为一阶微商法。以一阶微商值 $\Delta E/\Delta V$ 对平均体积 V 作图,如在 20.0~22.0 ml 之间,

$$\Delta E/\Delta V = \frac{0.123 - 0.107}{22.0 - 20.0} = 0.008$$

对应体积 $V = \frac{22.0 + 20.0}{2} = 21.0$ ml,其他各点均如此对应,得图 3-14(b)曲线,曲线中的极大值即为滴定终点。

(3)$\frac{\Delta^2 E}{\Delta V^2}$-$V$ 曲线法

此法为二阶微商法,以 $\frac{\Delta^2 E}{\Delta V^2}$ 对 V 作图,得图 3-14(c)曲线,曲线最高与最低点连线与横坐标之交点即为滴定终点。也可用二阶微商内插法计算终点。此法一般不需作图,可直接通过内插法计算得到滴定终点的体积,比一阶微商法更准确、更简便。二阶微商内插法的计算方法为在滴定终点前和终点后找出一对 $\frac{\Delta^2 E}{\Delta V^2}$ 数值,使 $\frac{\Delta^2 E}{\Delta V^2}$ 由正到负或由负到正,具体做法如下所述。

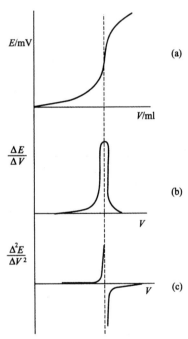

图 3-14 电位滴定曲线

加入 24.30 ml AgNO₃ 时

$$\frac{\Delta^2 E}{\Delta V^2} = \frac{(\Delta E/\Delta V)_2 - (\Delta E/\Delta V)_1}{\Delta V} = \frac{0.83 - 0.39}{24.35 - 24.25} = +4.4$$

加入 24.40 ml AgNO₃ 时

$$\frac{\Delta^2 E}{\Delta V^2} = \frac{0.24 - 0.83}{24.45 - 24.35} = -5.9$$

用内插法计算出对应于 $\Delta^2 E/\Delta V^2$ 等于零时的体积,即为滴定终点时消耗的滴定剂体积 (V_{ep})。

$$V_{ep} = V + \frac{a}{a-b} \times \Delta V = 24.30 + \frac{4.4}{4.4+5.9} \times 0.10 = 24.34 \ ml$$

式中，a 为二阶微商为 0 前的二阶微商值；b 为二阶微商为 0 后的二阶微商值；V 为 a 时标准溶液的体积，ml；ΔV 为 $a \sim b$ 之间的滴定剂体积差，ml。

3.6　电导滴定法

3.6.1　电导滴定原理

作为滴定分析的终点指示方法，电导应用于一些体系的滴定过程中。在这些体系中，滴定剂与溶液中被测离子生成水、沉淀或难离解的化合物。溶液的电导在终点前后发生变化，化学计量点时滴定曲线出现转折点，可指示滴定终点。

滴定分析过程中，伴随着溶液离子浓度和种类的变化，溶液的电导也发生变化，利用被测溶液电导的突变指示理论终点的方法称为电导滴定法。例如，以 C^+D^- 滴定 A^+B^-，强电解质的电导滴定曲线如图 3-15 所示。

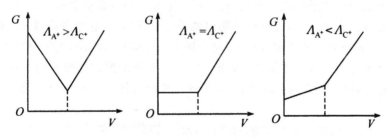

图 3-15　强电解质的电导滴定曲线

滴定开始前，溶液的电导由 A^+、B^- 所决定。从滴定开始到化学计量点之前，溶液中 A^+ 逐渐减少，而 C^+ 逐渐增加。这一阶段的溶液电导变化取决于 Λ_{A^+} 和 Λ_{C^+} 的相对大小：

①当 $\Lambda_{A^+} > \Lambda_{C^+}$ 时，随着滴定的进行，溶液电导逐渐降低。

②当 $\Lambda_{A^+} < \Lambda_{C^+}$ 时，溶液电导逐渐增加。

③当 $\Lambda_{A^+} = \Lambda_{C^+}$ 时，溶液电导恒定不变。

在化学计量点后，由于过量 C^+ 和 D^- 的加入，溶液的电导明显增加。电导滴定曲线中两条斜率不同的直线的交点就是化学计量点。

有弱电解质参加的电导滴定情况要复杂一些，但确定滴定终点的方法是相同的。

电导滴定时，溶液中所有存在的离子对电导值产生影响。因此，为使测量准确可靠，试液中不应含有不参加反应的电解质。为避免在滴定过程中产生稀释作用，所用标准溶液的浓度常十倍于待测溶液，以使滴定过程中溶液的体积变化不大。

对于滴定突跃很小或有几个滴定突跃的滴定反应，电导滴定可以发挥很大作用，如混合酸碱的滴定、弱酸弱碱的滴定、多元弱酸的滴定以及非水介质的滴定等。电导滴定在酸碱、沉淀、配位和氧化还原滴定中都能应用。

3.6.2 电导的测量方法

当两个铂电极插入电解质溶液中,并在两电极上加一定的电压,此时就有电流流过回路。电流是电荷的移动,在金属导体中仅仅是电子的移动,在电解质溶液中由正离子和负离子向相反方向的迁移来共同形成电流。

电解质溶液的导电能力用电导 G 来表示,即

$$G = \frac{1}{R}$$

电导是电阻 R 的倒数,其单位为西门子(S)。

对于一个均匀的导体来说,它的电阻或电导是与其长度和截面积有关的。为了便于比较各种导电体及其导电能力,类似于电阻率,提出了电导率的概念,即

$$G = \kappa \frac{A}{L}$$

上式中,κ 为电导率,S/m;L 为导体的长度;A 为截面积。电导率和电阻率是互为倒数的关系。

电解质溶液的导电是通过离子来进行的,所以电导率与电解质溶液的浓度及其性质有关。电解质解离后形成的离子浓度,即单位体积内离子的数目越大,电导率就越大。离子的迁移速率越快,电导率也就越大。离子的价数,即离子所带的电荷数目越高,电导率越大。

为了比较各种电解质导电的能力,提出了摩尔电导率的概念。摩尔电导率 Λ_m 是指含有 1 mol 电解质的溶液,在距离为 1 cm 的两片平板电极间所具有的电导,Λm 为

$$\Lambda_m = \kappa V$$

式中,V 含有 1 mol 电解质的溶液的体积,cm³。如果溶液的浓度为 c,则

$$V = \frac{1000}{c}$$

当溶液的浓度降低时,电解质溶液的摩尔电导率将增大。这是因为离子移动时常常受到周围相反电荷离子的影响,使其速率减慢。无限稀释时,这种影响减到最小,摩尔电导率达到最大的极限值,此值称为无限稀释时的摩尔电导率,用 Λ_0 表示。电解质溶液无限稀释时,摩尔电导率是溶液中所有离子摩尔电导率的总和,即

$$\Lambda_0 = \sum \Lambda_{0+} + \sum \Lambda_{0-}$$

上式中,Λ_{0+},Λ_{0-} 是无限稀释时正、负离子的摩尔电导率。

在无限稀释的情况下,离子摩尔电导率是一个定值,与溶液中共存离子无关。电导是电阻的倒数,所以测量溶液的电导也就是测量它的电阻。经典的测量电阻的方法是采用惠斯通电桥法,其装置如图 3-16 所示。

电导较高时,为了防止极化现象,宜采用 1000~2500 Hz 的高频电源。交流电正半周和负半周造成的影响能相互抵消。

溶液电导的测量常常是将一对表面积为 A、相距为 L 的电极插入溶液中进行,可知

$$G = \kappa \frac{A}{L} = \kappa \frac{1}{\frac{1}{A}}$$

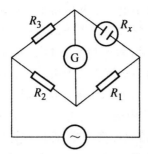

图 3-16　惠斯通平衡电桥

对一定的电极来说，$\dfrac{L}{A}$ 为常数，用 θ 表示，称为电导池常数，即

$$\theta = \frac{L}{A}$$

电导池常数直接测量比较困难，常用标准 KCl 溶液来测定。有时需要使用铂黑电极，它可以有效增加比表面积，减少极化。它的缺点是对杂质的吸附加强了。

3.7　永停滴定法

永停滴定法也称永停终点法，它是电位滴定法的一个特例。将 2 支相同的铂电极插入被测溶液中（见图 3-17），在 2 个电极间外加一个小量电压（10～100 mV），观察滴定过程中电解电流的变化以确定终点。

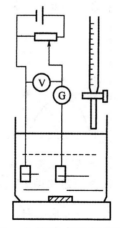

图 3-17　永停终点法仪器示意图

3.7.1　永停滴定原理

当溶液中存在氧化还原电对时，插入一支铂电极，它的电极电位服从能斯特方程，但在该溶液中插入 2 支相同的铂电极时，由于电极电位相同，电池的电动势等于零。这时若在 2 个电极间外加一个很小的电压，接正端的铂电极发生氧化反应，接负端的铂电极发生还原反应，此

时溶液中有电流通过。这种外加很小电压引起电解反应的电对称为可逆电对。

若 I_2/I^- 电对就是可逆电对,电解反应为 $I_2 + 2e^- \rightleftharpoons 2I^-$。反之,有些电对在此小电压下不能发生电解反应,称为不可逆电对,如 $S_4O_6^{2-}/S_2O_3^{2-}$ 电对。永停滴定法就是利用滴定过程中,溶液可逆电对的形成,两极回路中电流突变来指示终点的。

例如,用 $S_2O_3^{2-}$ 滴定 I_2,在滴定开始到化学计量点前,溶液中存在 I_2/I^- 可逆电对,此时有电流流过溶液;滴定到终点时,溶液中的 I_2 均被还原为 I^-;过量半滴 $S_2O_3^{2-}$ 时,溶液中存在 $S_4O_6^{2-}/S_2O_3^{2-}$ 不可逆电对,所以电流立即变为零,即电流计指针偏回零,此即滴定终点。

在滴定终点后再滴加 $S_2O_3^{2-}$ 溶液,电流永远为零,电流计指针永远停在零点,所以称它为永停终点法。如果以 I_2 滴定 $S_2O_3^{2-}$,在理论终点前,溶液中存在 $S_4O_6^{2-}/S_2O_3^{2-}$ 不可逆电对,溶液中无电流流过,电流计指针指零,那么过了终点后多余的半滴 I_2 与溶液中的 I^- 构成 I_2/I^- 可逆电对,产生电解反应,电流计指针立即产生较大的偏转,表示终点已经达到。

永停终点法可用于碘量法、铈量法、卡尔·费休法和重氮化法等滴定分析的终点指示。

3.7.2　永停滴定曲线

(1)被检测物质为不可逆电对,滴定剂为可逆电对

用碘滴定硫代硫酸钠就是这种情况。在滴定终点前,溶液中只有 $S_4O_6^{2-}/S_2O_3^{2-}$ 电对,因为它们是不可逆电对,虽然有外加电压,电极上也不能发生电解反应。另外,溶液虽然有滴定反应产物 I^- 存在,但 I_2 浓度一直很低,不会发生明显的电解反应,所以电流计指针一直停在接近零电流的位置上不动。一旦达到滴定终点并有稍过量的 I_2 加入后,溶液中建立了明显的 I_2/I^- 可逆电对,电解反应得以进行,产生的电解电流使电流计指针偏转并不再返回零电流的位置。随着过量 I_2 的加入,电流计指针偏转角度增大。滴定时的电流变化曲线如图 3-18(a) 所示,曲线的转折点即滴定终点。

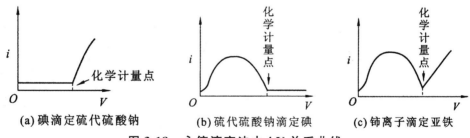

(a)碘滴定硫代硫酸钠　　**(b)硫代硫酸钠滴定碘**　　**(c)铈离子滴定亚铁**

图 3-18　永停滴定法中 $i\text{-}V$ 关系曲线

(2)被检测物质为可逆电对,滴定剂为不可逆电对

用硫代硫酸钠滴定稀碘(I_2)溶液即属这种情况。从滴定开始到化学计量点前,溶液存在 I_2/I^- 可逆电对,有电解电流通过电池。电流的大小取决于溶液中滴定产物 I^- 的浓度,I^- 的浓度由小变大,电解电流也由小变大,在半滴点电流最大。越过半滴点,电流的大小改为取决于溶液中剩余 I_2 的浓度,I^- 的浓度逐渐变小,电解电流也逐渐变小,至化学计量点,I_2 的浓度趋于零,电流也趋于零。化学计量点后,溶液中虽然有不可逆的 $S_4O_6^{2-}/S_2O_3^{2-}$;滴定剂电对,但无明显的电解反应。

所以越过化学计量点后,电流将停留在零电流附近并保持不动。滴定时的电流变化曲线

如图 3-18(b)所示。此类滴定法是根据滴定过程中,电流下降至零,并停留在原地不动的现象确定滴定终点。

(3)被检测物质与滴定剂均为可逆电对

铈离子滴定亚铁属于这种情况。在化学计量点前,电流来自溶液中 Fe^{3+}/Fe^{2+} 可逆电对的电解反应,电流的变化机理和 i-V 关系曲线与图 3-18(c)中化学计量点前的情况相同,滴定终点时电流降至最低点。终点过后,随着 Ce^{4+} 的加入,Ce^{4+} 过量,溶液中建立了 Ce^{4+}/Ce^{3+} 可逆电对,有电流通过电解池,电流开始上升,随着过量 Ce^{4+} 的加入,电流计指针偏转角度增大。

第4章 光谱分析法的原理与应用

4.1 紫外-可见分光光度法

4.1.1 紫外-可见分光光度法的原理

1. 紫外-可见吸收光谱

紫外-可见吸收光谱是一种分子吸收光谱。它是由于分子中价电子的跃迁而产生的。在不同波长下测定物质对光吸收的程度(吸光度),以波长为横坐标,以吸光度为纵坐标所绘制的曲线,称为吸收曲线,又称吸收光谱。测定的波长范围在紫外-可见区,称紫外-可见光谱,简称紫外光谱。如图 4-1 所示。吸收曲线的峰称为吸收峰,它所对应的波长为最大吸收波长,常用 λ_{max} 表示。曲线的谷所对应的波长称为最小吸收波长,常用 λ_{min} 表示。在吸收曲线上短波长端底只能呈现较强吸收但又不成峰形的部分,称末端吸收。在峰旁边有一个小的曲折,形状像肩的部位,称为肩峰,其对应的波长用 λ_{sh} 表示。某些物质的吸收光谱上可出现几个吸收峰。不同的物质有不同的吸收峰。同一物质的吸收光谱有相同的 λ_{max}、λ_{min}、λ_{sh};而且同一物质相同浓度的吸收曲线应相互重合。因此,吸收光谱上的 λ_{max}、λ_{min}、λ_{sh} 及整个吸收光谱的形状取决于物质的分子结构,可作定性依据。

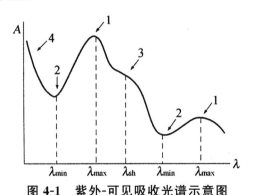

图 4-1 紫外-可见吸收光谱示意图

1—吸收峰;2—谷;3—肩缝;4—末端吸收

当采用不同的坐标时,吸收光谱的形状会发生改变,但其光谱特征仍然保留,紫外吸收光谱常用吸光度 A 为纵坐标;有时也用透光率(T)或吸光系数(E)为纵坐标。但只有以吸光度为纵坐标时,吸收曲线上各点的高度与浓度之间才呈现正比关系。当吸收光谱以吸光系数或其对数为纵坐标时,光谱曲线与浓度无关,如图 4-2 所示。

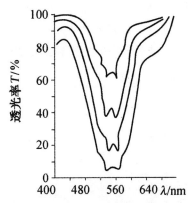

图 4-2　纵坐标不同的吸收光谱图

KMnO₄ 溶液的 4 种浓度：5 ng・L⁻¹、10 ng・L⁻¹、20 ng・L⁻¹、40 ng・L⁻¹，1 cm 厚

2. 紫外-可见吸收光谱产生的机理

紫外吸收光谱是由于分子中价电子的跃迁而产生的。因此，分子中价电子的分布和结合情况决定了这种吸收光谱。按分子轨道理论，在有机化合物分子中有几种不同性质的价电子：形成单键的电子；形成双键的电子；未成键的电子。当它们吸收一定能量后，这些价电子将跃迁到较高的能级（激发态），此时电子所占的轨道称为反键轨道，而这种特定的跃迁是同分子内部结构有着密切关系的，一般可将这些跃迁分成如下三类。

①非键电子向反键轨道的跃迁。包括 $n \to \sigma^*$ 跃迁及 $n \to \pi^*$ 跃迁。

②成键轨道与反键轨道之间的跃迁。包括饱和碳氢化合物中的跃迁 $\sigma \to \sigma^*$，以及不饱和烯烃中的 $\pi \to \pi^*$ 跃迁。

③电荷转移跃迁。有机化合物吸收光能后，除产生上述几种电子跃迁外，还可产生电荷转移跃迁和电荷转移吸收光谱。

由上述可见，有机化合物价电子可能产生的跃迁主要为 $n \to \sigma^*$，$n \to \pi^*$，$\sigma \to \sigma^*$ 及 $\pi \to \pi^*$。各种跃迁所需能量是不同的，各种跃迁所需能量大小为：

$$\sigma \to \sigma^* > n \to \sigma^* > \pi \to \pi^* > n \to \pi^*$$

一般说来，未成键的孤对电子较易激发，成键电子中 π 电子较相应的 σ 电子具有较高的能级，而反键电子却相反。因此，$n \to \pi^*$ 跃迁所需的能量较低、所产生的吸收波长较长，$n \to \sigma^*$ 及 $\pi \to \pi^*$ 跃迁的吸收带出现在较短波段，而 $\sigma \to \sigma^*$ 迁则出现在远紫外区（图 4-3）。

3. 发色基因和助色基因

发色基团也称生色基团。凡是能导致化合物在紫外及可见光区产生吸收的基团，不论是否显出颜色都称为发色基团。有机化合物分子中，能在紫外-可见光区产生吸收的典型发色基团有羰基、硝基、羧基、酯基、偶氮基及芳香体系等。这些发色基团的结构特征是都含有电子。当这些基团在分子内独立存在，与其他基团或系统没有共轭或没有其他复杂因素影响时，它们将在紫外区产生特征的吸收谱带。孤立的碳—碳双键或三键其 λ_{max} 值虽然落在近紫外区之外，但已接近一般仪器可能测量的范围，具有"末端吸收"，所以也可以视为发色基团。不同的分子内孤立地存在相同的这类生色基时,它们的吸收峰将有相近的 λ_{max} 和相近的 ε_{max}。如果化合物中有几个发色基团互相共轭,则各个发色基团所产生的吸收带将消失,出现新的共轭吸收带,其波长将比单个发色基团的吸收波长长,吸收强度也将显著增强。

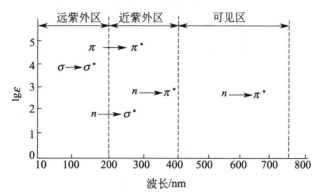

图 4-3　常见电子跃迁所处的波长范围及长度

助色基团是指它们孤立地存在于分子中时,在紫外-可见光区内不一定产生吸收。但当它与发色基团相连时能使发色基团的吸收谱带明显地发生改变。助色基团通常都含有 n 电子。当助色基团与发色基团相连时,由于 n 电子与 π 电子的 p-π 共轭效应导致跃迁能量降低,发色基团的吸收波长发生较大的变化。常见的助色基团有—OH,—Cl,—NH,—NO$_2$,—SH 等。

由于取代基作用或溶剂效应导致发色基团的吸收峰向长波长移动的现象称称红移。与此相反,由于取代基作用或溶剂效应等原因导致发色基团的吸收峰向短波长方向的移动称为向紫移动或蓝移。与吸收带波长红移及蓝移相似,由于取代基作用或溶剂效应等原因的影响,使吸收带的强度即摩尔吸光系数增大(或减小)的现象称为增色效应或减色效应。

4. 光吸收的基本定律

(1)朗伯-比尔定律

1760 年,科学家朗伯总结了物质浓度不变时的吸光实验的规律后指出,当一束单色光通过浓度一定的溶液时,溶液对光的吸收程度与溶液厚度呈正比。这便是朗伯定律,其数学表达式如下:

$$A = \lg \frac{I_0}{I} = k_1 b$$

式中,A 为吸光度,表示光被吸收的程度;I_0 为入射光强度;I 为透过光强度;b 为溶液厚度,cm;k_1 为比例常数。

1852 年,科学家比尔总结了多种无机盐水溶液对红光的吸收实验的规律后指出:当一束单色光通过厚度一定的有色溶液时,溶液的吸光度与溶液的浓度呈正比。这便是比尔定律,其数学表达式为:

$$A = \lg \frac{I_0}{I} = k_2 c$$

式中,c 为溶液中吸光物质的浓度;k_2 为比例常数。

　　光吸收的基本定律是指定量描述物质对光的吸收程度与吸收光程之间关系的朗伯定律，光的吸收程度与溶液浓度之间关系的比尔定律，把朗伯定律和比尔定律合并起来便得到朗伯-比尔定律。它可表述为：当一束平行单色光通过单一均匀的、非散射的吸光物质溶液时，溶液的吸光度与溶液浓度和厚度的乘积呈正比。这是一条非常重要的、支配物质对各种电磁辐射吸收的基本定律，它不仅适用于溶液对光的吸收，也适用于气体或固体对光的吸收。它是光度分析法定量的基本依据，它的数学表达式为：

$$A = \lg \frac{I_0}{I} = abc$$

式中，a 为吸光系数，当浓度 c 的单位为 $g \cdot L^{-1}$，液层厚度 b 的单位为 cm 时，其单位为 $L \cdot g^{-1} \cdot cm^{-1}$，它在一定的实验条件下为一常数；吸光度 A 是量纲为 1 的量，有时也将其称为消光度(E)或光密度(D)。

　　如果溶液浓度 c 的单位取 $mol \cdot L^{-1}$，则吸光系数改称为摩尔吸光系数，用 ε 表示，其单位为 $L \cdot mol^{-1} \cdot cm^{-1}$。此时朗伯-比尔定律有另一种表达式：

$$A = \varepsilon bc$$

　　在实际工作中，有时也用透光度(T)或百分透光度($\%T$)来表示单色光进入溶液后的透过程度。透光度为透过光强度(I)与入射光强度(I_0)之比，因此也叫透射比，即

$$T = \frac{I}{I_0}$$

$$T = \frac{I}{I_0} \times 100\%$$

$$A = \lg \frac{I_0}{I} = -\lg T$$

　　(2)摩尔吸光系数

　　ε 是吸光物质在特定的波长、溶剂和温度条件下的一个特征常数，它在数值上等于 $1 mol \cdot L^{-1}$ 的吸光物质在 1 cm 长的吸收光程中的吸光度，因此可以作为吸光物质吸光能力强弱的量度；ε 越大，吸光物质的吸光能力越强，测定方法的灵敏度就越高。ε 与吸光物质本身的特性有关，在相同条件下，同一种吸光物质的 ε 相同，因此，ε 也是定性鉴定物质的结构参数之一。

　　测定摩尔吸光系数：一般先配制一个浓度适当的溶液，测量出其吸光度，然后用 $A = \varepsilon bc$ 计算出 ε。严格地讲，这是以吸光物质的总浓度来代替其平衡浓度，所以计算出的结果应称为"表观摩尔吸光系数"。

　　根据 ε 与 a 的定义，可以直接推导出二者的关系为：

$$\varepsilon = Ma$$

式中，M 为吸光物质的摩尔质量，$g \cdot mol^{-1}$。

　　(3)影响偏离光吸收定律的因素

　　定量分析时，通常液层厚度是相同的，按照比尔定律，浓度与吸光度之间的关系应该是一条通过直角坐标原点的直线。但在实际工作中，常常会偏离线性而发生弯曲。若在弯曲部分进行定量，将产生较大的测定误差。

　　①化学因素的影响。溶质的酸效应、溶剂、离解作用等会引起朗伯-比尔定律的偏离。其

中有色化合物的离解是偏离朗伯-比尔定律的主要化学因素。

酸效应。如果待测组分包括在一种酸碱平衡体系中,溶液的酸度将会使得待测组分的存在形式发生变化,而导致对吸收定律的偏离。

溶剂作用。溶剂对吸收光谱的影响是比较大的,溶剂不同时,物质的吸收光谱也不同。

离解作用。在可见光区域的分析中常常是将待测组分同某种试剂反应生成有色配合物来进行测定的。有色配合物在水中不可避免的要发生离解,从而使得有色配合物的浓度要小于待测组分的浓度,导致对吸收定律的偏离。特别是对于稀溶液而言,更是如此。

②物理因素的影响。朗伯-比尔定律只对一定波长的单色光才能成立,但实际上,即使质量较好的分光光度计所得的入射光,仍然具有一定波长范围的波带宽度。因此,吸光度与浓度并不完全呈直线关系,因而导致了对朗伯-比尔定律的偏离。所得入射光的波长范围越窄,即单色光越纯,则偏离越小入射光不存或杂散光等的影响;非吸收作用引起的对朗伯-比尔定律的偏离,主要有散射效应和荧光效应,一般情况下荧光效应对分光光度法产生的影响较小。

经实验研究,朗伯-比尔定律只适用于十分均匀的吸收体系。当待测液的体系不是很均匀时,入射光通过待测液后将产生光的散射而损失,导致吸收体系的透过率减小,造成实测吸光值增加。朗伯-比尔定律是建立在均匀、非散射的溶液这个基础上的。如果介质不均匀,呈胶体、乳浊、悬浮状态,则入射光除了被吸收外,还会有反射、散射的损失,因而实际测得的吸光度增大,导致对朗伯-比尔定律的偏离;当入射光通过待测液,若吸光物质分子吸收辐射能后所产生的激发态分子以发射辐射能的方式回到基态而发射荧光,结果必然使待测液的透光率相对增大,造成实测吸光值减小。

(4)吸光度的加和性

在实际工作中,不少试样溶液中含有多种吸光物质。实验表明,在多组分共存的溶液体系中,如果各种吸光组分的浓度都比较低,就可以忽略它们之间的相互作用,这时体系的总吸光度等于各组分单独存在时的吸光度之和,这叫做吸光度的加和性。即

$$A_{总} = A_1 + A_2 + \cdots + A_n = \varepsilon_1 bc_1 + \varepsilon_2 bc_2 + \cdots + \varepsilon_n bc_n$$

4.1.2 紫外-可见分光光度计

紫外-可见分光光度计通常都是由这基本部件组成:

光源→单色器→吸收池→检测系统→记录显示系统

(1)光源

光源的作用是提供强而稳定的可见或紫外连续入射光。一般分为可见光光源及紫外光源两类。

①可见光光源。最常用的可见光光源为钨丝灯。钨丝灯可发射波长为 320～2500 nm 范围的连续光谱,其中最适宜的使用范围为 320～1000 nm,除用作可见光源外,还可用作近红外光源。在可见光区内,钨丝灯的辐射强度与施加电压的 4 次方成正比,因此要严格稳定钨丝灯的电源电压。

②紫外光源。紫外光源多为气体放电光源,如氢、氘、氙放电灯及汞灯等。其中以氢灯和氘灯应用最广泛,其发射光谱的波长范围为 160～500 nm,最适宜的使用范围为 180～350 nm。氘灯发射的光强度比同样的氢灯大 3～5 倍。氢灯可分为高压氢灯(2000～6000 V)

和低压氢灯(40~80 V),后者较为常用。低压氢灯或氘灯的构造是:将一对电极密封在干燥的带石英窗的玻璃管内,抽真空后充入低压氢气或氘气。石英窗的使用是为了避免普通玻璃对紫外光的强烈吸收。

(2)单色器

单色器的作用是将来自光源的含有各种波长的复色光按波长顺序色散,并从中分离出所需波长的单色光。单色器由狭缝、准直镜及色散元件等组成,其原理如图 4-4 所示。来自光源并聚焦于进光狭缝的光,经准直镜变成平行光,投射于色散元件。色散元件使各种不同波长的平行光有不同的投射方向(或偏转角度)形成按波长顺序排列的光谱。再经过准直镜将色散后的平行光聚焦于出光狭缝上。转动色散元件的方位,可使所需波长的单色光从出光狭缝分出。

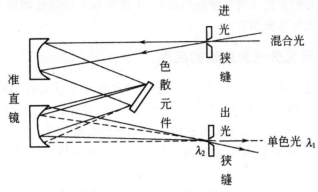

图 4-4 单色器光路示意图

①准直镜是以狭缝为焦点的聚焦镜。其作用是将进入色散器的发散光变成平行光;又将色散后的单色平行光聚集于出光狭缝。

②常用的色散元件有棱镜和光栅。早期仪器多采用棱镜,现在多使用光栅。

③狭缝为光的进出口,包括进光狭缝和出光狭缝。进光狭缝起着限制杂散光进入的作用。狭缝宽度直接影响分光质量。狭缝过宽,单色光不纯,将使吸光度变值;狭缝太窄,则光通量小,将降低灵敏度。故测定时狭缝宽度要适当,一般以减小狭缝宽度至溶液的吸光度不再增加为宜。

一般廉价仪器多用固定宽度的狭缝,不能调节。精密仪器狭缝可调节。光栅分光的仪器多用单色光的谱带宽度来表示狭缝宽度,直接表达单色光的纯度。棱镜分光的仪器因色散不均匀,只能用狭缝的实际宽度一般为 1~3 mm 来表示,单色光的谱带宽度(即单色光的纯度)需经换算后才能得到。

(3)样品池

可见光区使用光学玻璃吸收池或石英池,紫外光区只能使用石英池。用作盛参比溶液与样品溶液的吸收池应互相匹配,在盛同一溶液时 ΔT 应小于 0.2%。在测定吸光系数或利用吸光系数进行定量时,还要求吸收池有准确的厚度(光程),或使用同一只吸收池。

(4)检测器

检测器是一类光电转换器。它能将接收到的光讯号转变为便于测量的电讯号。常用的有光电池、光电管和光电倍增管。

（5）信号显示系统

信号显示系统用于放大信号并以适当方式将此信号指示或记录下来。分光光度计中常用的显示装置有悬镜式检流计、微安表、电位计、数字电压表、自动记录仪等。通常简易型分光光度计多用悬镜式检流计。

检流计用于测量光电池受光照射后产生的电流。它的灵敏度高，标尺刻度每格约为 10^{-10} nm。标尺上有吸光度 A 和百分透光率 $T\%$ 两种刻度。由于吸光度与透光率是负对数关系，因此，吸光度的刻度是不均匀的。微安表的工作原理与检流计相似，它采用指针指示刻度，由于表头的偏转角度有限，满刻度偏转的角度仅为 1%，精确度为 1.5%。

低档分光光度计现在已都使用数字显示，有的还连有打印机。现代高性能分光光度计均可以连接微机，而且有的主机还使用带液晶或 CRT 荧屏显示的微处理机和打印绘图机，有的还带有标准软驱，存取数据更加方便。

4.1.3 紫外-可见分光光度法的应用

紫外-可见分光光度分析法从问世以来，在应用方面有了很大的发展，尤其是在相关学科发展的基础上，促使分光光度计仪器的不断创新，功能更加齐全，使得光度法的应用更拓宽了范围。目前，紫外-可见分光光度分析法可用来进行在紫外区范围有吸收峰的物质的鉴定及结构分析，其中主要是有机化合物的分析和鉴定，同分异构体的鉴别，物质结构的测定等。

但是，如果有机化合物在紫外区中有些没有吸收带或有的仅有较简单而宽阔的吸收光谱，就会影响鉴定的结果。另外，如果物质组成的变化不影响生色基团及助色基团，就不会显著地影响其吸收光谱。因此，物质的紫外吸收光谱基本上是其分子中生色基团及助色基团的特征，而不是整个分子的特征。所以，单根据紫外光谱不能完全决定物质的分子结构，还必须与红外吸收光谱、核磁共振波谱、质谱以及其他化学的和物理的方法共同配合，才能得到可靠的结论。当然，紫外-可见分光光度分析法在推测化合物结构时，也能提供一些重要的信息。其次，紫外-可见分光光度分析法所用的仪器比较简单，操作方便，准确度也较高，因此它的应用是广泛的。

（1）化合物分子式的推测

根据吸收光谱图上的一些特征吸收，特别是最大吸收波长和摩尔吸收系数是鉴定物质的常用物理参数。在国内外的药典中，已将众多的药物紫外吸收光谱的最大吸收波长和吸收系数载入其中，为药物分析提供了很好的手段。

（2）纯度的检测

如果样品和杂质的紫外吸收带位置和强度不同，就可以比较它们的紫外光谱来判断样品是否被杂质污染。

（3）成分的分析

紫外光谱在有机化合物的成分分析方面的应用比其在化合物定性鉴定方面具有更大的优越性，灵敏度高，准确性强，重现性好，应用广泛。只要对近紫外光有吸收或可能有吸收的化合物，均可用紫外分光光度法进行测定。

（4）异构体的确定

①顺反异构的确定。由于空间位阻的影响,含烯共轭有机化合物的顺式异构体的取代基在烯键的同一侧,相互靠近,产生的空间位阻大,影响了共轭双键的共平面性,降低了共轭程度。因此,最大吸收波长及吸光系数都小于反式异构体。

②互变异构体的判别。有机化合物在溶液中可能有两种以上的互变异构体处于动态平衡中,这种异构体的互变过程常伴随双键的移动及共轭体系的变化,因此也产生吸收光谱的变化。

（5）位阻作用的测定

由于位阻作用会影响共轭体系的共平面性质,当组成共轭体系的发色团近似处于同一平面,两个发色团具有较大的共振作用时,最大吸收波长不变,摩尔吸收系数略为降低,空间位阻作用较小。

4.2　红外光谱法

红外光谱法(IR)是利用分子与红外辐射的作用,使分子产生振动和转动能级的跃迁所得到的吸收光谱,属于分子光谱与振转光谱的范畴。红外光谱法已成为分子结构鉴定的重要手段。

4.2.1　红外光谱法的原理

1. 振动能级与振动光谱

若把双原子分子中 A 与 B 两个原子视为两个小球,其间的化学键看成质量可以忽略不计的弹簧,则两个原子间的伸缩振动可近似地看成沿键轴方向的简谐振动,双原子分子可视为谐振子(具有简谐振动性质的振子),如图 4-5 所示。

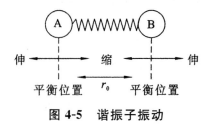

图 4-5　谐振子振动

分子中原子以平衡点为中心以非常小的振幅做周期性的振动,即所谓简谐振动。D 为离解能,r_0 为平衡时两原子之间的距离,r 为振动时某瞬间两原子之间的距离,U 为谐振子位能,相互之间的关系为:

$$U = \frac{1}{2}k(r-r_0)^2 \tag{4-1}$$

式中,k 为化学键力常数,$N \cdot cm^{-1}$。当 $r = r_0$ 时,$U = 0$;当 $r > r_0$ 或 $r < r_0$ 时,$U > 0$。谐振子模型的位能曲线如图 4-6 中 $a\text{-}a'$ 所示。

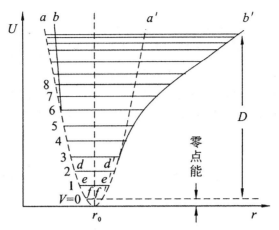

图 4-6　双原子分子位能曲线

a-a'—谐振子；b-b'—真实分子

分子在振动时总能量 $E_V = U + T$，T 为动能。当 $r = r_0$ 时，$U = 0$，则 $E_V = T$。在 A、B 两原子距离平衡位置最远时，$T = 0$，$E_V = U$。为了讨论的方便，首先将微观物体宏观化，然后用经典力学的理论来研究宏观物体在振动过程中势能随 r 的变化，并按式（4-1）绘制势能曲线。再把宏观物体应用量子力学理论向微观物体逼近，通过解薛定谔方程，得到微观物体在振动过程中势能随振动量子数 V 的变化关系式，即

$$E_V = \left(V + \frac{1}{2}\right)h\nu$$

式中，ν 为分子的振动频率；V 为振动量子数，$V = 0,1,2\cdots$。当 $V = 0$ 时，分子振动能级处于基态，$E_V = \frac{1}{2}h\nu$，为振动体系的零点能；当 $V \neq 0$ 时，分子的振动能级处于激发态。双原子分子（非谐振子）的振动位能曲线如图 4-6 中 b-b' 所示。

分子吸收适当频率的红外辐射（$h\nu_L$）后，可以由基态跃迁至激发态，其所吸收的光子能量必须等于分子振动能量之差，即 $h\nu_L = \Delta E_V = \Delta V h\nu$，则有

$$\nu_L = \Delta V \nu \quad \text{或} \quad \sigma_L = \Delta V \sigma \tag{4-2}$$

由式（4-2）可知，若把双原子分子视为谐振子，吸收红外线而发生能级跃迁时所吸收的红外线频率（ν_L）只能是谐振子振动频率的 ΔV 倍，这是产生红外吸收峰的必要条件之一。若光子频率与化学键振动频率相同（$\nu_L = \nu$），则产生基频峰，为红外吸收光谱主要吸收峰。如 HCl 分子的振动频率为 8.658×10^{13} s^{-1}（$\sigma = 2886$ cm^{-1}），在发生 $\Delta V = 1$ 的能级跃迁时，吸收频率为 8.658×10^{13} s^{-1}（$\sigma = 2886$ cm^{-1}）的红外线，而形成峰位在 2886 cm^{-1} 的基频峰。

2. 振动形式

多原子分子的基本振动有两大类型，即伸缩振动和弯曲振动，前者用 ν 表示，后者用 δ 表示。

伸缩振动是指成键原子沿键轴方向伸缩,使键长发生周期性的变化的振动,其键角保持不变。当分子中原子数≥3 时,其伸缩振动还可以分为对称伸缩振动(ν_s)和不对称伸缩振动(ν_{as})两种。前者表示在振动时各键同时伸长或缩短;后者表示在振动时,某些键伸长的同时,另一些键缩短。通常 ν_{as} 的频率高于 ν_s 的频率。

进行弯曲振动时,基团的键角发生周期性的变化,而其键长保持不变。由于弯曲振动的力常数比伸缩振动的小,故其对应的吸收峰通常出现在较低频端。弯曲振动又可分为面内弯曲振动和面外弯曲振动两种形式,而面内弯曲振动又分为剪式振动(δ_s)和面内摇摆(ρ)两类;面外弯曲振动又分为面外摇摆(ω)和扭曲振动(τ)两类。

亚甲基(—CH$_2$—)的各种振动形式如图 4-7 所示。

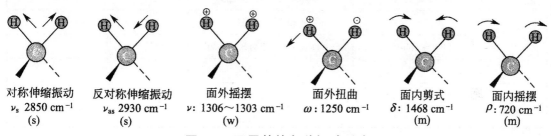

对称伸缩振动	反对称伸缩振动	面外摇摆	面外扭曲	面内剪式	面内摇摆
ν_s 2850 cm^{-1}	ν_{as} 2930 cm^{-1}	ν: 1306~1303 cm^{-1}	ω: 1250 cm^{-1}	δ: 1468 cm^{-1}	ρ: 720 cm^{-1}
(s)	(s)	(w)		(m)	(m)

图 4-7 亚甲基的各种振动形式

3. 特征振动频率

实践表明,不同分子中的同一类基团的振动频率非常接近,都在一定的频率区间出现吸收谱带,这种吸收谱带的频率称为相应官能团的基团频率。只要掌握了各官能团的基团频率及其位移规律,就可应用红外光谱来确定化合物中存在的基团及其在分子中的相对位置,因此基团频率是鉴定官能团的依据,其波数为 4000~1300 cm^{-1}。

在波数为 1800~600 cm^{-1} 区域中,除了 C—C、C—O、C—N 等单键的伸缩振动外,还有 C—H 的弯曲振动,由于这些化学键的振动很容易受到附近化学键振动的影响,所以分子结构稍有不同,该区的吸收光谱就有细微的差异,并显示出分子的特征,就像不同的人具有不同的指纹一样,因此称为指纹区。

在实际应用时,为便于对光谱进行解释,常将波数为 4000~600 cm^{-1} 分为四个区域:

①X—H 伸缩振动区,4000~2500 cm^{-1},X 可以是 O、N、C 和 S 原子,通常又称为"氢键区"。

②三键和累积双键区,2500~1900 cm^{-1},主要有炔键—C≡C、腈键—C≡N、丙二烯基—C=C=C—、烯酮基—C=C=O 等基团的非对称伸缩振动。

③双键伸缩振动区,1900~1200 cm^{-1},主要包括 C=O、C=N、C=C 等的伸缩振动和芳环的骨架振动等。

④单键区,σ<1650 cm^{-1},这个区域的情况比较复杂,主要包括 C—H、N—H 弯曲振动,C—O、C—X(卤素)等伸缩振动,以及 C—C 单峰骨架振动等。

常见官能团的基团频率与振动形式,如表 4-1 所示。

表 4-1　常见基团的频率和振动形式

区域	基团频率	基团及振动形式	备注
氢键区	3650～3200(m·s)	—OH(伸缩)	判断酚、醇、有机物
	3500～3100(m·s)	—NH$_2$、—NH(伸缩)	
	2600～2500	—SH、C—H(伸缩)	不饱和 C—H 出现在>3000 cm^{-1}
	3300 附近(s)	≡C—H(伸缩)	
	3010～3040	=C—H(伸缩)	末端=C—H 出现在 3085 cm^{-1}
	3030 附近(s)	苯环中 C—H(伸缩)	
	3000～2800	饱和 CH(伸缩)	取代基影响小
	2965～2860(s)	—CH$_3$(对称、非对称、伸缩)	
	2935～2840(s)	—CH$_2$(对称、非对称、伸缩)	
三键及累积双键区	2260～2220(s)	—C≡N(伸缩)	干扰小
	2260～2100(v)	—C≡C—(伸缩)	
	1960 附近(v)	—C=C=C—(伸缩)	
双键区	1680～1630(m)	C=C(非共轭)C=N(伸缩)	
	1680～1560(v)	C=C(环合或共轭)	
	1950～1600(s)	—C=O(伸缩)	
	1600～1500(s)	—NO$_2$(非对称伸缩)	
	1300～1250(s)	—NO$_2$(对称伸缩)	
单键区	1300～1000	C—O(伸缩)	强度强
	1150～900	C—O—C(伸缩)	
	1460±10	—CH$_3$(非对称变形)	经常出现
	1375±5	—CH$_3$(对称变形)	特征吸收
	1400～1000	C—F(伸缩)	
	800～600	C—Cl(伸缩)	
	600～500	C—Br(伸缩)	

注:s 表示强吸收;m 表示中强吸收;v 表示吸收强度可变。

其他基团频率和振动形式可参考有关专著及有关参考文献。

4.2.2　红外光谱仪

1. 双光束红外光谱仪

紫外-可见光谱仪可以是双光束的,也可以是单光束的,但是,对于红外光谱仪,一般只能

是双光束的,这是为了避免下面因素带来的误差:

①空气中 H_2O、CO_2 在红外光谱区有吸收。

②红外测定中溶剂的吸收。

③光源、检测器的不稳定。

双光束红外光谱仪的基本结构如图 4-8 所示。与紫外-可见光谱仪的基本结构最明显的不同的是吸收池的位置不同,紫外—可见光谱仪的吸收池一般位于分光系统的后面,以防止光解作用对测定的影响,而红外光谱仪的吸收池在分光系统之前,以防止样品的红外发射(常温下物质可发射红外光)和杂散光进入检测器。但是,对于傅里叶变换红外光谱仪,吸收池可放在干涉仪之后,发射的红外光和杂散光可作为信号的直流组分被分开。

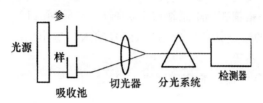

图 4-8　双光束红外光谱仪的基本结构

(1)光源

红外辐射光源是能够发射高强度连续红外光的炽热物体,常见的有硅碳棒和能斯特灯。

①硅碳棒。硅碳棒是由碳化硅组成,一般制成两端粗中间细的实心棒,中间为发光部分,两端粗是能使两端的电阻降低,使其在工作时成冷态。一般长几十 mm,直径几 mm,工作温度为 $1200\sim1500℃$,适用的波长范围为 $1\sim40\ \mu m$。优点是寿命长、便宜、发光面积大,较适合长波区。但工作时需冷却。

②能斯特灯。它是由 ZrO、ThO 等稀土氧化物混合烧结制成,一般为长几十 mm、直径几 mm 的中空或实心棒,工作温度为 $1300\sim1700℃$,适用的波长范围为 $0.4\sim20\ \mu m$。在室温下它不导电,在工作之前必须有辅助加热器预热,可用 Pt 丝电加热至 $800℃$,就可使之导电,从而发出红外光。该光源的特点是脆弱、易坏,在高波数区光强度较硅碳棒高,使用比硅碳棒有利,使用寿命约一年。

(2)分光系统

分光系统位于吸收池和检测器之间,可用棱镜或光栅作为分光元件。现在大多数用傅里叶变换来进行波长选择。棱镜主要用于早期生产的仪器中,制作棱镜的材料和吸收池一样,应该能透过红外辐射。棱镜易吸水蒸气而使表面透光性变差,其折射率会随温度变化而变化,近年已被光栅取代。

(3)检测系统

①热电偶。如图 4-9 所示,热电偶是将两种不同的金属丝 M_1、M_2 焊接成两个接点,接收红外辐射的一端多焊接在涂黑的金箔上,作为热接点;另一端作为冷接点(通常为室温)。在金属 M_1 和 M_2 之间产生电位,即热点和冷点处的电位分别为 φ_1 和 φ_2,此电位是温度的函数,即随温度而变化。没有红外光照射时,冷点与热点温度相同,所以 $\varphi_1=\varphi_2$,回路中没有电流通过,而当用红外光照射后,热点升温,冷点仍保持原来温度,φ_1 与 φ_2 不相等,回路中有电流通过放大后得到信号,信号强度与照射的红外光强度成正比。为不使热量散失,热电偶置于高真

空的容器中。

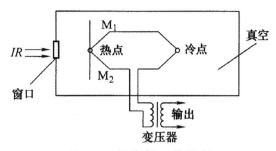

图 4-9　热电偶工作原理

M_1-M_2 的材料有镍-铬镍铝、铜-康铜（Ni：39％～41％，Mn：19％～2％，其余为 Cu）、铁-康铜、铂铑-铂等。热电偶的缺点是反应较迟钝，信号输入与输出的时间达几十 ms，不适于傅里叶变换，用于普通光栅仪器等。

②热释电器件。热释电器件响应速度快（μs），适用于傅里叶变换红外光谱仪，其结构如图 4-10 所示。

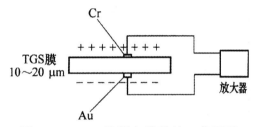

图 4-10　TGS 热释电器件的工作原理

热释电器件是以热释电材料硫酸三苷肽（TGS）为晶体薄片，在它的正面真空镀铬（半透明，可透红外光），背面镀金。TGS 为非中心对称结构的极性晶体，即使在无外电场和应力的情况下，本身也会电极化，此自发电极化强度 P_s 是温度 T 的函数，随温度上升，极化强度下降，与 P_s 方向垂直的薄片两个表面有电荷存在，且表面电荷密度 $\sigma_s = P_s$。当正面吸收红外辐射时，薄片的温度升高，极化度降低，晶体的表面电荷减少，相当于"释放"了一部分电荷，释放的电荷经过外电路时被检测。电荷密度 σ_s 与温度 T 有关。当红外光强增大，其温度变化率也大，电荷密度变化增加，输出的电流也增加。

③汞镉碲检测器。汞镉碲检测器（简称 MCT），它是由半导体碲化镉和碲化汞混合制成。此种检测器分为光电导型和光电伏型，前者是利用其吸收辐射后非导电性的价电子跃迁至高能量的导带，从而降低了半导体的电阻，产生信号；后者是利用不均匀半导体受红外光照射后，产生电位差的光电伏效应而实现检测。MCT 检测器固定于不导电的玻璃表面，置于真空舱内，需在液氮温度下工作，其灵敏度比 TGS 检测器高约 10 倍。

2. 傅里叶变换红外光谱仪

由于以棱镜、光栅为色散元件的第一代、第二代红外光谱仪的扫描速度慢，不适用于动态反应过程的研究，且灵敏度、分辨率和准确度较低，使得其在许多方面的应用都受到了限制。

20 世纪 70 年代,第三代红外光谱仪——傅里叶变换红外光谱仪(FTIR)问世了。

　　傅里叶变换红外光谱仪不使用色散元件,主要由光源(硅碳棒、高压汞灯)、迈克尔逊干涉仪、样品室、检测器(热释电检测器、汞镉碲光电检测器)、计算机和记录仪等组成。它的核心部分是迈克尔逊干涉仪,由光源而来的干涉信号变为电信号,然后以干涉图的形式送达计算机,计算机进行快速傅里叶变换数学处理后,将干涉图变换成为红外光谱图。

　　如图 4-11 所示,迈克尔逊干涉仪由定镜 M_1、动镜 M_2 和光束分裂器 BS(与 M_1 和 M_2 分别成 45°角)组成。M_1 固定不动,M_2 可沿与入射光平行的方向移动,BS 可让入射红外光一半透过,另一半被反射。当入射光进入干涉仪后,透过光 I 穿过 BS 被 M_2 反射,沿原路返回到 BS(图中绘制成不重合的双线是为了便于理解),反射光 II 被 M_1 反射也回到 BS,这两束光通过 BS 经样品室后,经过一反射镜被反射到达检测器 D。光束 I、II 到达 D 时,这两束光的光程差随 M_2 的往复运动作周期性变化,形成干涉光。若入射光为 λ,光程差 $=\pm K\lambda$($K=0,1,2,\cdots$)时,就发生相长干涉,干涉光强度最大;光程差 $=\pm\left(K+\dfrac{1}{2}\right)\lambda$ 时,就产生相消干涉,干涉光强度最小;而部分相消干涉发生在上述两种位移之间。

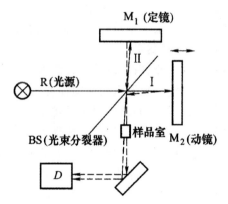

图 4-11　迈克尔逊干涉仪的工作原理

　　测定时,当复色光通过样品室时,样品对不同波长的光具有选择性吸收,所以得到如图 4-12(a)所示的干涉图,其横坐标是 M_2 的位移,纵坐标是干涉光强度。从干涉图中很难识别不同波数下光的吸收信号,因此将这种干涉图经计算机的快速傅里叶变换后,就可以获得如图 4-12(b)所示的透光率 T 随波数 σ 变化的红外光谱图。

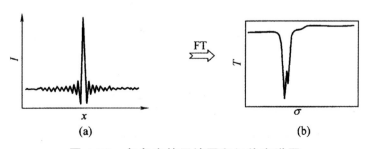

图 4-12　复色光的干涉图和红外光谱图

傅里叶变换红外光谱仪还可与气相色谱、高效液相色谱、超临界流体色谱等分析仪器实现联用,为化合物的结构分析与测定提供更有效的手段。

4.2.3 红外光谱法的应用

1. 定性分析

将样品的红外光谱与标准谱图或与已知结构的化合物的光谱进行比较,鉴定化合物;或者根据各种实验数据,结合红外光谱进行结构测定,在前面谱图解析中已举了大量实例,这里仅把红外光谱定性分析的应用范围总结如下:

①基团与特征吸收谱带的对应关系。分子中所含各种官能团都可由观察其红外光谱鉴别。

②相同化合物有完全相同的光谱。相同化合物有完全相同的光谱,不同物质虽然有一小部分结构或构型的差异必显示出不同的光谱,但要注意物理状态不同造成的谱图变化。例如,同一物质其晶型不同,分子排布不同,对光折射有差别,吸收情况就不一样,利用其可以测高分子物质的结晶度。比较一物质在不同浓度溶液中的光谱,可辨别分子间或分子内的氢键。顺反异构体极易用红外光谱来区别。在鉴定物质是否为同一物质时,为消除物理状态造成的影响,宜设法将样品制成溶液或熔融形式测定红外光谱。

③旋光性物质。旋光性物质的左旋、右旋以及消旋体都有完全相同的红外光谱。

④物质纯度检查。物质结构测定一般要求物质的纯度在98%以上,因为杂质亦有其吸收谱带,可在光谱上出现。不纯物质的红外光谱吸收带较纯品多,或若干吸收线相互重叠,不能分清,可用比较提纯前后的红外光谱来了解物质提纯过程中杂质的消除情况。

⑤观察反应过程。在反应过程中不断测定红外光谱,据反应物的基本特征频率消失或产物吸收带的出现,观察反应过程,测定反应速度,研究反应机理。

⑥分离提纯。在将一复杂混合物用蒸馏法或色谱分离法分离提纯过程中,常用测定红外光谱来追踪提纯的程度,了解分离开的各物质存在何处及其浓度大致如何。

2. 定量分析

(1)红外光谱定量分析原理
①吸收定律

$$A = \lg \frac{1}{T} = \lg \frac{I_0}{I} = abc \tag{4-3}$$

必须注意,透光率 T 和浓度 c 没有正比关系,当用 T 记录的光谱进行定量时,必须将 T 转换为吸光度 A 后进行计算。

②基线法。用基线来表示该分析物不存在时的背景吸收,并用它来代替记录纸上的100%(透光率)坐标。具体做法是:在吸收峰两侧选透射率最高处 a 与 b 两点作基点,过这两点的切线称为基线,通过峰顶 c 作横坐标的垂线,和0%线交点为 e,和切线交点为 d (图 4-13),则

$$A = \lg \frac{I_0}{I} = \lg \frac{de}{ce} \tag{4-4}$$

基线还有其他画法,但确定一种画法后,在以后的测量中就不应该改变。

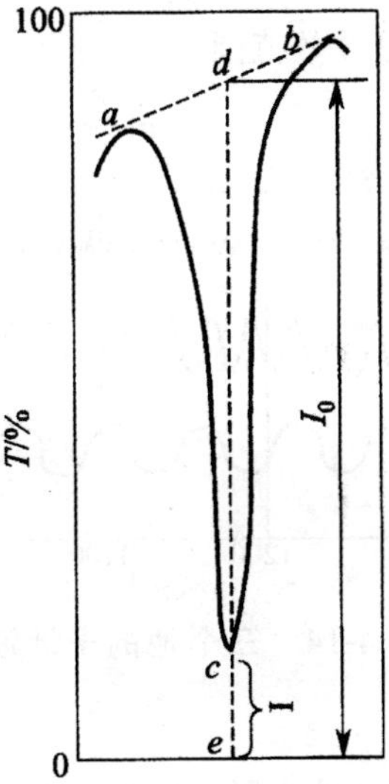

图 4-13　用基线法测量谱带吸光度

③积分吸光度法。用基线法测定吸光度受仪器操作条件的影响,从一种型号仪器获得的数据不能运用到另一种型号的仪器上,它也不能反映出宽的和窄的谱带之间的吸收差异。对更精确的测定,可采用积分吸光度法:

$$A = \int \lg\left(\frac{I_0}{I}\right)_v \mathrm{d}v \qquad (4\text{-}5)$$

即吸光度为线性波数条件下记录的吸收曲线所包含的面积。

(2)定量分析测量和操作条件的选择

①定量谱带的选择。理想的定量谱带应是孤立的,吸收强度大,遵守吸收定律,不受溶剂和样品其他组分干扰,尽量避免在水蒸气和 CO_2 的吸收峰位置测量。当对应不同定量组分而选择两条以上定量谱带时,谱带强度应尽量保持在相同数量级,对于固体样品,由于散射强度和波长有关,所以选择的谱带最好在较窄的波数范围内。

②溶剂的选择。所选溶剂应能很好溶解样品,与样品不发生反应,在测量范围内不产生吸收。为消除溶剂吸收带影响,可采用计算机差谱技术。

③选择合适的透光率区域。透光率应控制在 20%～65%范围之内。

④测量条件的选择。定量分析要求 FTIR 仪器的室温恒定,每次开机后均应检查仪器的光通量,保持相对恒定。定量分析前要对仪器的 100%线、分辨率、波数精度等各项性能指标进行检查,先测参比(背景)光谱可减少 CO_2 和水的干扰。用 FTIR 仪进行定量分析,其光谱是把多次扫描的干涉图进行累加平均得到的,信噪比与累加次数的平方根成正比。

⑤吸收池厚度的测定。采用干涉条纹法测定吸收池厚度的具体做法是,将空液槽放于测量光路中,在一定的波数范围内进行扫描,得到干涉条纹(图 4-14),利用下式计算液槽厚度 L

$$L = \frac{n}{2(\sigma_2 - \sigma_1)} \tag{4-6}$$

式中，n 是干涉条纹个数；$(\sigma_2 - \sigma_1)$ 是波数范围。

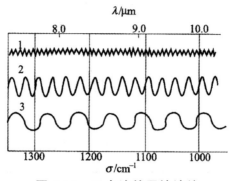

图 4-14　三个池的干涉波纹

（3）红外光谱定量分析方法

①标准曲线法。在固定液层厚度及入射光的波长和强度的情况下，测定一系列不同浓度标准溶液的吸光度，以对应分析谱带的吸光度为纵坐标，标准溶液浓度为横坐标作图，得到一条通过原点的直线，该直线为标准曲线。在相同条件下测得试液的吸光度，从标准曲线上可查得试液的浓度。

②比例法。标准曲线法的样品和标准溶液都使用相同厚度的液体吸收池，且其厚度可准确测定。当其厚度不定或不易准确测定时，可采用比例法。它的优点在于不必考虑样品厚度对测量的影响，这在高分子物质的定量分析上应用较普遍。

比例法主要用于分析二元混合物中两个组分的相对含量。对于二元体系，若两组分定量谱带不重叠，则

$$R = \frac{A_1}{A_2} = \frac{a_1 b c_1}{a_2 b c_2} = \frac{a_1 c_1}{a_2 c_2} = K \frac{c_1}{c_2} \tag{4-7}$$

因 $c_1 + c_2 = 1$，故

$$c_1 = \frac{R}{K+R}, \quad c_2 = \frac{K}{K+R} \tag{4-8}$$

式中，$K = a_1/a_2$，是两组分在各自分析波数处的吸收系数之比，可由标准样品测得；R 是被测样品二组分定量谱带峰值吸光度的比值，由此可计算出两组分的相对含量 c_1 和 c_2。

③差示法。该法可用于测量样品中的微量杂质，例如，有两组分 A 和 B 的混合物，微量组分 A 的谱带被主要组分 B 的谱带严重干扰或完全掩蔽，可用差示法来测量微量组分 A。很多红外光谱仪中都配有能进行差谱的计算机软件功能，对差谱前的光谱采用累加平均处理技术，对计算机差谱后所得的差谱图采用平滑处理和纵坐标扩展，可以得到十分优良的差谱图。

④解联立方程法。在处理二元或三元混合体系时，由于吸收谱带之间相互重叠，特别是在使用极性溶剂时所产生的溶剂效应，使选择孤立的吸收谱带有困难，此时可采用解联立方程的方法求出各个组分的浓度。

4.3　分子发光光谱法

4.3.1　分子发光光谱法的原理

1. 荧光和磷光的产生

（1）光的吸收

分子在紫外-可见光的照射下，吸收能量，电子跃迁到较高能级的激发态，变为高能态的激发分子，在很短的时间内（约 10^{-8} s），它们通过分子碰撞以热的形式损失一部分能量，从所处的激发能级跃迁至第一激发态的最低振动能级（不发光）；然后再由最低振动能级跃迁至基态的振动能级，在这一过程中，激发分子以光的形式放出它所吸收的能量，这时所发的光称为分子荧光。其发射的波长可以同分子所吸收的波长相同，也可以不同，这一现象称为光致发光，最常见的是荧光和磷光。按荧光产生时物质能级跃迁的情况可分为分子荧光、原子荧光及 X 射线荧光等。

（2）分子的退激发过程与荧光、磷光的产生

处于激发态的分子可以通过几种不同的途径回到基态，其中以速度最快的途径占优势。如果荧光过程比其他退激发过程的速度更快，就可以观察到荧光现象。相反，如果一个非荧光过程具有更快速度的话，荧光将消失或强度很弱。基本的退激发过程（或称为去活化过程）有以下几种。

①振动弛豫。在同一电子能级内，激发态分子以热的形式将多余的能量传递给周围的分子，自己则从高的振动能级回到低的振动能级，这种现象称为振动弛豫（VR），产生振动弛豫的时间极为短暂，约为 1.0×10^{-12} s。

②内转换。同一多重态的不同电子能级间可发生内转换（IC）。例如，当 S_2 的较低振动能级与 S_1 的较高振动能级的能量相当而发生重叠时，分子有可能从 S_2 的振动能级过渡到 S_1 的振动能级上，这种无辐射去激过程称为内转换。内转换同样会发生在三重态 T_2 和 T_1 之间，内转换发生的时间在 $1.0 \times 10^{-11} \sim 1.0 \times 10^{-13}$ s。

③外转换。激发态分子的退激发过程包含激发分子与溶剂或其他溶质间的相互作用和能量转换时称为外转换。溶剂对荧光强度有明显的影响，凡可使粒子间碰撞减少的条件（如低温和高黏度）一般都可导致荧光的增强。

④能系间交叉跃迁。能系间交叉跃迁是激发态电子的自旋方向被反转，而使分子的多重性发生变化的过程。如单重态与三重态之间的跃迁。由三重态到单重基态之间跃迁而产生的发光现象称为磷光。

荧光和磷光的产生原理示意如图 4-15 所示。

如果在溶液中存在如氧分子等顺磁性物质，会增加能系间交叉跃迁的发生，使荧光减弱。

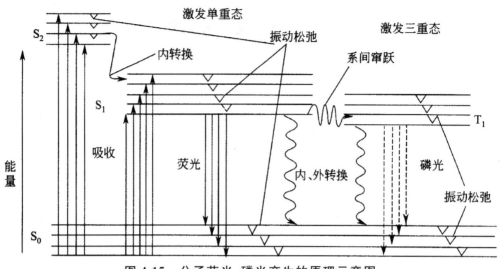

图 4-15 分子荧光、磷光产生的原理示意图

2. 激发光谱和发射光谱

任何荧光或磷光化合物都具有两种特征的光谱:激发光谱和发射光谱。

(1)激发光谱

荧光和磷光均为光致发光现象,所以必须选择合适的激发光波长。激发光谱的测绘方法为:固定荧光的最大发射波长,然后改变激发光的波长。根据所测得的荧光(或磷光)强度与激发光波长的关系作图,得到激发光谱曲线,如图 4-16 中曲线 A 所示。激发光谱曲线上的最大荧光(或磷光)强度所对应的波长,称为最大激发波长,用 λ_{ex} 表示。它表示在此波长处,分子吸收的能量最大,处于激发态分子的数目最多,因而能产生最强的荧光。

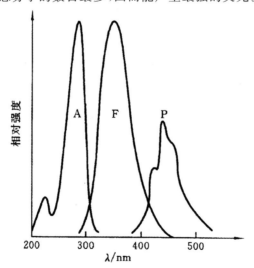

图 4-16 激发光谱和发射光谱

A—萘的激发光谱曲线;F—荧光光谱曲线;P—磷光光谱曲线

（2）发射光谱

发射光谱又称荧光（或磷光）光谱。选择最大激发波长作为激发光波长，然后测定不同发射波长时所发射的荧光（或磷光）强度，得到荧光（或磷光）光谱曲线，如图 4-16 中曲线 F（或 P）所示。其最大荧光（或磷光）强度处所对应的波长称为最大发射波长，用 λ_{em} 表示。

溶液荧光光谱通常有以下几个特征。

①斯托克斯位移。在溶液荧光光谱中，所观察到的荧光的波长总是大于激发光的波长，这主要是由于发射荧光之前的振动弛豫和内转换过程损失了一定的能量（这也是产生斯托克斯位移的主要原因。）。

②荧光发射光谱的形状与激发波长无关。由于荧光发射发生于第一电子激发态的最低振动能级，而与荧光体被激发至哪一个电子态无关，所以荧光光谱的形状通常与激发波长无关。

③与激发光谱大致成镜像对称关系。一般情况下，基态和第一电子激发单重态中振动能级的分布情况是相似的，所以荧光光谱同激发光谱的第一谱带大致成镜像对称关系。

3. 荧光强度及影响因素

物质分子吸收辐射后，能否发生荧光取决于分子的结构。荧光强度的大小不但与物质的分子结构有关，也与环境因素有关。

（1）荧光量子产率

荧光量子产率又称为荧光效率，通常表述为：

$$\Phi = \frac{发射荧光的分子数}{激发态的分子数} = \frac{发射的光子数}{吸收的光子数}$$

它表示物质发射荧光的能力，Φ 越大，发射的荧光越强。由前面已经提到的荧光产生的过程中可以明显地看出，物质分子的荧光产率必然由激发态分子的活化过程的各个相对速率决定。若用数学式来表达这些关系，可得：

$$\Phi = \frac{k_f}{k_f + \sum k_i} \tag{4-9}$$

式中，k_f 为荧光发射的速率常数；$\sum k_i$ 为其他无辐射跃迁速率常数的总和。显然，凡是能使 k_f 升高而其他 k_i 值降低的因素都可使荧光增强；反之，荧光就减弱。k_f 的大小主要取决于化学结构；其他 k_i 值则受环境的强烈影响，也受化学结构的轻微影响。

磷光的量子产率与此类似。

（2）荧光与分子结构的关系

①跃迁类型。实验证明，$\pi \rightarrow \pi^*$ 跃迁是产生荧光的主要跃迁类型，所以绝大多数能产生荧光的物质含有芳香环或杂环。

②共轭效应。增加系统的共轭度，荧光效率一般也将增大，并使荧光波长向长波方向移动。共轭效应使荧光增强，主要是由于增大荧光物质的摩尔吸光系数，π 电子更容易被激发，产生更多的激发态分子，使荧光增强。

③刚性平面结构。荧光效率高的物质，其分子多是平面构型，且具有一定的刚性。例如，荧光素和酚酞结构十分相似，荧光素呈平面构型，是强荧光物质，而酚酞没有氧桥，其分子不易保持平面构型，不是荧光物质。又如，芴和联苯，芴在强碱溶液中的荧光效率接近 1，而联苯仅为

0.20,这主要是由于芴中引入亚甲基,使芴刚性增强的缘故。再有萘和维生素 A 都有 5 个共轭双键,萘是平面刚性结构,维生素 A 为非刚性结构,因而萘的荧光强度是维生素 A 的 5 倍。

一般来说,分子结构刚性增强,共平面性增加,荧光增强。这主要是由于增加了耳电子的共轭度,同时减少了分子的内转换和系间跨越过程以及分子内部的振动等非辐射跃迁的能量损失,增强了荧光效率。

④取代基效应。芳烃和杂环化合物的荧光光谱和荧光强度常随取代基而改变。一般来说,给电子取代基(如—OH、—NH$_2$、—OR、—NR$_2$ 等)能增强荧光,这是由于产生了 p-π 共轭作用,增强了 π 电子的共轭程度,导致荧光增强,荧光波长红移。而吸电子取代基(如—NO$_2$、—COOH、卤素离子等)使荧光减弱。这类取代基也都含有 π 电子,然而其 π 电子的电子云不与芳环上 π 电子共平面,不能扩大 π 电子共轭程度,反而使 S$_1$→T$_1$ 系间跨越增强,导致荧光减弱,磷光增强。

卤素取代基随卤素相对原子质量的增加,其荧光效率下降,磷光增强。这是由于在卤素重原子中能级交叉现象比较严重,使分子中电子自旋轨道耦合作用加强,使 S$_1$→T$_1$ 系间跨越明显增强的缘故,称为重原子效应。

(3)环境因素对荧光光谱和荧光强度的影响

①溶剂的影响。许多共轭芳香族化合物的荧光强度随溶剂极性的增加而增强,且发射峰向长波方向移动。8-羟基喹啉在四氯化碳、氯仿、丙酮和乙腈四种不同极性溶剂中的荧光光谱如图 4-17 所示。这是由于 n→π* 跃迁的能量在极性溶剂中增大,而 π→π* 跃迁的能量降低,从而导致荧光增强,荧光峰红移。在含有重原子的溶剂中,与将这些成分引入荧光物质中所产生的效应相似,导致荧光减弱,磷光增强。

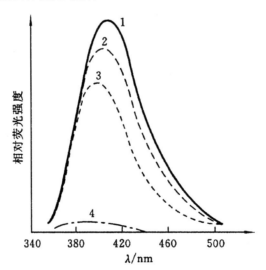

图 4-17　8-羟基喹啉在不同溶剂中的荧光光谱(浓度 $1×10^{-3}$ mol·L^{-1},24℃)
1—乙腈;2—丙酮;3—氯仿;4—四氯化碳

②温度的影响。温度对于溶液的荧光强度有着显著的影响。通常,随着温度的降低,荧光物质溶液的荧光量子产率和荧光强度将增大。

③pH 值的影响。假如荧光物质是一种弱酸或弱碱,溶液的 pH 值改变将对荧光强度产生

很大的影响。大多数含有酸性或碱性基团的芳香族化合物的荧光光谱,对于溶剂的 pH 值和氢键能力是非常敏感的。其主要原因是系统的 pH 值变化影响了荧光基团的电荷状态。当 pH 值改变时,配位比也可能改变,从而影响金属离子一有机配位体荧光配合物的荧光发射。因此,在荧光分析中要注意控制溶液的 pH 值。

④溶解氧及其他荧光猝灭剂的影响。荧光猝灭又称荧光熄灭,是指任何可使荧光物质的荧光强度下降的作用或任何可使荧光量子产率降低的作用。溶解氧的存在往往使荧光溶液的发射强度降低或发生荧光熄灭现象。因为氧分子的顺磁性,促进激发分子发生能系间交叉跃迁而变成三重态,而使荧光降低或熄灭。其他顺磁性物质也较易使荧光熄灭。

⑤激发光的强度。荧光强度随激发光源的强度增加而增加。但激发光过强,会导致荧光物质温度升高而分解,引起荧光强度降低。

4.3.2　荧光和磷光分析仪器

荧光和磷光分析仪器与大多数光谱分析仪器一样,主要由光源、单色器(滤光片或光栅)、样品池、检测器和放大显示系统组成。不同的是荧光和磷光分析仪器需要两个独立的波长选择系统,一个用于激发,一个用于发射。

1. 荧光分光光度计

图 4-18 为荧光分光光度计示意图。由光源发出的光,经第一单色器(激发单色器)后,得到所需要的激发光波长。设其强度为 I_0,通过样品池后,由于一部分光被荧光物质所吸收,故其透射强度减为 I。荧光物质被激发后,将向四面八方发射荧光,但为了消除入射光及散射光的影响,荧光的测量应在与激发光呈直角的方向上进行。仪器中的第二单色器称为发射单色器,它的作用是消除溶液中可能共存的其他光线的干扰,以获得所需要的荧光。

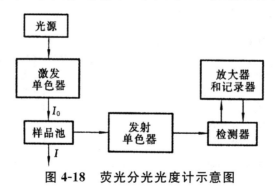

图 4-18　荧光分光光度计示意图

(1)光源

理想的光源应具有强度大、波长范围较宽、在整个波段内强度一致等特点。常用高压汞灯和氙弧灯。

高压汞灯发射不连续光谱,在荧光分析中常用 365 nm、405 nm、436 nm 三条谱线。

氙弧灯是连续光源,发射光束强度大,可用于 200～700 nm 波长范围。在 200～400 nm 波段内,光谱强度几乎相等。但氙弧灯功率大,一般为 500～1000 W,因而热效应大,稳定性较差。

高功率连续可调染料激光光源是一种新型荧光激发光源,激光的单色性好,强度大。脉冲激光的光照时间短,并可避免荧光物质的分解。近年来激光光源应用日益普遍。

(2)单色器

荧光计有两个单色器:激发单色器和发射单色器。荧光分光光度计中常用光栅作为色散元件,且均带有可调狭缝,以供选择合适的通带。

(3)样品池

荧光分析用样品池需用低荧光材料、不吸收紫外光的石英池,其形状为方形或长方形。样品池四面都经抛光处理,以减少散射光的干扰。

(4)检测器

荧光的强度比较弱,所以要求检测器有较高的灵敏度。光电荧光计用光电池或光电管,但一般较精密的荧光分光光度计均采用光电倍增管作为检测器。

2.磷光光度计

在荧光光度计上配上磷光附件,即可用于磷光测定。磷光附件主要如下。

(1)液槽

为了实现在低温下测量磷光,需将样品溶液放置在盛液氮的石英杜瓦瓶内。

(2)磷光镜

有些物质能同时产生荧光和磷光,为了能在荧光发射的情况下测定磷光,通常必须在激发单色器与液槽之间以及在液槽和发射单色器之间各装一个磷光镜(斩波片),并由一个同步电动机带动,如图 4-19 所示。现以转盘式磷光镜为例说明其工作原理。当两个磷光镜调节为同相时,荧光和磷光一起进入发射单色器,测到的是荧光和磷光的总强度;当两个磷光镜调节为异相时,激发光被挡住,此时,由于荧光寿命短,立即消失,而磷光的寿命长,所以测到的仅是磷光信号。利用磷光镜,不仅可以分别测出荧光和磷光,而且可以通过调节两个磷光镜的转速,测出不同寿命的荧光。这种具有时间分辨功能的装置,是磷光光度计的一个特点。

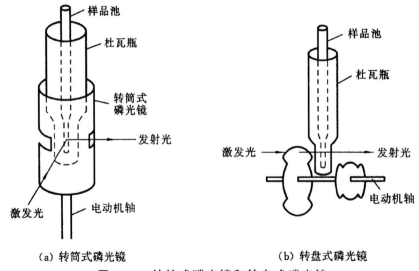

(a)转筒式磷光镜　　　　　　(b)转盘式磷光镜

图 4-19　转筒式磷光镜和转盘式磷光镜

由于磷光是由激发三重态经禁阻跃迁返回基态,很容易受其他辐射或无辐射跃迁的干扰而使磷光减弱,甚至完全消失。为了获得较强的磷光,宜采取下列一些措施。

①低温磷光。在低温如液氮(77 K)甚至液氦(4 K)的冷冻下,使样品冷冻为刚性玻璃体。这时振动耦合和碰撞等无辐射去活化作用降到最低限度,磷光增强。

②固体磷光。在室温条件下,测量吸附在固体基质(如滤纸、硅胶等)上的待测物质所发射的磷光,称为固体磷光法。这样可以减少激发三重态的碰撞熄灭等无辐射跃迁的去活化作用,获得较强的磷光。

③分子缔合物的形成。在试液中,表面活性剂与待测物质形成胶束缔合物后,可增加其刚性,减少激发三重态的内转化及碰撞熄灭等无辐射跃迁的去活化作用,增加激发三重态的稳定性,获得较强的磷光。

④重原子效应。如前所述,在含有重原子的溶剂中,将使待测物质的荧光减弱,磷光得到加强。

4.3.3　荧光和磷光分析法的应用

1. 荧光分析的应用

(1)无机离子和无机化合物的荧光分析

无机离子和无机化合物的荧光分析主要是利用待测离子与有机试剂反应生产具有荧光的配合物来进行测定。如利用 8-羟基喹啉测定 Al^{3+} 和 Ga^{3+},利用 7-碘-8-羟基喹啉测定 Zn^{2+}、Cd^{2+} 等。现在利用各种有机试剂和荧光分析技术可以测定 Ca^{2+}、Mg^{2+}、Zn^{2+}、Pb^{2+}、Cd^{2+}、Co^+、Ni^{2+}、F^-、Cl^-、Br^-、I^- 等大约 70 多种元素的离子,还可测定如氮化物、氰化物、硫化物、过氧化物等,应用日益广泛。

(2)有机化合物的荧光分析

目前,利用荧光法可测定的有机化合物有 100 多种,可以测定某些醇、醛、酮、酯、肼、酚、醌、脂肪酸、糖类、酰氯、叶绿素、维生素、蛋白质、氨基酸、尿素、肽、有机胺类、甾类、酶和辅酶、多环芳烃等。一些抗生素如青霉素、四环素、金霉素、土霉素等也可用荧光法测定;此外,粮食、油料等食品中含有一些生物毒素如黄曲霉毒素、棒曲霉毒素等亦可用荧光法测定。

总之,有机物的荧光分析是分析测试领域研究最活跃和应用最广泛的方法之一,它涉及生命科学和环境科学的许多领域。在食品科学、发酵工艺、医药卫生、环境科学、农产品质量检测中的一些重要化合物都可用荧光法测定。

2. 分子磷光分析法的应用

分子磷光分析法主要用于稠环芳烃、染料、医药、农药、植物生长激素、生物碱等化合物的分析,在环境、精细化工、制药工业、生物试剂等领域都有广泛的应用。

(1)稠环芳烃和杂环化合物的分析

许多稠环芳烃和杂环化合物具有较大的致癌性,目前,固体表面室温磷光分析法已成为这些化合物灵敏、快速的重要检测方法。

（2）农药、生物碱和植物生长素的分析

低温磷光分析法已经用于分析 DDT 等 52 种农药、烟碱、降烟碱和新烟碱等 3 种生物碱以及 2,4-D 和萘乙酸植物生长素。检出限约为 0.01 μg/mL。

目前，还可用固体表面室温磷光分析法对杀鼠剂、蝇毒磷、草萘胺、萘乙酸等 10 余种农药和植物生长素进行适时监控和测定。

（3）药物和临床分析

分子磷光分析法已广泛应用于药物与临床分析，如血液和尿液中的普鲁卡因、苯巴比妥、可卡因、阿司匹林、阿托品、对硝基苯酚磺胺嘧啶、犬尿烯酸等药物和组分的检测；致幻剂、抗凝剂（双香豆醇、苯茚二酮等）、维生素等药物的分析；鸟嘌呤、腺嘌呤、吲哚、酪氨酸、色氨酸甲酯等生物活性物质以及蛋白质结构的分析。

4.3.4　化学发光分析

1. 化学发光分析原理

化学发光是化学反应释放的化学能激发体系中的分子而发光。一个化学发光反应包括化学激发和发光两个关键步骤，它必须具备下述条件：

（1）提供足够的能量激发某种分子

这种能量主要来自反应焓。对可见光范围的化学发光，其能量一般在 $150 \sim 400$ kJ·mol^{-1}之间。许多氧化还原反应所提供的能量能满足此条件，因此大多数化学发光反应为氧化还原反应。

（2）有利的化学反应历程

有利的化学反应历程使反应释放的能量激发生成大量的激发态分子。

（3）发光效率高

化学发光效率取决于生成激发态分子的化学激发效率和激发态分子的发射效率。

当被测物的浓度很低时，化学发光反应的发光强度 I_{Cl} 与被测物的浓度 C 呈线性关系

$$I_{Cl} = KC \tag{4-10}$$

式中，K 为常数，与化学发光效率、化学反应速率等因素有关。发光强度既可以用峰高表示，也可以用总发光强度，即发光强度的积分值表示。

2. 化学发光分析仪

化学发光分析仪比较简单，主要包括样品池、检测器、放大及记录系统，如图 4-20 所示。

图 4-20　化学发光分析仪示意图

化学发光分析仪通过增加连续流动的进样系统可以设计成连续流动分析仪器,这样在相同的体系中可以连续检测多个样品。此流动系统也可用作高效液相色谱的柱后检测系统。

3. 化学发光分析的应用

化学发光分析具有高选择性、高灵敏度和方法简便等优点。对气体和金属离子的检出限可达 $ng \cdot cm^{-3}$。气相化学发光分析可用于 O_3、CO、SO_2、H_2S 和氮氧化物等有毒物质的测定。液相化学发光分析利用鲁米诺、光泽精等发光体系可测定废水和天然水中的金属离子。

4.3.5　新型分子光谱分析技术

1. 荧光量子点探针

量子点(QDs)又被称为半导体纳米晶体,是一种新型的无机荧光纳米材料,其尺寸三维受限,近似于球状。量子点的荧光发射光谱窄且对称,吸收光谱宽,波长小于量子限域峰的光均可以激发量子点,适用于对荧光信号的监测。此外,量子点的荧光强度高、光稳定性好、耐光漂白、双光子吸收截面大和荧光寿命长等,常被用于长时间荧光示踪和生物样品检测。

(1)荧光量子点的制备

①水相合成。水相合成以巯基化合物为配体,通过加热、水热、微波辅助加热等手段直接在水相中合成量子点。水相合成方法操作简单、反应条件温和、无毒、对环境友好、合成效率高、易重复,但是得到的量子点种类比较单一,并且产物的单分散性方面有所不足,其进一步功能化的方法较少,因此目前还无法在生物体系中得到较好的应用。

②有机相高温裂解。有机相高温裂解法是利用前体在高沸点的有机溶剂中热解制备量子点的方法,用该方法制备的量子点,具有量子产率高、尺寸和形态易于控制、性能稳定等优点,近年来发展迅速。十八烯、液体石蜡、油酸等绿色环保的廉价试剂逐渐被用来代替三辛基氧化膦(TOPO)、三辛基膦(TOP)等有机磷试剂,用来合成高质量单分散的 CdSe 量子点。在制备 CdSe 量子点的基础上,以乙酸镉、乙酸锌等简单盐代替金属有机化合物,于是制备出 CdSe/CdS、CdSe/ZnS 等具有优异性能的核-壳结构量子点。该法原料廉价易得、操作简单安全,使实验室大规模制备成为可能。

③生物及仿生合成。目前,仿生合成的研究主要集中在磁小体、贵金属纳米材料和半导体纳米材料的合成等 3 个方面。其中,半导体纳米材料的生物合成主要包括两部分:一部分是酵母、大肠杆菌合成硫化物的半导体纳米材料;另一部分是通过人工调控活酵母细胞内的不同代谢途径来得到自然界中不能通过细胞生成的 CdSe 新型纳米材料,此法不仅仅是以生物为模板,而是利用"时-空耦合"调控策略,开发生物体在通常情况下不具有的潜能。

与化学合成的方法相比,利用生物体来合成纳米材料的最大的优势是合成条件温和,所用的原料一般无毒或者低毒,并且生物体内的一些微结构可以对产物的形貌起到模板的作用,更容易预知产物的形貌。但无法或难以控制产物的性能,因而得到的纳米材料的种类比较单一,并且无法对产物进行进一步的功能化修饰,这也阻碍了这种方法的进一步应用。

(2)量子点的修饰

量子点的修饰主要是通过表面改性使量子点表面具有氨基、羧基或者其他亲水性基团,一方面使量子点可以较好地分散于水相,保护量子点不受外界影响;另一方面也为量子点与生物靶向分子偶联提供活性功能基团。

目前,主要通过配体交换和疏水包覆来实现量子点的水溶性化。

①配体交换。一般通过巯基羧酸、半胱氨酸和谷胱甘肽等亲水性的巯基脂肪酸类分子取代油溶性量子点原有配体如 TOPO、十八胺(ODA)等,使量子点水溶性化。尽管配体交换法修饰量子点具有操作简单、粒径小等优势,但是由于其改变了量子点原有表面的结构,往往会使量子点的荧光性质特别是量子产率有所降低。

②疏水包覆。疏水包覆是通过 PEG 磷脂、SDS、CTAB 和两亲性聚合物等两亲性分子在量子点表面自组装将疏水的量子点转移到水相。相对于配体交换法,疏水包覆法保留了量子点原有表面配体,对量子点的保护更为严密,量子产率一般较高,稳定性更好,现在已广泛应用于生物探针的构建。

(3)量子点标记

量子点必须与靶向分子偶联才能具有特异性识别能力。常见的偶联方法主要有:

①配位取代。利用生物分子上的巯基和量子点表面上的金属离子配位实现偶联。

②静电吸附。基于相反的电荷互相吸引的原理,让生物分子通过静电吸附到量子点的表面。

③共价偶联。针对蛋白质表面功能基团,直接偶联到量子点的表面。

④亲和组装。利用生物体系中已经存在的分子间特异性的识别,实现量子点探针的构建。尽管这些方法为量子点在生物体系中的应用打开了大门,但是在实际应用中仍需解决非特异性吸附和偶联效率低等问题。

(4)荧光量子点标记探针的应用

①环境污染物检测。荧光量子点标记探针也被用于环境污染物的检测。例如,利用荧光共振能量转移作用构建了特异性识别水溶液中 2,4,6-三硝基甲苯(TNT)的荧光探针,染料标记的 TNT 类似物可以作为受体猝灭 CdSe/ZnS 量子点的荧光。当有 TNT 存在时,TNT 将取代 TNB-BHQ10,消除 FRET 效应,恢复 CdSe/ZnS 量子点的荧光,基于此实现了对溶液中 TNT 的检测。

荧光量子点标记的检测探针在环境污染物的检测方面具有较强的特异性和灵敏度,但是能检测的污染物种类相对较少。

②组织成像诊断。量子点的荧光强度高、光化学稳定性好、一元激发多元发射等特点,使其在组织成像和临床诊断中具有独特优势。经研究,通过将不同颜色量子点标记的链霉亲和素和多种生物素化抗体依次孵育的方法在石蜡包埋的扁桃腺和人淋巴腺组织切片中同时检测了 CD20、IgD 和 CD68 等标志物。另外,应用量子点免疫组织化学技术在乳腺癌研究方面开展了系统的工作,结果发现该技术更灵敏、更准确、更经济,和 FISH 金标准的吻合度更高,有助于辅助临床诊断和治疗。

利用新型量子点技术建立高特异性、高敏感性的活检组织、血清和其他体液标本检测平台,实现对疾病的早期诊断和预后监测,提高诊断水平,将成为下一阶段的重要研究方向和目标。

③活细胞中的分子成像。量子点在活细胞分子成像领域的研究主要集中在以下两个

方面：

·单分子示踪研究。量子点标记探针可以识别细胞表面特定受体并示踪其进胞过程。利用量子点标记还可示踪真核细胞转染表达的朊病毒。通常，量子点偶联目标靶向分子后，粒径增大，使其只能作用于一些通透细胞或者与包吞蛋白质相互作用而进入胞内。因此，开发体积更小、分散性更好、标记更有效的量子点标记荧光探针是其在活细胞成像方面的主要发展方向。

·细胞表面蛋白质的识别和定位、细胞基本形态的勾勒及细胞内细胞器结构和特定蛋白质的分析。例如，将免疫标记技术和量子点一元激发多元发射特性相结合，实现了对三种内源蛋白的同时标记和检测。

2. 核酸探针

经过多年的发展，核酸探针家族已经包括了分子信标、核酸适体和核酶探针等多种类型。

(1)分子信标

分子信标(MB)一般包括一个15～30个碱基的目标识别区域和连在侧边的两段自身互补的茎部，使得整个 DNA 链形成茎-环结构，这样分子信标两端标记的荧光基团和熄灭基团就能充分接近，导致荧光熄灭。当目标 DNA/RNA 存在时，目标物与分子信标的环状序列发生杂交，这种长序列的分子间杂交作用力大，可以战胜短序列分子内杂交作用力，使其荧光基团和熄灭基团在空间上分离，荧光恢复。针对一些酶的特异性作用的序列来设计分子信标，还可用于酶作用过程的监测。例如，在分子信标的茎部嵌入甲基化酶的作用位点，实现了 DNA 甲基化过程的实时监测。

由于分子信标高效信号转换的特性，它可以实现对目标物高灵敏、高特异性的实时检测，在生物技术、化学和医学等领域中得到了广泛应用。

(2)核酸适体

核酸适体可以与目标物高灵敏、高选择性结合的寡核苷酸片段。核酸适体可以特异性地与多种目标物结合，小到有机小分子、金属离子，大到蛋白质、肽、药物，甚至病毒、细胞和组织。核酸适体可以方便地与各种染料、纳米颗粒相连接，组成各种各样的传感体系，在临床诊断和环境监测等领域有着广阔的应用前景。

(3)核酶探针

核酶是一类具有切割特定 RNA 序列能力的小 RNA 分子，一些特殊序列的 DNA 也具有内切酶、激酶、连接酶的功能，称为脱氧核酶。由于脱氧核酶性质稳定，易于合成、保存和修饰，在传感器设计中得到重视。经研究，基于金属离子敏感的脱氧核酶探针，发展了铅等多种金属离子的光学检测方法。

4.4　原子光谱法

4.4.1　原子吸收光谱法

基于测量待测元素的基态原子对其特征谱线的吸收程度而建立起来的分析方法，称为原子吸收光谱法,简称原子吸收法(AAS),或原子吸收分光光度法。原子吸收光谱法是20世纪50年代后发展起来的一种新型仪器分析方法。它在地质、冶金、材料科学、生物医药、食品、环境科学、农林研究、生物资源开发和生命科学等各个领域,已经得到广泛的应用。

1. 原子吸收光谱法基本原理

(1)共振线和吸收线

任何元素的原子都是由原子核和围绕原子核运动的电子组成的。这些电子按其能量的高低分层分布,而具有不同能级,因此一个原子可具有多种能级状态。在正常状态下,原子处于最低能态(这个能态最稳定)称为基态。处于基态的原子称基态原子。基态原子受到外界能量(如热能、光能等)激发时,其外层电子吸收了一定能量而跃迁到不同高能态,因此原子可能有不同的激发态。当电子吸收一定能量从基态跃迁到能量最低的激发态时所产生的吸收谱线,称为共振吸收线,简称共振线。当电子从第一激发态跃回基态时,则发射出同样频率的光辐射,其对应的谱线称为共振发射线,也简称共振线。

由于不同元素的原子结构不同,因此其共振线也各有特征。由于原子的能态从基态到最低激发态的跃迁最容易发生,因此对大多数元素来说,共振线也是元素的最灵敏线。原子吸收光谱分析法就是利用处于基态的待测原子蒸气对从光源发射的共振发射线的吸收来进行分析的,因此元素的共振线又称分析线。

(2)谱线轮廓与谱线变宽

①谱线轮廓。从理论上讲,原子吸收光谱应该是线状光谱。但实际上任何原子发射或吸收的谱线都不是绝对单色的几何线,而是具有一定宽度的谱线。若在各种频率 ν 下,测定吸收系数 K_ν,以 K_ν 为纵坐标,I_0 为横坐标,可得如图4-21所示曲线,称为吸收曲线。

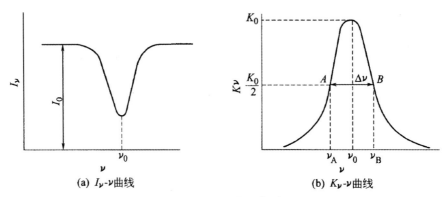

(a) I_ν-ν曲线 　　(b) K_ν-ν曲线

图4-21　吸收线轮廓

曲线极大值对应的频率 ν_0 称为中心频率。中心频率所对应的吸收系数称为峰值吸收系数,用 K_ν 表示。在峰值吸收系数一半($K_0/2$)处,吸收曲线呈现的宽度称为吸收曲线半宽度,以频率差 $\Delta\nu$ 表示。吸收曲线的半宽度 $\Delta\nu$ 的数量级为 $10^{-3}\sim10^{-2}$ nm(折合成波长)。吸收曲线的形状就是谱线轮廓。

②谱线变宽。原子吸收谱线变宽的原因较为复杂,一般由两方面的因素决定:一方面是由原子本身的性质决定了谱线的自然宽度;另一方面是由于外界因素的影响引起的谱线变宽。

谱线变宽效应可用 $\Delta \nu$ 和 K_0 的变化来描述。

自然变宽 $\Delta \nu_N$。在没有外界因素影响的情况下,谱线本身固有的宽度称为自然宽度(10^{-5} nm)。不同谱线的自然宽度不同,它与原子发生能级跃迁时激发态原子平均寿命($10^{-8} \sim 10^{-5}$ s)有关,寿命长则谱线宽度窄。谱线自然宽度造成的影响与其他变宽因素相比要小得多,其大小一般在 10^{-5} nm 数量级。

多普勒变宽 $\Delta \nu_D$。多普勒变宽是由于原子在空间做无规则热运动而引起的,所以又称热变宽。多普勒变宽与元素的相对原子质量、温度和谱线的频率有关。被测元素的相对原子质量越小,温度越高,则 $\Delta \nu_D$ 就越大。在一定温度范围内,温度微小变化对谱线宽度影响较小。

压力变宽是由产生吸收的原子与蒸气中原子或分子相互碰撞而引起的谱线变宽,所以又称为碰撞变宽。根据碰撞种类,压力变宽又可以分为两类:一是劳伦兹变宽,它是产生吸收的原子与其他粒子(如外来气体的原子、离子或分子)碰撞而引起的谱线变宽。劳伦兹变宽($\Delta \nu_L$)随外界气体压力的升高而加剧,随温度的升高谱线变宽呈下降的趋势。劳伦兹变宽使中心频率位移,谱线轮廓不对称,影响分析的灵敏度;二是赫鲁兹马克变宽,又称共振变宽,它是由同种原子之间发生碰撞而引起的谱线变宽,共振变宽只在被测元素浓度较高时才有影响。

除上面所述的变宽原因之外,还有其他一些影响因素。但在通常的原子吸收实验条件下,吸收线轮廓主要受多普勒和劳伦兹变宽影响。当采用火焰原子化器时,劳伦兹变宽为主要因素。当采用无火焰原子化器时,多普勒变宽占主要地位。

(3)原子蒸气中基态与激发态原子数的比值

原子吸收光谱是以测定基态原子对同种原子特征辐射的吸收为依据的。当进行原子吸收光谱分析时,首先要使样品中待测元素由化合物状态转变为基态原子,这个过程称为原子化过程,通常是通过燃烧加热来实现。待测元素由化合物离解为原子时,多数原子处于基态状态,其中还有一部分原子会吸收较高的能量被激发而处于激发态。理论和实践都已证明,由于原子化过程常用的火焰温度多数低于 3000 K,因此对大多数元素来说,火焰中激发态原子数远远小于基态原子数(小于 1%),因此可以用基态原子数 N_0 代替吸收辐射的原子总数。

(4)原子吸收值与待测元素浓度的定量关系

①积分吸收。原子蒸气层中的基态原子吸收共振线的全部能量称为积分吸收,它相当于如图 4-21 所示吸收线轮廓下面所包围的整个面积,以数学式表示为 $\int K_\nu \, \mathrm{d}\nu$。理论证明谱线的积分吸收与基态原子数的关系为:

$$\int K_\nu \, \mathrm{d}\nu = \frac{\pi e^2}{mc} f N_0 \tag{4-11}$$

式中,e 为电子电荷;m 为电子质量;c 为光速;f 为振子强度,表示能被光源激发的每个原子的平均电子数,在一定条件下对一定元素,f 为定值;N_0 为单位体积原子蒸气中的基态原子数。

在火焰原子化法中,当火焰温度一定时,N_0 与喷雾速度、雾化效率以及试液浓度等因素有关,而当喷雾速度等实验条件恒定时,单位体积原子蒸气中的基态原子数 N_0 与试液浓度成正比,即 $N_0 \propto c$。对给定元素,在一定实验条件下,$\frac{\pi e^2}{mc} f$ 为常数。因此

$$\int K_\nu \mathrm{d}\nu = kc \tag{4-12}$$

式(4-12)表明,在一定实验条件下,基态原子蒸气的积分吸收与试液中待测元素的浓度成正比。因此,如果能准确测量出积分吸收就可以求出试液浓度。然而要测出宽度只有 $10^{-3} \sim 10^{-2}$ nm 吸收线的积分吸收,就需要采用高分辨率的单色器,这在目前的技术条件下还难以做到。所以原子吸收法无法通过测量积分吸收求出被测元素的浓度。

②峰值吸收。1955 年 A Walsh 以锐线光源为激发光源,用测量峰值吸收系数 K_0 的方法来替代积分吸收。所谓锐线光源是指能发射出谱线半宽度很窄($\Delta \nu$ 为 $0.0005 \sim 0.002$ nm)的共振线的光源。峰值吸收是指基态原子蒸气对入射光中心频率线的吸收。峰值吸收的大小以峰值吸收系数 K_0 表示。

假如仅考虑原子热运动,并且吸收线的轮廓取决于多普勒变宽,则

$$K_0 = \frac{N_0}{\Delta \nu_D} \cdot \frac{2\sqrt{\pi \ln 2}\, e^2 f}{mc} \tag{4-13}$$

当温度等实验条件恒定时,对给定元素,$\dfrac{2\sqrt{\pi \ln 2}\, e^2}{\Delta \nu_D mc}$ 为常数,因此

$$K_0 = k'c \tag{4-14}$$

式(4-14)表明,在一定实验条件下,基态原子蒸气的峰值吸收与试液中待测元素的浓度成正比。因此可以通过峰值吸收的测量进行定量分析。

为了测定峰值吸收 K_0,必须使用锐线光源代替连续光源,也就是说必须有一个与吸收线中心频率 ν_0 相同、半宽度比吸收线更窄的发射线作光源,如图 4-22 所示。

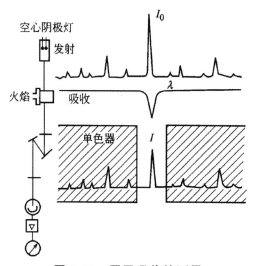

图 4-22   原子吸收的测量

③原子吸收与原子浓度的关系。虽然峰值吸收 K_0 与试液浓度在一定条件下成正比关系,但在实际测量过程中并不是直接测量 K_0 值大小,而是通过测量基态原子蒸气的吸光度并根据吸收定律进行定量的。

设待测元素的锐线光通量为 Φ_0,当其垂直通过光程为 b 的基态原子蒸气时,由于被试样中待测元素的基态原子蒸气吸收,光通量减小为 Φ_{tr}(图 4-23)。

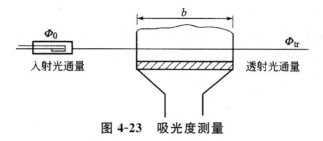

图 4-23　吸光度测量

根据光吸收定律, $\dfrac{\Phi_{tr}}{\Phi_0} = e^{-K_0 b}$ 因此

$$A = \lg \frac{\Phi_{tr}}{\Phi_0} = K_0 b \lg e$$

即根据式(4-14)得

$$A = \lg e K_0 b \tag{4-15}$$

当实验条件一定时: $\lg e k'$ 为一常数, 令 $\lg e k' = K$ 则

$$A = K c b \tag{4-16}$$

式(4-16)表明, 当锐线光源强度及其他实验条件一定时, 基态原子蒸气的吸光度与试液中待测元素的浓度及光程长度(火焰法中燃烧器的缝长)的乘积成正比。火焰法中 b 通常不变, 因此式(4-16)可写为:

$$A = K' c \tag{4-17}$$

式中, K' 为与实验条件有关的常数。式(4-16)、式(4-17)即为原子吸收光谱法定量依据。

2. 原子吸收分光光度计

原子吸收光谱仪器的结构与其他分光光度计十分相似, 主要由光源、原子化器、分光器、检测器及显示器五大部分组成。

(1)光源

原子吸收光谱仪中光源的作用是提供待测元素的特征谱线(共振线), 要求光源能够发射共振锐线、辐射强度足够大、背景低、稳定性好、噪声小、操作方便以及使用寿命长。最常用的锐线光源是空心阴极灯, 它是一种特殊的气体放电管, 主要由一个钨棒阳极和一个由被测元素纯金属制成的空心阴极构成, 其结构如图 4-24 所示。

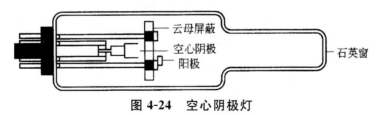

图 4-24　空心阴极灯

在一定的工作条件下, 阴极纯金属表面原子产生溅射和激发并发射出待测元素的特征锐线光谱。空心阴极灯又称为元素灯, 若阴极材料只含有一种元素, 则为单元素灯, 只能用于一种元素的测定; 若阴极材料含有多种元素, 则可制得多元素灯用于多种元素测定, 但后者性能不如前者。除元素灯外, 还有高频无极放电灯、低压汞蒸气放电灯、激光灯等光源。

（2）原子化器

原子化器的功能是提供能量,使试样中的待测元素转变成为能吸收特征辐射的基态原子,其性能直接影响分析的灵敏度和重现性。对原子化器的基本要求是:原子化效率高,良好的稳定性和重现性,灵敏度高,记忆效应小,噪声低及操作简单等。原子化器分为火焰原子化器和石墨炉原子化器两大类。

火焰原子化器结构简单,操作方便快速,重现性好,有较高的灵敏度和检出限等,目前仪器多采用预混合型火焰原子化器,一般包括雾化器、雾化室、燃烧器和气体控制系统,如图 4-25 所示。

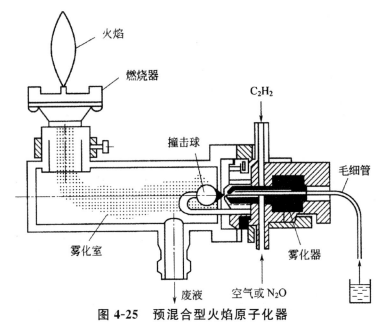

图 4-25　预混合型火焰原子化器

石墨炉原子化器一般由加热电源、炉体及石墨管组成。炉体又包括石墨管座、电源插座、水冷却外套、石英窗和内外保护气路等,如图 4-26 所示。石墨炉原子化器的原子化效率高,试样用量少,绝对灵敏度高,检出限低,应用日趋广泛。

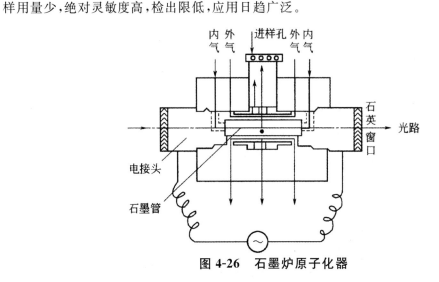

图 4-26　石墨炉原子化器

（3）分光系统

原子分光光度计中的分光系统位于原子化器之后，它的作用是将待测元素的共振线与其他谱线（非共振线、惰性气体谱线、杂质光谱和火焰中的杂散光等）分开。分光器由色散元件（棱镜或光栅）、凹面反射镜、入出射狭缝组成，转动棱镜或光栅，则不同波长的单色谱线按一定顺序通过出射狭缝投射到检测器上，如图 4-27 所示。

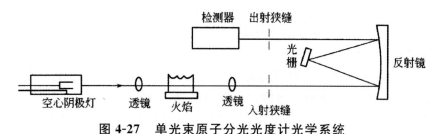

图 4-27　单光束原子分光光度计光学系统

由于元素灯发射的是半宽度很窄的锐线，比一般光源发射的光谱简单，因此原子吸收分析中不要求分光器有很高的色散（分辨）能力。

（4）检测系统和读数系统

检测系统包括光电元件、放大器及信号处理器件等，可将由单色器投射出的特征谱线进行光电转换测量。在火焰原子吸收光谱分析法中，光电元件一般采用光电倍增管。

经检测器放大后的电信号通过对数转换器转换成吸光度 A，即可用读数系统显示出来。显示方式历经了电表指示、数字显示、记录仪记录、屏幕显示（曲线、图谱等可自动绘制）或打印输出结果。显示的参数也在增多，如 T、A、c、k 等。现代高级仪器均配有微处理机或计算机来实现软件控制而完成测定。

3. 原子吸收光谱法的应用

原子吸收光谱法的测定灵敏度高，检出限低，干扰少，操作简单快速，可测定的元素达 70 多种，其中已有不少原子吸收光谱法被列入行业和国家的标准分析方法。多年来，在石油化工、生物医药、环境保护等各个领域内获得了广泛的应用。

（1）元素的原子吸收光谱法测定

碱金属是原子吸收光谱法中具有很高测定灵敏度的一类元素。碱金属元素的电离电势和激发电势低，易于电离，测定时需要加入消电离剂，宜用低温火焰测定。

所有碱土金属在火焰中易生成氧化物和小量的 MOH 型化合物。原子化效率强烈地依赖于火焰组成和火焰高度。因此，必须仔细地控制燃气与助燃气的比例，恰当地调节燃烧器的高度。为了完全分解和防止氧化物的形成，应使用富燃火焰。在空气-乙炔火焰中，碱土金属有一定程度的电离，加入碱金属可抑制电离干扰。镁是原子吸收光谱法测定的最灵敏的元素之一，测定镁、钙、锶和钡的灵敏度依次下降。

有色金属元素包括 Fe、Co、Ni、Cr、Mo、Mn 等。这组元素的一个明显的特点是它们的光谱都很复杂。因此，应用高强度空心阴极灯光源和窄的光谱通带进行测定是有利的。Fe、Co、Ni、Mn 用贫燃乙炔-空气火焰进行测定。Cr、Mo 用富燃乙炔-空气火焰进行测定。

Ag、Au、Pd 等的化合物易实现原子化，用原子吸收光谱法测定时显示出很高灵敏度，宜用贫燃乙炔-空气火焰,Ag、Pd 要选用较窄的光谱通带。

原子吸收光谱法除了可以测定金属元素的含量外,还可间接测定非金属的含量。如 SO_4^{2-} 的测定,先用已知过量的钡盐和 SO_4^{2-} 沉淀,再测定过量钡离子含量,从而间接得出 SO_4^{2-} 含量。

(2)在生物医药中的应用

在制药行业中,原子吸收光谱法的应用也十分广泛。原料药中原料的选取,对药品中有害重金属铅汞的测定,含金属的盐或络合物通过测定金属的含量,可间接得出物质的纯度。

(3)在石油化工中的应用

原子吸收光谱法在石油化工中,用于原油中催化剂毒物和蒸馏残留物的测定,如测定油槽中的镍、铜、铁,对于测定润滑油中的添加剂钡、钙、锌,汽油添加剂中的铅等已有较广泛的应用。

(4)在环境保护中的应用

环境保护中对大气、水、土壤中污染物的环境监测,原子吸收光谱法也发挥了很大的作用。

4.4.2　原子发射光谱法

1. 原子发射光谱法的基本原理

(1)原子的能级与能级图

各种元素的原子的核外电子,都按一定的规律分布在电子轨道上,即分布在具有一定能量的电子能级上(通常把核外电子在稳定运行状态时所处的不同电子轨道称为能级)。原子处于很稳定的状态时,电子在能量最低的轨道能级上运动,这种状态称为基态。当原子受到外来能量如光、热、电等的作用时,原子中的最外层电子就会吸收能量被激发,而从基态跃迁到能量较高的能级,即激发态。处于激发态的原子或离子很不稳定,在极短的时间内,电子就要从激发态跃迁到基态或能量较低的激发态,其多余的能量将以电磁辐射的形式释放出来,这一现象称为原子发射或发光。

1928 年,格洛特莱尔用图形表示一种元素的各种光谱项及光谱项的能量和可能产生的光谱线,称为能级图。在多数情况下,用简化的能级示意图来表示谱线的跃迁关系。图 4-28 是锂原子的能级图。水平线代表能级或光谱项,纵坐标表示能量,能量的单位是电子伏特(eV)或波数(cm^{-1}),它们之间的换算关系为:

$$1 \text{ eV} = 8065 \text{ cm}^{-1}$$

根据量子力学原理,原子内电子的跃迁并非在任意两个能级间均可进行,有些跃迁是允许的,有些跃迁是禁止的,只能发生在一些确定的能级间,它们必须遵循一定的选择定则或选律才能发生两光谱项之间的电子跃迁。其选择原则如下:

①$\Delta n = 0$ 或任意正整数。

②$\Delta L = \pm 1$,跃迁只能允许在 S 与 P、P 与 S 或 D 与 P 之间跃迁等。

③$\Delta S = 0$,不同多重性状态之间的跃迁是禁止的。

④$\Delta J = 0$ 或 ± 1 的跃迁,当 $J = 0$ 时,$\Delta J = 0$ 的跃迁是禁止的。

凡由激发态向基态直接跃迁的谱线称为共振线,由第一激发态与基态直接跃迁的谱线称为第一共振线。那些不符合光谱选律的谱线,称为禁戒跃迁线。

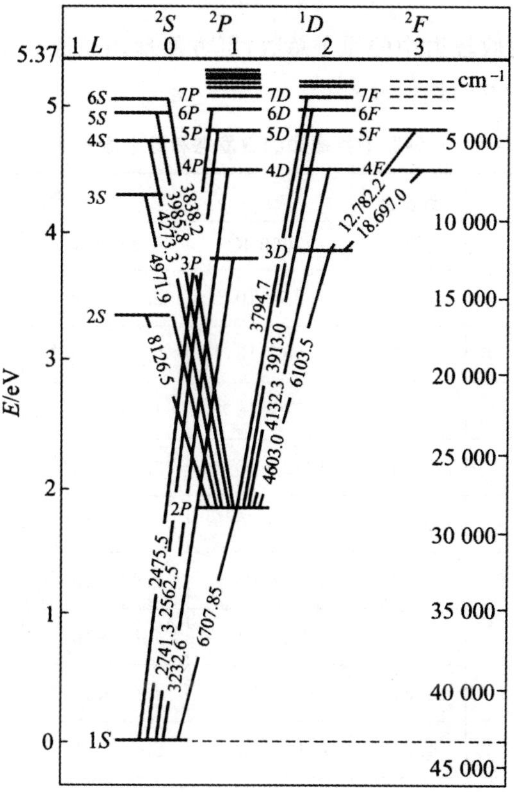

图 4-28　锂原子能级图

原子在能级 j 和 i 之间的跃迁、发射或吸收辐射的频率与始末能级之间的能量差成正比。

$$\nu_{ji} = \frac{1}{h}(E_j - E_i)$$

式中,E_j 和 E_i 分别为跃迁的始末两个能级的能量;h 为普朗克常数。如果 $E_j > E_i$,则为发射;如果 $E_j < E_i$,则为吸收。根据 $\lambda = c/\nu$,则从能级 j 到 i 跃迁的辐射波长可表示为:

$$\lambda_{ji} = \frac{hc}{E_j - E_i}$$

(2)基态与激发态

在一定的温度下,物质激发态的原子数与基态的原子数有一定的比值,并且服从波茨曼分布定律

$$\frac{N_j}{N_0} = \frac{g_j}{g_0}\left(-\frac{E_j - E_0}{kT}\right)$$

式中,N_j、N_0 表示基态和激发态原子数;g_j、g_0 表示基态和激发态的统计权重,其值为 $(2J+1)$,J 为内量子数;E_j、E_0 表示基态和激发态原子的能量;T 为热力学温度;k 是波茨曼常数,其值为 1.38054×10^{-23} J·K^{-1}。

对共振线来说,电子是从基态跃迁至第一激发态,因此可得:

$$\frac{N_j}{N_0} = \frac{g_j}{g_0}e^{\left(-\frac{E_j}{kT}\right)} = \frac{g_j}{g_0}e^{\left(-\frac{h\nu}{kT}\right)}$$

在原子光谱中,对一定波长的谱线 g_j/g_0 和 E_j 都是已知值。因此,只要温度 T 确定后,就可求得 N_j/N_0 值。

基态原子数代表了吸收辐射中的原子总数,可方便地用于原子吸收测定。一些元素的共振线的激发态与基态原子数的比值见表 4-2。

表 4-2　几种原子共振线的激发态和基态原子数的比值

元素	共振线 /nm	g_j/g_0	激发能 /eV	N_j/N_0			
				2000 K	2500 K	3000 K	4000 K
Cs	852.11	2	1.455	4.31×10^{-4}	2.33×10^{-3}	7.19×10^{-3}	2.98×10^{-2}
K	766.49	2	1.617	1.68×10^{-4}	0.99×10^{-5}	1.10×10^{-3}	3.84×10^{-3}
Na	589.00	2	2.104	6.83×10^{-4}	1.14×10^{-4}	5.83×10^{-4}	4.44×10^{-3}
Ba	553.56	3	2.289	1.22×10^{-7}	3.19×10^{-5}	5.19×10^{-4}	
Ca	422.67	3	2.932	2.29×10^{-9}	3.67×10^{-6}	3.55×10^{-5}	6.03×10^{-4}
Fe	371.99	—	3.382	6.03×10^{-10}	1.04×10^{-7}	1.31×10^{-6}	
Ag	328.07	2	3.778	4.82×10^{-10}	4.84×10^{-8}	8.99×10^{-7}	
Cu	324.75	2	3.817	3.35×10^{-11}	4.04×10^{-8}	6.65×10^{-7}	
Mg	285.21	3	4.346	7.45×10^{-15}	5.20×10^{-8}	1.50×10^{-7}	
Zn	213.86	3	5.795		6.22×10^{-11}	5.50×10^{-10}	1.48×10^{-7}

(3)原子发射光谱的产生

处于激发态的电子跃迁回到基态时,同时辐射一定能量,得到一条波长与辐射能量相对应的发射谱线。电子从高能量激发态可以直接回到基态,也可以回到为光谱定则所允许的各个能量较低的激发状态,从而发射出各种波长的谱线。一般元素的灵敏线是指主共振线。因为主共振线需要的激发能较低,易于被激发。当激发能量高于原子的离子能时,原子也可失去某个电子成为离子,离子同样也发射出相应的离子线,因此有时元素的灵敏线也可能是离子线。通常情况下,每种元素都有许多条发射谱线,例如,结构最简单的氢原子,在紫外-可见区已经发现的谱线有 54 条。对于结构比较复杂的原子,例如,Fe、W 等元素,已知它们的谱线有 5000 多条。

①谱线强度。原子的外层电子在 i、j 两个能级之间跃迁,其发射谱线强度 I_{ij} 为单位时间、单位体积内光子发射的总能量。

$$I_{ij} = N_i A_{ij} h\nu_{ij} \tag{4-18}$$

式中,N_i 为单位体积内处于激发态的原子数;A_{ij} 为两个能级之间的跃迁概率,即单位时间、单位体积内一个激发态原子产生跃迁的次数;$h\nu_{ij}$ 为一个激发态原子跃迁一次所发射出的能量。

可见,原子由激发态 i 向基态或较低能级跃迁的谱线强度与激发态原子数 N_i 成正比。

又根据麦克斯韦-波茨曼分布定律:

$$N_i = N_0 \frac{g_i}{g_0} e^{\left(-\frac{E_i}{kT}\right)}$$

将 N_i 代入式(4-18)得：

$$I = N_0 \frac{g_i}{g_0} e^{\left(-\frac{E_i}{kT}\right)} Ah\nu \qquad (4-19)$$

在光谱分析中,需要知道的是试样中某元素原子的浓度与谱线强度的关系,考虑到激发态原子数目远比基态原子数目少,可用基态原子数来表示总原子数。另外,考虑到辐射过程中,试样的蒸发、离解、激发、电离以及同种基态原子对谱线的自吸效应的影响,由式(4-19)可得谱线强度与原子浓度有如下关系：

$$I = Ah\nu \frac{g_i}{g_0} e^{\left(-\frac{E_i}{kT}\right)} \frac{(1-x)\beta}{1-x(1-\beta)} \alpha \tau c^{bq} \qquad (4-20)$$

式中, x 为气态原子的电离度; β 为气体分子的离解度; α 为样品蒸发的常数; τ 为原子在蒸气中平均停留时间; q 为与化学反应有关的常数,无化学反应时 $q=1$; b 为自吸系数,无自吸时 $b=1$。在一定条件下,式(4-20)可表示为：

$$I = ac^b$$

式中, a、b 为与实验条件相关的常数。在一定条件下,谱线强度只与试样中原子浓度有关,这一公式称为赛伯-罗马金公式,是原子发射光谱分析定量分析的根据。

从上述可以看出,谱线强度与基态原子数成正比,与发射谱线的频率成正比,同时与激发态能级、激发时的热力学温度等呈指数关系。

影响谱线强度的因素有如下几个方面：

· 激发态能级 E_i。激发能级越高,其能量越大,谱线强度越小(谱线强度与激发态能级的能量呈负指数关系)。随着激发态能级的增高,处于该激发态的原子数迅速减少,释放谱线的强度降低。激发能量最低的谱线往往是最强线(第一共振线)。

· 跃迁概率。所谓跃迁概率是指电子在某两个能级之间每秒跃迁的可能性大小,它与激发态寿命成反比,即原子处于激发态的时间越长,跃迁概率越小,产生的谱线强度越弱。

· 基态原子数 N_0。谱线强度与进入光源的基态原子数成正比,一般而言,试样中被测元素的含量越大,发出的谱线强度越强。

· 统计权重。统计权重亦称简并度,指能级在外加磁场的作用下,可分裂成 $2J+1$ 个能级,谱线强度与统计权重成正比。当由两个不同 J 值的高能级向同一低能级跃迁时,产生的谱线强度也是不同的。

· 激发温度 T。温度既影响原子的激发过程,又影响原子的电离过程,谱线强度与温度之间的关系比较复杂。温度开始升高时,气体中的各种粒子、电子等运动速度加快,增强了非弹性碰撞,原子被激发的程度增加,所以谱线强度增强。但超过某一温度之后,电离度增加,原子谱线强度渐渐降低,离子谱线强度继续增强。原子谱线强度随温度的升高,先是增强,到达极大值后又逐渐降低。综合激发温度正反两方面的效应,要获得最大强度的谱线,应选择最适合的激发温度。图 4-29 所示为部分元素谱线强度与温度的关系。

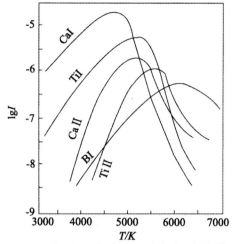

图 4-29 部分元素谱线强度与温度的关系

②谱线的自吸与自蚀。在光谱发射测定中,由于进行样品激发时的手段与条件不同,会使激发区域的温度和待测元素原子的浓度也产生差异,即温度与原子浓度在激发区域各部位的分布是不均匀的。中心区域的温度高,边缘部分的温度低;温度高的区域原子达到激发态和电离的原子数就高;温度低的区域达到激发态的原子数就低,大部分的原子可能只能达到基态,从而产生自吸效应。自吸效应可用朗伯-比尔定律表示:

$$I = I_0 e^{-ad}$$

式中,I 为射出弧层后的谱线强度,I_0 为弧焰中心发射的谱线强度,a 为 I 吸收系数,d 为弧层厚度。从弧层越厚,弧焰中被测元素的原子浓度越大,自吸效应越严重。

在待测样品进行激发时,激发中心区域温度高,达到激发态的原子多,发射出的特征谱线强;而在激发中心区的周围边缘区域温度低,多数原子处于基态或低能级状态,释放特征谱线少。在测定时,某元素原子在激发的中心区域发射出的某一波长的电磁辐射,必须要通过边缘区域才能到达检测器,导致边缘区域处于基态的原子可能将该电磁辐射吸收,从而使检测到的谱线强度低于实际强度,这种因周围原子吸收而使谱线中心强度降低的现象称为自吸,自吸对谱线强度的影响可参考图 4-30。

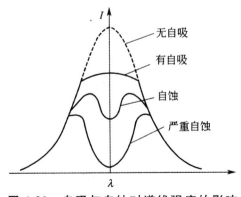

图 4-30 自吸与自蚀对谱线强度的影响

共振线是原子由激发态跃迁至基态而产生的。由于这种跃迁及激发所需的能量低,所以基态原子对共振线的吸收也最严重。当元素浓度很大时,共振线常呈现自蚀现象。自吸现象严重的谱线,往往具有一定的宽度,这是由于同类原子的相互碰撞而引起的,称为共振变宽。

由于自吸现象严重影响谱线强度,所以在光谱定量分析中,这是一个必须注意的问题。

2. 原子发射光谱仪

原子发射光谱分析仪一般由激发光源、分光系统和检测系统三部分组成。

（1）激发光源

光源的作用是提供足够的能量,使试样蒸发、解离并激发,产生光谱。光源的特性在很大程度上影响分析方法的灵敏度、准确度及精密度。理想的光源应满足高灵敏度、高稳定性、背景小、线性范围宽、结构简单、操作方便、使用安全等要求。目前可用的激发光源有火焰、电弧、火花、等离子体、辉光、激光光源等。

①直流电弧。电弧是指一对电极在外加电压下,电极间依靠气体带电粒子（电子或离子）维持导电,产生弧光放电的现象。由直流电源维持电弧的放电称为直流电弧,其常用电压为 220～380 V,电流为 5～30 A。直流电弧基本电路如图 4-31 所示,其中 E 为直流电源,R 为镇流电阻,主要用来稳定和调节电流的大小。L 为电感,用来减小电流的波动,G 为分析间隙,由两个电极组成,上电极为碳电极（阴极）,下电极为工作电极（阳极）,试样一般装在下电极的凹孔内,上下两电极间留有一分析间隙。直流电弧通常用石墨或金属作为电极材料。

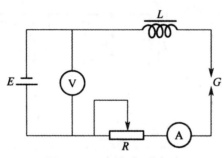

图 4-31　直流电弧电路

由于直流电路不能击穿两电极,故应先进行点弧,即使电极间隙气体首先电离。为此可使分析间隙的两电极接触或用某种导体接触两电极使之通电。这时电极尖端被烧热,随后移动电极使其相距 4～6 mm,便得到电弧光源。此时从炽热的阴极尖端射出的热电子流通过分析间隙冲击阳极,产生高温,使加于阳极表面的试样物质蒸发为蒸气,蒸发的原子与电子碰撞,电离成正离子,并以告诉冲击阴极。由于电子、原子、离子在分析间隙互相碰撞,发生能量交换,引起试样原子激发,发射出特征谱线。

当采用电弧或火花光源时,需要将试样处理后装在电极上进行摄谱。当试样为导电性良好的固体金属或合金时可将样品表面进行处理,除去表面的氧化物或污物,加工成电极,与辅助电极配合,进行摄谱。这种用分析样品自身做成的电极称为自电极,而辅助电极则是配合自电极或支持电极产生放电效果的电极,通常用石墨作为电极材料,制成外径为 6 mm 的柱体。如果固体试样量少或者不导电时,可将其粉碎后装在支持电极上,与辅助电极配合摄谱。支持电极的材料为石墨,在电极头上钻有小孔,以盛放试样,常用的石墨电极如图 4-32 所示。

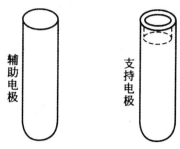

图 4-32　常用的石墨电极

直流电弧的弧焰温度与电极和试样的性质有关,在碳作电极的情况下,电弧柱温可达 $4000 \sim 7000$ K,可使 70 多种元素激发,所产生的谱线主要是原子谱线。其主要优点是绝对灵敏度高,背景小。但直流电弧放电不稳定,弧柱在电极表面上反复无常地游动,导致取样与弧焰内组成随时间而变化,测定结果重现性较差,且其弧层较厚,自吸现象严重,故不适于高含量组分的定量分析。基于上述特性,直流电弧常用于定性分析及矿石、矿物等难熔物质中痕量组分的定量分析。

②低压交流电弧。低压交流电弧的工作电压为 $110 \sim 220$ V。采用高平引燃装置点燃电弧,在每一交流半周时引燃一次,保持电弧不灭,交流电弧发生器如图 4-33 所示。

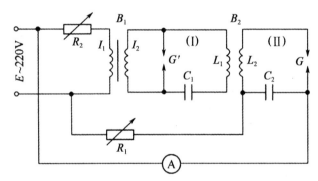

图 4-33　交流电弧发生器示意图

该电路是由小功率的高频高压引燃电路 I 与普通交流低频燃弧电路 II 借助于线圈 L_1、L_2 耦合而成的。电源经过调压电阻 R_2 适当降压后,由升压变压器 B_1 升压至 $2500 \sim 3000$ V,并向振荡电容器 C_1 充电,其充电速度由 R_2 调节,当充电的能量达到放电盘 G' 的击穿电压时,放电盘的空气绝缘被击穿而产生高频振荡。其振荡速度由放电盘的距离及充电速度控制,使其在交流电的每半周期内只振荡一次。振荡电压经 B_2 的次级线圈升压到 10 kV,通过电容器 C_2 将电极间隙 G 的空气击穿,产生高频振荡放电。当 G 被击穿时,电源的低压部分沿着已造成的电离气体通道,通过 G 进行电弧放电,在放电的短暂瞬间,电压降低直至电弧熄灭,在下半周高频再次点燃,重复进行。

交流电弧的电弧电流有脉冲性,它的电流密度比在直流电弧中要大,其激发能力较强,弧温较高,所以在获得的光谱中,出现的离子线要比在直流电弧中稍多些。但交流电弧的电极头温度较直流电弧的稍低一些,这是因为交流电弧放电的间隙性所致。

低压交流电弧光源的分析灵敏度接近于直流电弧，且其稳定性比直流电弧高，操作简便安全，因而广泛应用于金属、合金中低含量元素的定量分析。

③高压火花光源。火花光源的工作原理是在常压下，利用电容器的充放电作用在两电极间周期性的加上高电压，当施加于两个电极间的电压达到击穿电压时，在两极间尖端迅速放电产生电火花，电火花可分为高压火花和低压火花。高压火花电路与低压交流电弧的引燃电路相似，如图 4-34 所示，但高压火花电路放电功率较大。

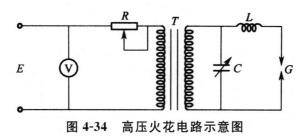

图 4-34　高压火花电路示意图

220 V 交流电压经可调电阻 R、变压器 T 产生 10 kV 左右的高压，并向电容器 C 充电，当电容器两端的充电电压达到分析间隙的击穿电压时，G 被击穿产生火花放电。

④电感耦合等离子体。等离子体是指电离度大于 0.1% 的气体，它是由离子、电子及中性粒子组成的呈电中性的集合体，能够导电。电感耦合高频等离子体简称 ICP，ICP 光源是 20 世纪 60 年代出现的一种新型的光谱激发光源，也是目前原子光谱分析应用最广的新型光源。它是高频电能通过感应线圈耦合到等离子体所得到的外观上类似火焰的高频放电光源。

电感耦合高频等离子光源由高频发生器、等离子炬管以及雾化器三部分组成。等离子体炬管是一个三层同心石英玻璃管，外层通入氩气作为冷却气，保护石英管不被烧熔；中层通入氩气起维持等离子体的作用；内层通入氩气起载入试样气溶胶的作用。试样多为溶液，在进入内层石英管前，需经气动雾化器和超声雾化器雾化为气溶胶。图 4-35 为 ICP 光源示意图。

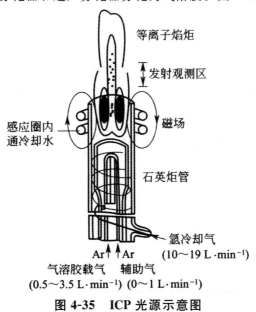

图 4-35　ICP 光源示意图

当高频发生器接通电源后,高频电流,通过感应线圈产生交变磁场。开始时,管内为氩气,不导电,需要用高压电火花触发,使少量气体电离后,在高频交流电场的作用下,带电粒子高速运动,碰撞气体原子,使之迅速、大量电离,形成"雪崩"式放电,产生等离子体气流,并在垂直于磁场方向的截面上产生感应电流(涡电流),其电阻很小,电流很大(数百安),所产生的高温又进一步将气体加热、电离,在管口形成稳定的等离子体焰炬。试样气溶胶在此获得足够能量,产生特征光谱。

使用 ICP 光源时,通常需要制成溶液后进样。可以通过气动雾化、超声雾化和电热蒸发的方式将试样引入 ICP 光源气动雾化器是将试样溶液通过高压气流转变成极细的单个雾状微粒(气溶胶),再由载气带入激发光源。如图 4-36 是两种典型的气动雾化器示意图。

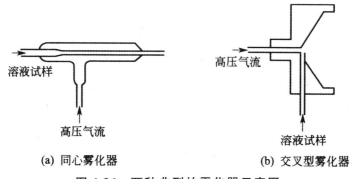

(a) 同心雾化器　　　　　　　　(b) 交叉型雾化器

图 4-36　两种典型的雾化器示意图

超声雾化器是根据超声波振动的空化作用将溶液雾化成气溶胶,由载气带入激发光源。与气动雾化器相比,超声雾化器具有雾化效率高,产生的气溶胶密度高、颗粒细且均匀,不易堵塞等特点。其不足之处是结构复杂,价格高,记忆效应也较气动雾化器大。

ICP 光源温度高,有利于难激发元素的激发。试样气溶胶在等离子体中平均停留时间较长,可达 $2 \sim 3$ ms,比电弧和电火花光源都要长得多。由此可保证试样充分原子化,提高测定的灵敏度,消除化学干扰。

由于高频电流的趋肤效应(是指高频电流在导体表面的集聚现象),使等离子体炬形成一个环状的中心通道,因而气溶胶能顺利地进入到等离子体内,保证等离子体具有较高的稳定性,使分析的精密度和准确度都很高,可有效消除自吸现象,工作曲线线性范围变宽,可达 $4 \sim 6$ 个数量级。

此外,ICP 光源不用电极,避免了由电极污染带来的干扰;但 ICP 光源的不足之处是雾化效率低,对气体和卤素等非金属的测定的灵敏度还不令人满意,固体进样问题尚待解决,设备较复杂,氩气消耗量大,维持费用较高。

⑤直流等离子体喷焰。实际上它是一种被气体压缩了的大电流直流电弧,其形状类似火焰。早起的直流等离子体喷焰由电极中间的喷口喷出来,得到等离子体喷燃,从切线方向通入氩气或氦气,将电弧压缩,以获得高电流密度。其示意图如图 4-37 所示。

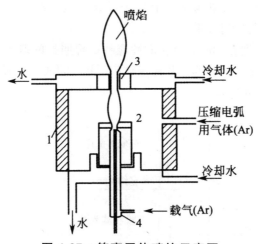

图 4-37　等离子体喷焰示意图

⑥辉光。这是一种在很低气压下的放电现象。有气体放电管、格里姆放电管及空心阴极放电管多种形式,其中空心阴极放电管应用比较多。一般是将样品放在空心阴极的空腔里或以样品作为阴极,放电时利用气体离子轰击阴极使样品溅射出来进入放电区域而被激发。

辉光光源的激发能力很强,可以激发一些很难激发的元素,如部分非金属元素、卤素和一些气体。产生谱线强度大,背景小,检出限低,稳定性好,分析的准确度高。但设备复杂,进样不便,操作繁琐。它主要用于超纯物质中杂质分析及难激发元素、气体样品、同位素的分析及谱线超精细结构研究。

以电火花为光源的原子发射光谱分析法被广泛应用于各种金属和合金的直接测定中,由于其分析速度快,精度高,特别适合在冶金及钢铁工业中应用;若将发射光谱仪的电火花光源部分安装在信号枪上,并与发射光谱仪的移动系统相连,可在现场进行分析。等离子体发射光谱仪(ICP-AES)适用于可配制成溶液的各类试样的分析,在金属与合金试样、矿石试样、环境试样、生物与医学临床试样、农业与食品试样、电子材料与高纯试剂试样等方面广泛应用,是非常重要的仪器分析方法。以电弧为光源的原子发射光谱分析法,主要用来测定金属中的痕量元素,其灵敏度高于 X 射线荧光光谱分析法,也可直接分析金属丝和粉末,不必进行试样前处理,方便快捷。

(2)分光系统

分光系统的作用是将有激发光源发出的含有不同波长的复合光分解成按波序排列的单色光。常用的分光系统有滤光片、棱镜分光系统和光栅分光系统。

①滤光片。滤光片有吸收型和干涉型两类,前者比后者便宜,只用于可见光,后者则可在紫外、可见甚至红外光谱范围内使用,而且分光效果要比前者好得多。

干涉滤光片是利用光的干涉原理和薄膜技术来改变光的光谱成分的滤光片。由一透明介质和将其夹在中间的、内表面涂有半透明金属膜的两片玻璃片组成,要精心控制透明介质的厚度,透过辐射的波长由它决定。当一束准直辐射垂直地射到滤光片上时,一部分将透过第一层金属膜而其余的则被反射。当透过部分照到第二层金属膜时,会发生同样的情况,如果在第二次作用时所反射的部分具有合适的波长,它就可在第一层内表面与新进入的相同波长的光在相同的相位反射,使该波长的光获得加强干涉,而大部分其他波长的光则由于相位不同而发生相消干涉,从而获得较窄的辐射通带。

吸收滤光片的有效带宽在 $80\sim260~\mu m$,性能特征都明显的差于干涉滤光片,但对于许多实际应用,已经完全适用了。吸收滤光片已经被广泛用于可见光区域的波长选择。图 4-38 是吸收和干涉滤光片的带宽示意图。

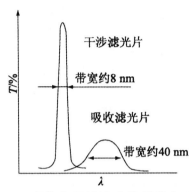

图 4-38　吸收和干涉滤光片的带宽示意图

②棱镜分光系统。棱镜分光系统示意图如图 4-39 所示,Q 为光源,K_I、K_{II}、K_{III} 为照明透镜,三个透镜组成了照明系统,将光源发出的光有效、均匀地照射到狭缝 S 上,然后准光镜 L_1 把由狭缝射出的光变成平行光束,投射到棱镜 P 上,不同波长的光有成像物镜 L_2 分别聚焦在面 FF′ 上,便得到按波长顺序展开的光谱。所获得的每一条谱线都是狭缝的像。

棱镜对光的色散基于光的折射现象,构成棱镜的光学材料对不同波长的光具有不同的折射率,在紫外区和可见光区,折射率 n 与波长 λ 之间的关系可用科希公式来表示:

$$n=A+\frac{B}{\lambda^2}+\frac{C}{\lambda^4}+\cdots \tag{4-21}$$

从式(4-21)可以看出,波长短的折射率大,波长长的光折射率小。因此平行光经过棱镜色散后,按波长顺序被分解成不同波长的光。

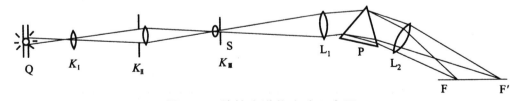

图 4-39　棱镜光谱仪光路示意图

棱镜光谱是零级光谱,可用色散率、分辨率来表征棱镜分光系统的光学特性。

色散率是指将不同波长的光分开的能力,有角色散率和线色散率之分。其中,角色散率 D 是指两条波长相差 $d\lambda$ 的谱线被分开的角度 $d\theta$;线色散率 D_i 是指波长相差卧的两条谱线在焦面上被分开的距离 dl。

$$D_i=\frac{f}{\sin\varepsilon}D=\frac{f}{\sin\varepsilon}\times\frac{d\theta}{d\lambda}$$

式中,f 是照相物镜 L_2 的焦距;ε 是焦面对波长为 λ 的主光线的倾斜角。

棱镜的线色散率随波长增加而减小,故也常用倒色散率 $\dfrac{\mathrm{d}\lambda}{\mathrm{d}l}$ 来表示其分光能力,倒色散率 $\dfrac{\mathrm{d}\lambda}{\mathrm{d}l}$ 的含义是焦面上单位长度内容纳的波长数,单位是 nm/mm。其数值越小,说明色散效果越好。

要增大色散能力,可通过增加棱镜数目、增大棱镜的顶角、改变棱镜材料及投影物镜焦距等手段来实现,但同时要考虑成本增加以及光强度减小等因素,一般棱镜数目不超过三个,棱镜顶角采用 60°。

棱镜的理论分辨率可由下式计算:

$$R=\frac{\lambda}{\Delta\lambda}$$

式中,$\Delta\lambda$ 是根据瑞利准则恰能分辨的两条谱线的波长差,λ 是两条谱线的平均波长。

根据瑞利准则,"恰能分辨"是指等强度的两条谱线间,一条谱线的衍射最大强度落在另一条谱线的第一最小强度上。当棱镜位于最小偏向角位置时,对等腰棱镜有:

$$R=m'b\,\frac{\mathrm{d}n}{\mathrm{d}\lambda}$$

式中,$\dfrac{\mathrm{d}n}{\mathrm{d}\lambda}$ 是棱镜材料的色散率,m' 是棱镜的数目,b 是棱镜的底边长。

R 值越大,分辨能力越强,一般光谱仪的分辨率在 5000～60000 之间。

③光栅分光系统。光栅分光系统采用光栅作为分光器件,光栅利用多狭缝干涉和单狭缝衍射的联合作用,将复合光色散为单色光;多狭缝干涉决定谱线的位置,单狭缝衍射决定谱线的强度分布。目前原子发射光谱仪中采用的光栅分光系统有三种类型:凹面光栅、平面反射光栅、中阶梯光栅。

平面反射光栅的分光系统主要应用于单道仪器,每次只能选择一条光谱线作为分析线,检测一种元素,示意图如图 4-40 所示。

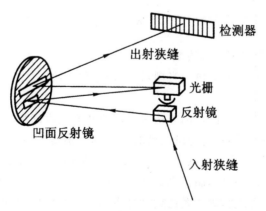

图 4-40　平面光栅分光系统示意图

凹面光栅的分光系统使发射光谱实现多道多元素同时检测,如图 4-41 所示。

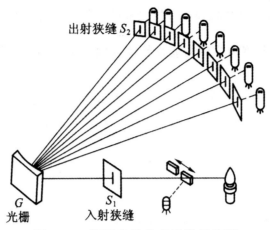

图 4-41　凹面光栅分光系统示意图

光栅分光系统的光学特性通常用色散率、分辨率来表征。

角色散率 $\dfrac{\mathrm{d}\beta}{\mathrm{d}\lambda}$ 和线色散率 $\dfrac{\mathrm{d}l}{\mathrm{d}\lambda}$ 可用光栅公式求得:

$$d(\sin i \pm \sin\beta) = m\lambda$$

微分分别求得角色散率和线色散率:

$$\frac{\mathrm{d}\beta}{\mathrm{d}\lambda} = \frac{m}{d\cos\beta}$$

$$\frac{\mathrm{d}l}{\mathrm{d}\lambda} = \frac{mf}{d\cos\beta}$$

式中,d 为光栅常数;m 为光谱级次,i 为入射角,β 为衍射角,f 为焦距。

在光栅发现附近,$\cos\beta \approx 1$,记载同一级光谱中,色散率基本不随波长而改变,是均匀色散。色散率随光谱级次增大而增大。

光栅光谱仪的理论分辨率 R 为:

$$R = \frac{\lambda}{\Delta\lambda} = mN$$

式中,m 为光谱级次,N 为光栅总刻线数。

若要获得高分辨率,可采用大块的光栅,以增加总刻线数。

(3)检测系统

在原子发射光谱法中,常用的检测方法有摄谱法和光电直读法。

①摄谱法。用感光板来接收与记录光谱的方法称为摄谱法,而采用摄谱法记录光谱的原子发射光谱仪称为摄谱仪。将光谱感光板置于摄谱仪焦面上,接受被分析试样光谱的作用而感光,再经过显影、定影等过程后,制得光谱底片,其上有许许多多黑度不同的光谱线,然后用映谱仪观察谱线的位置和强度,进行光谱定性分析和半定量分析;也可采用测微光度计测量谱线的强度比,进行光谱定量分析。感光板的特性常用反衬度、灵敏度和分辨能力来表征。

感光板主要由片基和感光层组成。感光物质卤化银、支持剂明胶和增感剂构成了感光层,均匀涂布在片基上,片基的材料通常为玻璃或醋酸纤维。改变增感剂,则可制得不同感色范围及灵敏度的各种型号的感光板。

　　摄谱时,卤化银在不同波长光的作用下形成潜影中心。在显影剂的作用下,包含有潜影中心的卤化银晶体迅速还原成金属银,形成明晰的像,再利用定影剂除去未还原的卤化银,即可得到具有一定波长和黑度的光谱线。利用映谱仪将底片放大 20 倍,可进行定性分析;用测微光度计测定谱线黑度,可进行定量分析。

　　所谓黑度,是指感光板上谱线变黑的程度,将一束光照在谱板上,谱线处光透过率的倒数的对数即为黑度。

$$S=\lg \frac{1}{T}=\lg \frac{I_0}{I}$$

式中,S 为黑度,T 为谱线处光透过率,I_0 为透过未受光作用部分的光强度,I 为透过谱线处的光强度。

　　感光板上的谱线黑度与总曝光量有关,曝光量等于感光层所接受的照度和曝光时间的乘积。

$$H=Et$$

式中,H 为曝光量,E 为照度,t 为曝光时间。

　　黑度与曝光量之间的关系极为复杂。若以黑度为纵坐标,以曝光量的对数为横坐标,得到实际的乳剂特性曲线如图 4-42 所示,AB 是雾翳部分,此段与曝光量无关,BC 是曝光不足部分,CD 是曝光正常部分,黑度与曝光量的对数成直线关系,DE 是曝光过度部分,EF 是负感部分。

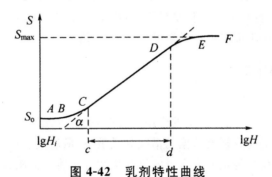

图 4-42　乳剂特性曲线

　　CD 段为直线,黑度 S 与曝光量的对数值 $\lg H$ 之间的关系可用下式表示:

$$S=r(\lg H-\lg H_i)$$

式中,r 为 CD 段直线的斜率,称为感光板的反衬度,表示曝光量改变时黑度变化的快慢。CD 部分延长线在横坐标上的截距为 $\lg H_i$,H_i 称为感光板乳剂的惰延量,可用来表示感光板的灵敏度,H_i 越大,灵敏度越低。AB 段与纵轴交点处的黑度 S_0 称为雾翳黑度,CD 段在横轴上的投影 cd 称为感光板乳剂的展度,决定了可进行定量分析的浓度范围。

　　对于一定的感光板,$r\lg H_i$ 为一定值,用 i 表示,则

$$S=r\lg H-i$$

式中,i 为常数,r 代表乳剂特性曲线直线部分的斜率,称为反衬度。

　　由于曝光量 H 等于感光板上得到的照度 E 与曝光时间 t 的乘积,而照度 E 又与谱线强度 I 成正比,故有:

$$S=r\lg It-i$$

②光电直读法。它利用光电测量的方法直接测定谱线波长和强度。目前常用的光电转换元件包括光电倍增管和固体成像器件。光电倍增管工作原理如图4-43所示。

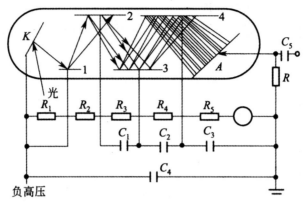

图4-43　光电倍增管工作原理示意图

图4-43中，K表示光敏阴极，1～4表示打拿极，A表示阳极，R为电阻，C为电容。

光电倍增管是利用次级电子发射原理放大光电流的光电管，由光电阴极、阳极及若干个打拿极组成，阴极电位最低，各打拿极电位依次升高，阳极最高。在光阴极和打拿极上都涂以光敏材料，阴极在光照下产生电子，电子在电场作用下，加速而撞击到第一打拿极上，产生2～5倍的次级电子，这些电子再与下一个打拿极撞击，产生更多的次级电子，经过多次放大，最后聚集在阳极上的电子数可达阴极发射电子数的$10^5\sim10^8$倍。

3.原子发射光谱的应用

(1)光谱定性分析

元素的原子结构不同，在光源的激发作用下，试样中每种元素都发射自己的特征光谱。

①元素的分析线。定性分析所依据的谱线有灵敏线、最后线和特征线组。在光谱分析中，凡是用于鉴定元素的存在及测定元素含量的谱线称为分析线。灵敏线是指各元素谱线中最容易激发或激发电位较低的谱线，通常是该元素光谱中最强的谱线，多是共振线。最后线是指随着试样中某元素含量的逐渐减少时，最后仍能观察到的几条谱线，它们常常是该元素的第一共振线，也是理论上的最灵敏线。特征线组是指为某种元素所特有的、容易辨认的多重线组。

②定性分析方法。光谱定性分析常采用摄谱法，通过比较试样光谱与纯物质光谱或铁光谱来确定元素的存在。

· 标准试样光谱比较法。光谱定性也可用纯试样光谱比较法。将待测元素的纯物质或纯化合物与试样在相同条件下同时并列摄谱于同一感光板上，然后在映谱仪上进行光谱比较，如试样光谱中出现与纯物质光谱相同波长的特征谱线，则表明样品中有与纯物质相同的元素存在。此法多用于不经常遇到的元素分析。

· 铁光谱比较法。标准光谱图是在相同条件下，将试样与铁标准样品并列摄谱于同一光谱感光板上，然后将试样光谱与铁光谱标准谱图对照，以铁谱线为波长标尺，逐一检查待分析元素的灵敏线，若试样光谱中的元素谱线与标准谱图中标明的某一元素谱线出现的波长位置相同时，即为该元素谱线。判断某一元素是否存在，必须由其灵敏线来决定。铁光谱比较法可同时进行多元素定性鉴定。对于复杂组分的样品，进行全定性测定时应用铁光谱比较法更为简便准确。

（2）光谱定量分析

在光谱分析中，试样的蒸发和激发条件、组成、稳定性等都会影响谱线的强度，要控制这些条件比较困难，为了弥补其不足，通常采用内标法进行定量分析。

内标法是相对强度法，首先要选择分析线对，即选一条被测元素的谱线作为分析线，再选一条内标元素的谱线为比较线，用分析线与比较线的强度比进行光谱定量分析。采用的比较线称为内标线，提供比较线的元素称为内标元素，内标元素可以是试样的基体元素，也可以是试样中不存在的元素。分析线与内标线组成分析线对。在测定过程中，将内标元素定量加入到试样中，与被测元素同时激发，这样蒸发与激发条件的不稳定及其他干扰会引起分析线与内标法谱线强度的变化，两者的变化大小近似相同，两者的强度比没有改变或改变很小（两者的变化通过相除，相互抵消了）。以谱线的强度比对内标元素浓度制作工作曲线，只要测出谱线相对强度的对数值，便可由相应的工作曲线上求出试样中待测元素的含量。

光谱定量分析主要是依据在一定条件下和适宜的浓度范围内，谱线相对强度与被测元素浓度之间呈线性关系来进行的。设分析线强度为 I，内标线强度为 I_0，被测元素浓度与内标元素浓度分别为 c 和 c_0，b 和 b_0 分别为分析线和内标线的自吸系数。

依据罗马金-塞伯公式，对分析线和内标线分别有：

$$I = ac^b \tag{4-22}$$

$$I_0 = a_0 c_0^{b_0} \tag{4-23}$$

和用尺表示分析线与内标线强度之比：

$$R = \frac{I}{I_0} = \frac{ac^b}{a_0 c_0^{b_0}} \tag{4-24}$$

式中，内标元素的浓度 c_0 和实验条件一定时，$A = \dfrac{c^b}{a_0 c_0^{b_0}}$ 为常数，则

$$R = \frac{I}{I_0} Ac^b \tag{4-25}$$

对式（4-25）取对数，得：

$$\lg R = b\lg c + \lg A \tag{4-26}$$

式（4-26）为内标法光谱定量分析的基本关系式，在测得待测元素与内标元素的发光强度后，b 和 A 为与仪器条件有关的常数，即可根据上式计算出待测元素的浓度。

在实际操作中，要找到完全符合上述要求的分析线对并非易事，同时采用内标法进行光谱定量分析还需尽可能地控制实验条件的相对稳定。在原子发射光谱分析的日常工作中，通常采用工作曲线法和标准加入法。

①工作曲线法。一般样品的基体组成简单而固定时，多采用工作曲线法，也常称为三标准试样法。即在确定的分析条件下，将 3 个或 3 个以上含有不同浓度待测元素的标准样品与待测试样，在相同条件下激发产生光谱，以分析线的强度 I，或内标法分析线对的强度比 R 或对数（$\lg R$）对浓度 c 或对数值（$\lg c$）绘制工作曲线，然后查工作曲线，求得试样中待测元素的含量。工作曲线法可以在很大程度上消除测定条件的影响，它是光谱定量分析的基本方法，应用

广泛,特别适用于批量试样的测定。

②标准加入法。无合适内标元素时,可采用标准加入法,标准加入法也称增量法。当样品的基体组成复杂,较难配制成与样品组成相同的标准样时,或待测元素的含量很低,找不到合适的基体来配制标准样品,此时采用标准加入法效果较好。设试样中待测元素的含量为 c_x,在几份相同量的试样中加入不同浓度 c_1、c_2、c_3…c_i 的待测元素,然后在同一激发条件下依次测定待测样品与不同加入量样品分析线对的强度比 R。以加入浓度 c 为横坐标,以光谱的相对强度 R 为纵坐标,绘制标准曲线。在待测元素浓度较低时,自吸收系数 b 为 1,谱线强度与浓度呈线性关系,将绘制的标准直线向 z 轴外推,与浓度轴横坐标相交点(截距)的绝对值,即为试样中待测元素的含量,见图 4-44 的方法原理示意。

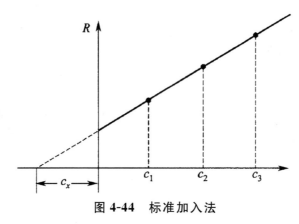

图 4-44 标准加入法

标准加入法可用来检查基体的纯度、估计系统误差、提高测定灵敏度等。可以较好地消除因为基体组成不同给测定带来的影响,得到较为准确的分析结果。但在应用标准加入法时应特别注意加入的分析元素应与原试样中该元素的化合物状态一致或十分接近,同时分析线应无自吸收现象,才能保证测定准确,否则将会产生较大的误差。

4.5 拉曼光谱法

当入射光通过透明介质时,大部分光按原来方向透过介质,而其余小部分光则从不同方向传播,产生散射光。在散射光谱中,除了能够发现与入射光频率相同的瑞利散射谱线外,在瑞利散射谱线两侧还会发现一些与入射光频率相比发生位移的拉曼谱线。通过拉曼散射实验可以获得分子的振动和转动信息,这与红外吸收光谱类似。

4.5.1 拉曼光谱的原理

图 4-45 中 E_2 为基态能级,E_1 为振动激发态。入射单色光的频率为 ν_0,其光子能量为 $h\nu_0$。瑞利散射是光子与物质分子间发生弹性碰撞,在碰撞过程中没有能量的交换,光子的频率不变,仅改变方向。处于 E_2 或 E_1 的分子,受能量为 $h\nu_0$ 入射光子的激发,分子的能量分别跃迁到 $E_2+h\nu_0$ 或 $E_1+h\nu_0$ 的受激虚态。分子在虚态是不稳定的,将很快返回相应的 E_2 能级和 E_1,把吸收的能量以光子的形式释放出来,即

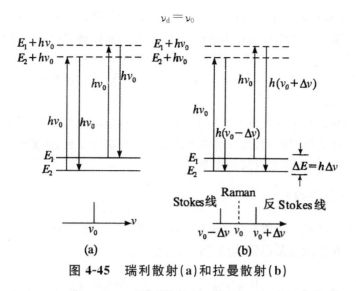

图 4-45　瑞利散射(a)和拉曼散射(b)

拉曼散射是光子与物质分子产生非弹性碰撞时,它们之间产生能量交换。光子不但发生了方向的改变,而且能量会减少或增加。当入射光子($h\nu_0$)把处于 E_2 能级的分子激发到 $E_2 + h\nu_0$ 能级,因这种能态不稳定而跃回 E_1 能级,其净结果是分子获得了 E_1 与 E_2 的能量差,而光子就损失这部分能量,使散射光频率小于入射光频率,此即 Stokes 线。当入射光子($h\nu_0$)把处于 E_1 能级的分子激发到 $E_1 + h\nu_0$ 能级,因这种能级不稳定而很快跃回到 E_2 能级。这时分子损失 E_1 与 E_2 的能量差,光子获得了这部分能量。结果是散射光的频率比入射光的频率大,此即反 Stokes 线。Stokes 线或反 Stokes 线的频率与入射光频率之差 $\Delta\nu$,称为拉曼位移。对应的 Stokes 线与反 Stokes 线的 Raman 位移相等。按 Boltzmann 统计,室温时处于振动激发态的概率不足 1%,因此 Stokes 线的强度要比反 Stokes 线强得多。

同一种物质分子,随着入射光频率的改变,拉曼线的频率也改变,但拉曼位移 $\Delta\nu$ 始终保持不变,因此拉曼位移与入射光频率无关。它与物质分子的振动和转动能级有关。不同物质分子有不同的振动和转动能级,因而有不同的拉曼位移。如以拉曼位移(波数)为横坐标,强度为纵坐标,而把激发光的波数作为零(频率位移的标准,即 $h\nu_0$)写在光谱的最右端,并略去反 Stokes 谱带,便得到类似于红外光谱的拉曼光谱图。

4.5.2　拉曼光谱与红外光谱的关系

从产生光谱的机理来看,红外光谱是分子对红外光的吸收,而拉曼光谱是分子对激发光的散射,但两者都是研究分子振动的重要手段,同属于分子光谱。一般分子的非对称性振动和极性基团的振动,都会引起分子电偶极矩的变化,故这类振动具有红外活性;而分子对称性振动和非极性基团的振动,会使分子变形,极化率随之变化,具有拉曼活性。因此拉曼光谱最适于研究同原子的非极性键的振动,如 C—C,S—S,N—N 键等,对称分子的骨架振动,均可从拉曼光谱得到丰富的信息。而不同原子的极性键,如 C=C,C—H,N—H 和 O—H 等,在红外光谱上有反映。相反,分子对称骨架振动在红外光谱上几乎看不到。可见,拉曼光谱和红外光谱是互相补充的。

对任何分子,粗略地可用下面的规则来判别其拉曼或红外是否具有活性。

①相互允许规则。对于没有对称中心的分子,其红外和拉曼光谱都是活性的,除一些罕见的点群和氧的分子。

②相互排斥规则。凡具有对称中心的分子,若其分子振动对拉曼是活性的,则其红外就是非活性的。反之,也成立。

③相互禁阻规则。对于少数分子的振动,其红外和拉曼都是非活性的。

拉曼光谱与红外光谱相类似,指认时除考虑基团的特征频率外,还要考虑到谱带的形状和强度,以及因化学环境的变化而引起的改变。

4.5.3 拉曼光谱仪

激光拉曼光谱仪的基本组成有激光光源、样品池、单色器和检测记录系统四部分,并配有微机控制仪器操作和处理数据,其框图如图 4-46 所示。

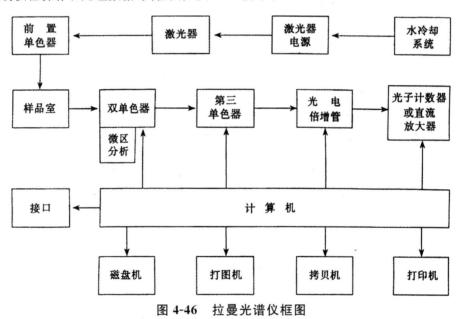

图 4-46 拉曼光谱仪框图

1. 光源

激光具有高亮度、方向性强、谱线窄和发散小等优点,是拉曼光谱仪的理想光源,表 4-3 列出了拉曼光谱最常见的五种激光光源。在拉曼光谱中,散射光的强度随激发光频率的四次方而增加。所以早期使用的 He/Ne 激光光源,逐渐被 Ar^+ 和 Kr^+ 激光光源所代替。但值得注意的是,在选择光源的时要考察光源对样品的影响,如是否引起光解、是否激发产生荧光等。

表 4-3 拉曼光谱中几种常用的激光光谱

光源类型	Ar^+	Kr^+	He/Ne	二极管激光器	Nd/YAG
λ/nm	488.0 或 541.5	530.9 或 647.1	632.8	782 或 830	1064

2. 单色器

单色器是激光拉曼光谱仪的心脏,要求最大限度地降低杂散光且色散性能好。常用光栅分光,并采用双单色器以增强效果。为检测拉曼位移为很低波数(离激光波数很近)的拉曼散射,可在双单色器的出射狭缝处安置第三单色器。

3. 检测装置

对于可见光谱区内的拉曼散射光,可用光电倍增管作为检测器。通常以光子计数进行检测,现代光子计数器的动态范围可达几个数量级。

4. 样品装置

无论是何种状态(气态、液态和固态)的样品都可以进行拉曼光谱的测量,样品的制备比红外光谱法简单。样品池的材料可以用玻璃和石英,代替了较易损坏的卤化物晶体。

对于气体样品一般置于直径 $1 \sim 2$ cm,厚 1 mm 的玻璃管中。对于液体样品,可以置于常规的样品池中,也可以装于毛细管样品池。固体样品相对容易,固体粉末可以填入开口的毛细管中。透明的棒状、块状和片状固体则可直接分析。

4.5.4 拉曼光谱的应用

1. 有机物结构分析

在有机化学中,拉曼光谱可以阐明分子的结构,表征分子中不同基团的振动特征,同时对有机分子的构象进行分析。拉曼光谱往往测定有机分子的骨架,红外光谱则适用测定有机化合物分子的端基,二者结合可以有效地对有机分子结构进行解析。由于拉曼光谱可用于研究水溶液,所以在无机化学研究方面就显得更重要和更便于应用。拉曼光谱法对—C—S—、—S—S—、—C—C—、—N=N—及—C=C—等官能团的鉴别特别有用,而红外光谱法则适用于—O—H、C=O、P=O、S=O 及—NO$_2$ 等官能团的鉴别。

2. 高分子聚合物的研究

激光拉曼光谱特别适合于高聚物碳链骨架或环的测定,并能很好的区分各种异构体,如单体异构、位置异构、几何异构、顺反异构等。对含有黏土、硅藻土等无机填料的高聚物,可不经分离而直接上机测量。

3. 定量分析

拉曼谱线的强度与入射光的强度和样品分子的浓度呈正比,当实验条件一定时,拉曼散射的强度与样品的浓度呈简单的线性关系。拉曼光谱的定量分析常用内标法来测定,检出限在 $\mu g \cdot mL^{-1}$ 数量级,可用于有机化合物和无机阴离子的分析。

4. 生物大分子的研究

水的拉曼散射很弱,因此拉曼光谱对水溶液的生物化学研究具有突出的意义。激光光束可聚焦至很小的范围,测定样品的用量可低至几微克,并在接近于自然状态的极稀浓度下测定生物分子的组成、构象和分子间的相互作用等问题。拉曼技术已应用于测定如氨基酸、糖、胰岛素、激素、核酸、DNA 等生化物质。

4.6　X 射线光谱法

4.6.1　X 射线光谱法的原理

以 X 射线为辐射源的分析方法称为 X 射线光谱法。随着材料科学的迅速发展,使得从单原子层到几微米的材料表面微区分析显得日益重要,而 X 射线光谱等分析方法在这些方面发挥着极其重要的作用。X 射线光谱法主要包括 X 射线荧光法(XRFA)、X 射线吸收法(XRAA)、X 射线衍射法(XRDA)。

X 射线是由于高能电子的减速运动或原子内层轨道电子跃迁所产生的短波电磁辐射。X 射线的波长在 $10^{-6} \sim 10$ nm 范围内。在 X 射线光谱法中,常用波长在 $0.01 \sim 2.5$ nm 范围内。

产生 X 射线的途径有四种:

①用高能电子束轰击金属靶。

②将物质用初级 X 射线照射以产生二级射线——X 射线荧光。

③利用放射性同位素源衰变过程产生的 X 射线发射。

④从同步加速器辐射源获得。

在分析测试中,常用的光源为前三种,第四种光源虽然质量非常优越,但设备庞大,国内外仅有少数实验室拥有这种设施。

1. 连续 X 射线的产生

连续 X 射线是指由某一最短波长开始的至一定波长范围为止的、由一段波长范围所组成的 X 射线光谱。研究最多的是由电子轰击金属靶材所产生的连续 X 射线光谱。大量的电子射到固体靶面上,电子经一次或多次碰撞后耗尽全部能量。因为电子数目很大,碰撞是随机的,所以产生了连续的具有不同波长的 X 射线,这一段不同波长的 X 光谱即为连续 X 射线光谱。产生连续射线的 X 射线管的结构如图 4-47 所示。

当 X 射线管内阴极和阳极之间的高压增加到一定的临界激发电压时,电子脱离阴极,被电场加速成高速电子;高速运动电子撞击靶材料,就足以将靶原子内层的电子激发到高能运动态,使内层的电子形成空轨道即空穴,处于外层的电子会跃迁至内层较低能级的空轨道上,填补空穴,并以光的形式释放多余的能量,于是产生 X 射线辐射。

一次碰撞就丧失其全部动能的电子将辐射出具有最大能量的 X 射线光子,其波长最短,称为短波限。一个高速运动电子具有的动能可以写成 eV,V 为 X 光电管电压,则电子的能量按下式转化为 X 光能:

$$eV = h\upsilon_{max} = h \frac{c}{\lambda_{短波限}}$$

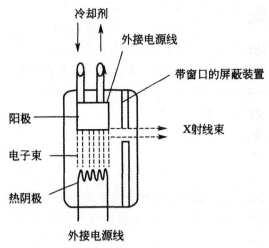

图 4-47　X 射线管的结构示意图

$$\lambda_{短波限} = \frac{hc}{eV} = \frac{1239.8}{V}$$

式中，λ 和 V 的单位分别是 nm 和 V。连续 X 射线谱的短波限仅与光管电压有关，升高管电压，短波限将减小，即 X 光量子的能量增大。连续 X 射线的总强度 I 与 X 光管的电压 V、靶材料的原子序数 Z 有关，其关系式为：

$$I = AiZV^2$$

式中，A 为比例常数；i 为 X 光管电流，A。由公式可以看出，增加靶材料的原子序数 Z，可提高光强，故常采用钨、钼等原子系数大的金属作为 X 光管靶材，以得到能量较高的连续 X 射线。

2. 特征 X 射线的产生

高能光子或高速带电粒子轰击试样中的原子时，会将自己的一部分能量传递给原子，激发原子中某些内层能级上的电子到外层高能轨道上，内层形成空轨道；形成的空穴可以立即由外层较高轨道上的电子内迁填充，与此同时，多余的能量以 X 射线光子的形式释放出来，其能量等于跃迁电子的能级差，$\Delta E = h\upsilon$。图 4-48 是特征 X 射线的产生原理示意图。

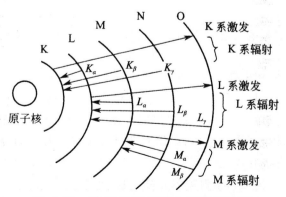

图 4-48　特征 X 射线产生原理示意图

根据莫斯莱定律,元素特征 X 射线的波长 λ 与原子序数 Z 的关系为:

$$\sqrt{\frac{1}{\lambda}} = K(Z-S)$$

式中,K、S 是与线性有关的常数。根据公式可知不同的元素由于原子序数不同,因此具有不同的 X 射线。根据特征谱线的波长就可以进行元素定性分析;而 X 特征射线的强度则与该元素的含量多少成正比,据此可进行定量分析。

特征 X 射线的产生,有以下原则:

①主量子数 $\Delta n \neq 0$。

②角量子数 $\Delta L = \pm 1$。

③内量子数 $\Delta J = \pm 1$ 或 0。内量子数是角量子数 L 和自旋量子数 S 的矢量和。

磁量子数 m 及单独的自旋量子数在特征 X 射线的产生中无重要意义。不符合上述选择定律的谱线称为禁阻谱线。

X 射线特征线可分成若干系(K,L,M,N…),同一线系中的各条谱线是由各个能级上的电子向同一壳层跃迁而产生的。同一线系中,还可以分为不同的子线系,同一子线系中的各条谱线是电子从不同的能级向同一能级跃迁所产生的。$\Delta n = 1$ 的跃迁产生 α 线系,$\Delta n = 2$ 的跃迁产生 β 线系。K_α 表示 α 系单线、$K_{\alpha_1 \alpha_2}$ 表示 α 系双线;K_β 表示 β 系单线、$K_{\beta_1 \beta_2}$ 表示 β 系双线。但是,目前在 X 射线光谱分析中,特征线的符号系统比较混乱,尚未达到规范化。

3. X 射线的吸收、散射和衍射

(1)X 射线的吸收

当 X 射线照射固体物质后,发生一系列复杂变化,有的透过晶体产生热能,有的用于产生散射、衍射和次级 X 射线等,有的将其能量转移给晶体中的电子。因此,用 X 射线照射固体后其强度会发生衰减,这种衰减称为 X 射线的吸收。X 射线的衰减率与其穿过的厚度成正比,即也符合光吸收基本规律:

$$\frac{dI}{I} = -\mu dx$$

将上式积分后,得到:

$$I = I_0 e^{-\mu x}$$

式中,I_0 和 I 是入射和透射的 X 射线强度;x 是试样厚度;μ 是线衰减系数,cm^{-1}。

(2)X 射线的散射

X 射线的散射包括非相干散射和相干散射两种。

非相干散射是指 X 射线与原子中束缚较松的电子作随机的非弹性碰撞,把部分能量传给电子,并改变电子的运动方向。入射线的能量愈大,波长愈短,这种非弹性碰撞的程度愈大;元素的原子序数愈小,它的电子束缚愈牢固,这种非弹性碰撞的程度愈小。非相干散射造成 X 射线能量降低,波长向长波移动,从而产生康普顿效应。这种散射线的周期与入射线无确定关系,不能产生干涉效应,只能成为衍射图像的背景值,对测定不利。

相干散射是指 X 射线与原子中束缚较紧的电子作弹性碰撞。这类电子散射的 X 射线只改变方向而无能量损失,波长不变,其相位与原来的相位有确定的关系。在重原子中由于存在

大量与原子核结合紧密的电子,尽管有外层电子产生的非相干散射,但相干散射仍是重要的部分。

（3）X 射线的衍射

相干散射是产生衍射的基础。当一束 X 射线以某角度 θ 打在晶体表面,一部分被表面上的原子层散射。光束没有被散射的部分穿透至第二原子层后,又有一部分被散射,余下的继续到第三层。从晶体规则间隔中心的这种散射的累积效应就是光束的衍射,非常类似于可见光辐射被反射光栅衍射。X 射线衍射所需条件有两个:原子层之间间距必须与辐射的波长大致相当;散射中心的空间分布必须非常规则。

$$AP + PC = n\lambda$$

如果距离 n 为一整数,散射将在 OCD 相,晶体好像是在反射 X 辐射。但是,

$$AP = PC = d\sin\theta$$

d 为晶体平面间间距。因此,光束在反射方向发生相干干涉的条件为:

$$n\lambda = 2d\sin\theta$$

此关系式即为布拉格公式。值得注意的是,X 射线仅在入射角满足下列条件时,才从晶体反射,即

$$\sin\theta = \frac{n\lambda}{2d}$$

而其他角度,仅发生非相干干涉。

4.6.2　X 射线光谱仪

X 射线光谱仪器包括 X 射线吸收光谱仪、X 射线衍射光谱仪和 X 射线荧光光谱仪等。

1. X 射线光源

常见的 X 射线光源按其产生 X 射线方式的不同一般可分为三种:
①能发出连续和特征 X 射线辐射的 X 射线管。
②在 X 射线管发出的初级 X 射线照射下,能产生次级（荧光）X 射线的荧光物质。
③放射性元素。

（1）X 射线管

X 射线管的结构如图 4-49 所示。在 X 射线管内部的真空环境中,热阴极（钨丝）所产生的电子被极间高压加速后轰击到阳极靶（由 Cu、Fe、Cr、Mo 等金属或其化合物材料制成）上,电子动能的绝大部分转换为热能,只有不到 1% 的部分转换为 X 射线通过透射窗（由云母、聚酯、铍或铝等材料制成）辐射到管外。

阴极加热电流的大小决定了 X 射线的强度,而极间高压（也称为加速电位）值则决定了 X 射线的波长（光子能量）。X 射线管发出的 X 射线光谱由连续 X 射线谱（韧致辐射谱线）和特征 X 射线组成（图 4-50）。

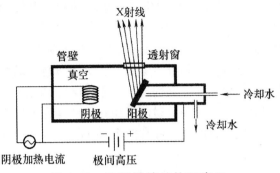

图 4-49　X 射线管结构示意图

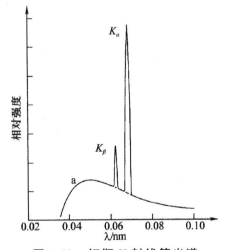

图 4-50　钼靶 X 射线管光谱

①轫致辐射。电子由高能态跃迁至低能态时,可产生电磁辐射。当电子由原子或分子内部的高能态跃迁至低能态(束缚-束缚跃迁)时,可产生线或带状光谱辐射;当电子与离子复合(自由-束缚跃迁)时,可产生连续光谱辐射;当自由电子与其他粒子发生相互碰撞,即电子在外力作用下减速,使电子跃迁至能量较低的自由态(自由-自由跃迁)时,可产生连续光谱辐射,此种辐射亦被称为轫致辐射或制动辐射。

在 X 射线管中,被极间高压加速后的电子轰击到阳极靶时会与靶材原子发生随机的碰撞并被减速,碰撞前后电子的动能损失因碰撞而异,故所产生的 X 射线光子能量值是一个很宽的范围,表现为 X 射线光谱是在一定波长范围内连续的轫致辐射光谱(图 4-50 中标示 a 的隆起部分)。

在轫致辐射中光子的最大能量,亦即光谱中波长最小的光子能量,是与电子在一次碰撞中被减速到零动能的过程相对应的,其表达式为:

$$h\upsilon_0 = \frac{hc}{\lambda_0} = Ue \tag{4-27}$$

式中,U 为极间高压值,e 为电子电荷,h 为普朗克(Planck)常量,υ_0 为 X 射线的最大辐射频率,c 为光速,λ_0 为 X 射线的最小波长(也称为短波限)。

②特征辐射。当施加在 X 射线管上的极间电压超过某一临界值时,加速后的电子动能足以激发靶材原子内层轨道上的电子,使其跃迁至未被电子填满的能级较高的外层轨道或离开原子而使原子电离,从而导致原子核—电子体系的能量升高并处于不稳定的激发态;随后,外层轨道上的电子会向内层空轨道跃迁以使体系的能量下降至稳定态,而多余的能量则以 x 射线光子的形式向外辐射,形成相应元素的特征 X 射线光谱(图 4-50 中 K_α 和 K_β X 射线),此现象称为特征辐射。各元素的特征 X 射线波长与其原子序数之间的关系也遵循莫斯莱定律。

通常用 K、L、M、N…表示主量子数 $n=1$、2、3、4…的电子轨道的能级,根据电子跃迁的起始和终止能级可将特征 X 射线光谱分为多个系列,如图 4-51 所示。

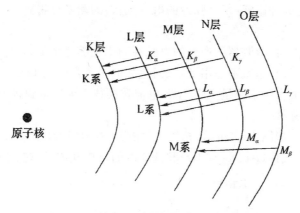

图 4-51　特征 X 射线光谱系列示意图

由于引起特征 X 射线光谱发射的内层轨道电子通常不参与成键,因此大多数元素的特征 X 射线光谱都与其化学结合状态无关。例如,不论钼靶 X 射线管的靶材料是单质钼还是钼的硫化物或氧化物,钼的各 K_α 谱线波长都相同。如同在可见光区使用有色玻璃滤光片一样,使用薄金属片可以将 X 射线光谱中不需要的部分滤掉。例如,用锆金属滤光片可将钼靶 X 射线管光谱中的大部分连续光谱和 K_β 谱线滤掉,从而得到强度损失较大但单色性很好的钼 K_α 谱线。但是由于可用的靶-滤光片组合很少,这种波长选择方法具有很大的局限性。

(2)次级 X 射线

用 X 射线管产生的连续光谱照射某种元素或化合物,可产生相对强度较强的被照射元素特征 X 射线荧光光谱。例如,采用钨靶 X 射线管发出的连续光谱激发钼元素时产生的 K_α 和 K_β 光谱与图 4-51 所示的光谱类似,但连续光谱部分的相对强度很低。

(3)放射源

放射性元素原子在衰变过程中发生的电子俘获(主要是 K 俘获)现象会导致 X 射线的产生。在衰变过程中,原子核可俘获 K 电子并将自身原子序数降低一个单位,外层轨道电子会向 K 层空轨道跃迁并伴随着 1 个新形成元素的特征 X 射线光子的产生。如人工制备的放射性同位素铁-55 可发生半衰期为 2.6 年的 K 反应如下:

$$^{55}\text{Fe} \longrightarrow {}^{54}\text{Mn} + h\upsilon \tag{4-28}$$

所得到的锰 K_α 光谱(波长为 0.21 nm)是 X 射线吸收光谱法和荧光光谱法的一种有用光源。

2. X射线检测

与早期的原子发射光谱仪器相同,早期的X射线光谱仪器也采用涂有卤化银照相乳剂的光谱干板作为检测器。现代X射线光谱仪器所采用的检测器主要为基于光子计数技术的充气型检测器、半导体计数器、闪烁计数器和基于电荷耦合技术的电荷耦合器件(CCD)。

(1)基于光子计数技术的检测器

光子计数技术适用于对各波段极弱光强的检测,其基本原理是检测器可产生与入射光子数目和能量相应的电脉冲。通过对电脉冲进行计数(电脉冲产生率)可得到入射光的强度信息(光子数目);通过对电脉冲高度(每个脉冲的电子数目)的测量可得到入射光的波长信息(光子能量)。

当入射光强度增加时,检测器所产生的电脉冲频率也随之增加,当电脉冲频率超出检测器的响应范围后,光子计数技术就不适用了,取而代之的是通常的光-电流转换技术,即通过测量检测器产生的稳态电流大小来测量光强。光-电流转换技术无法得到入射光的波长信息,必须通过色散系统来进行弥补。

①充气型检测器。如图4-52所示,充气型检测器主要由圆柱形金属外壁(阴极)和中心阳极组成,内部充有惰性气体(Ar、Xe或Kr)和低浓度的有机气体(甲烷、乙醇等)。

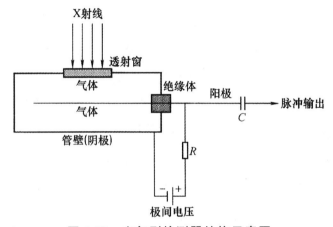

图4-52 充气型检测器结构示意图

X射线通过透射窗进入检测器内部后使惰性气体原子电离,产生电子-离子对。单个X射线光子产生的电子-离子对数目与光子能量呈正比,与气体原子的电离能呈反比。在极间电位的影响下,移动较快的电子向中心阳极移动,而移动较慢的阳离子则向管壁阴极移动。当极间电位较高(>800 V)时,电子在移动过程中可被极间电位加速,动能显著增加,从而使更多的惰性气体原子发生电离,产生多级电离现象,导致电子数目在X射线光子被吸收后的瞬间(0.1~0.2 ns)迅速增加并最终打到中心阳极上。大量的电子到达阳极可产生很大的瞬时电流,并导致阳极高压突然降低,从而产生一个脉冲输出。

当检测器的极间电压在一个合适的范围(约800~1100 V)内时,阳极脉冲输出的高度与入射X射线的光子能量呈正比,此类型的检测器称为正比计数器,是X射线光谱仪器中常用的检测器之一。当检测器的极间电压超过上述范围时,多级电离作用增大,但是由于受到正离子移动速度的限制,移动较快的电子与移动较慢的正离子分离时所产生的正空间电荷将限制到达中心阳极的电子数目,导致检测器输出的脉冲高度与入射 X 射线的光子能量逐渐偏离正比关系。当检测器的极间电压低于上述范围时,多级电离现象不显著,导致检测器的灵敏度很低而用途不大。

在电子到达中心阳极并产生电脉冲以后,检测器内部的正空间电荷会阻止新电子-离子对的产生,直至正离子全部移动到管壁阴极为止。检测器在这段时间内对入射的 X 射线光子无响应,因此这段时间也被称为"死时间"。正比计数器的死时间一般为 1 μs 左右。

②半导体计数器。半导体计数器(图 4-53)通常由掺有 Li 的 Si 制成,夹在 P 型 Si 和 N 型 Si 之间的 Li 漂移 Si 起到了与充气型检测器中的惰性气体相同的作用。Li 原子的半径很小,在高温条件下(400~500℃)很容易扩散进入 Si 晶体形成 Li 漂移 Si。Li 的电离能比较低,当 X 射线光子进入 Li 漂移 Si 区域后,沿其运动轨迹会产生大量的电子-空穴对,在极间电压的作用下,电子和空穴分别向 N 型层和 P 型层移动,移动到 N 型层金属电极的电子会产生瞬时电流并形成一个电脉冲,脉冲高度与入射 X 射线的光子能量呈正比关系。

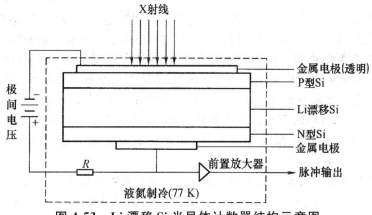

图 4-53　Li 漂移 Si 半导体计数器结构示意图

半导体计数器只能在液氮制冷(77 K)的低温环境下存放和工作。温度的升高将导致 Li 漂移 Si 中的 Li 扩散到其它类型的 Si 晶体中,使检测器的 X 射线响应性能下降,另外,低温环境也能显著降低检测器工作时的电子噪声。

与充气型检测器相比,半导体计数器在吸收能量相同的 X 射线光子后所产生的电脉冲带宽很窄,因此具有更好的脉冲分辨能力。

③闪烁计数器。X 射线照射到闪烁体(磷光体)上会引起可见区光信号的产生,通过对可见区光信号强度的测量可间接得到 X 射线的强度信息,这就是闪烁计数器的工作原理。

常用的 X 射线闪烁计数器一般采用铊活化的碘化钠晶体,即 NaI(Tl)作为闪烁体,通过采用计数(脉冲)工作模式的光电倍增管检测闪烁体光信号。由于闪烁体产生的光信号很弱,不能在光电倍增管的阳极产生连续的光电流,而只能产生电脉冲,故此时的光电倍增管只能工作在与充气型检测器和半导体计数器类似的计数模式下。

(2)基于电荷耦合技术的 CCD

与紫外、可见光类似,X 射线也可以使 CCD 的 Si 衬底产生电子-空穴对,由于 X 射线的光子能量比紫外、可见光高出几个数量级,故其产生的光电荷数目也高出几个数量级。为了避免 X 射线在照射到 Si 衬底之前损失过多,通常采用薄背无窗型 CCD 器件检测 X 射线,同时需要对检测器制冷并抽真空。

CCD 在检测 X 射线时有光子计数和光电流两种工作模式。如果 CCD 的势阱深度只够用来存放单个 X 射线光子产生的光电荷,那么只能采取光子计数模式进行测量;而如果 CCD 的势阱深度足够大,可以存放多个 X 射线光子产生的光电荷,那么也可以采用增加曝光时间,检测光电流的模式进行测量。

4.6.3 X 射线光谱法的应用

1. X 射线荧光法的应用

X 射线荧光分析法是一种元素分析方法,可用于原子序数大于 12 的金属和非金属元素。荧光强度与元素的化学状态无关。这是一种非破坏性方法。

与初级 X 射线发射法相比,不存在连续光谱,以散射线为主构成的本底强度小,峰底比和分析灵敏度显著提高。适合于多种类型的固态和液态物质的测定,并易于实现分析过程的自动化。样品在激发过程中不受破坏,强度测量再现性好,以便于进行无损分析。

通过测量荧光 X 射线的衍射角进行定性分析,因为由衍射角可以计算出荧光波长,而每一元素有自己的特征荧光波长。操作时可依次对 2θ 角度进行扫描。当样品图上峰的极大值位置与光谱分析软件上表明的某元素 K、L、M 线的理论位置相符时,就可确认该元素。定量分析方法与紫外-可见区内的荧光分析法相似。可以采用标准曲线法和标准加入法,后者有利于基体效应的校正。检测极限与样品性质、元素性质及实验条件紧密相关,其范围可从 $10^7 \sim 10^{-2}$。

X 射线荧光分析非常有用。它可用来测定植物和食物中的痕量元素、农产品中的杀虫剂、肥料中的磷等。在医学上,X 射线荧光法可直接测定蛋白质中的硫,血清中的氯、锶以及对组织、骨骼、体液进行元素分析。在采矿和冶金工业中,用于分析矿石、矿渣、岩心,连续测定矿浆中的硅,测定各种不同合金的组成及电镀液中的铂和金等。由于这种方法的非破坏性及不需要制备样品,因此可用于文物和艺术品的鉴别。

金属样品可以制成合适尺寸的圆盘状后,直接置于仪器样品架上,它的表面应抛光。矿物、沉积物及冷冻干燥的生物材料可以研磨成细粉,再压成小片,这适合于痕量与次要元素的分析。为了测定矿物中主要元素,如 Ca、Fe、Si 和 Al 等,可以将粉末样品与稀释剂混合,并加热熔融物成型为具有光滑表面的珠状物。对液体样品中的痕量和次要元素可直接进行测定。对大气中尘埃及水中悬浮物,可通过滤纸采样获得一层薄膜后分析,因此此法适于环境污染物的分析。

X 射线荧光分析法的应用主要取决于仪器技术和理论方法的发展。随着激发源、色散方法和探测技术的改进,以及和计算机技术的联用,X 射线光谱分析法将日益发展成为各个科研部门和生产部门广泛采用的一种极为重要的分析手段。

2. X 射线吸收法的应用

X 射线吸收法的定性分析类似于发射光谱分析,通过将样品谱图中的吸收限与已知元素的吸收限进行比较而完成。X 射线吸收法定量分析的依据仍然是比尔定律。

X 射线吸收法虽然不像 X 射线荧光法常用于定性和定量分析,但它有特别的用处。例如,在医学上用来检查骨折,因为组成血液、肌肉的元素对 X 射线的吸收能力很低,而骨骼则恰好相反,因而在血管中注入强烈吸收 X 射线的碘化铯可以进行血管造影。由于样品中不同元素对 X 射线的吸收程度不同,因此可以检测固体中的杂质、裂缝、不同相的轮廓。在冶金工业中,可以用于检测金属中的空穴、焊接点等情况,也可以用来检查密封容器中的液面高低,以及汽油中的铅等。X 射线吸收法是非破坏性方法,与被分析元素的化学状态无关,但是灵敏度低,因此主要用于常量分析。

3. X 射线衍射法的应用

X 射线衍射法在材料分析与研究工作中具有广泛的用途。此处仅简单介绍其在单晶体取间的测定、物相分析、宏观应力分析、点阵常数精确测定等方面的应用。

(1)单晶体取向的测定

单晶体取向的测定又称为单晶定向,是指测定晶体样品中晶体学取向与样品外观坐标系的位向关系。可以采用劳埃法和衍射仪法进行单晶定向。

透射劳埃法只适于厚度很小且吸收系数较小的样品,背射劳埃法却无需特别制备样品,样品厚度大小等不受限制,因而多采用背射劳埃法单晶定向。衍射仪法测定单晶体取向时,因衍射仪采用单色 X 射线照射样品,故其单晶定向原理及方法等与劳埃法不同。衍射仪法单晶定向比较迅速,适于经常性地测定大量晶体的取向。劳埃法单晶定向全面、形象,且有底片作永久性记录,适于实验研究中少量样品的取向测定。

(2)物相分析

物相分析指确定材料由哪些相组成,即物相定性分析或物相鉴定,以及确定各组成相的含量,即物相定量分析,常以体积分数或质量分数表示。物相是决定或影响材料性能的重要因素。相同成分的材料,相组成不同则性能不同。因而,物相分析在材料、冶金、机械、化工、地质、纺织、食品等行业中得到广泛应用。

组成物质的各种相都具有各自特定的晶体结构,因而具有各自的 X 射线衍射花样特征。对于多相物质,其衍射花样则由其各组成相的衍射花样简单叠加而成。由此可知,物质的 X 射线衍射花样特征就是分析物质相组成的"指纹脚印"。制备各种标准单相物质的衍射花样并使之规范化,可得到"粉末衍射卡片组",即 PDF 卡片。将待分析样品物质的衍射花样与之对照,从而确定物质的组成相,即为物相定性分析的基本原理与方法。

物相定量分析的任务是确定样品中物质各组成相的相对含量。对于物相定量分析而言,由于需要准确测定衍射线强度,因而定量分析一般采用衍射仪法。物相定量分析方法主要有内标法以及直接对比法等。内标法包括内标曲线法、K 值法和任意内标法,这几种方法均需向待分析样品内加入标准物质,适用于粉末状样品,而不适用于整体样品。直接对比法不需向样品中加入任何物质而直接利用样品中各相的衍射强度比值来实现物相定量分析。

物相定量分析方法自 20 世纪 70 年代以来得到重视与发展,现有的各种方法均有各自的优缺点与应用范围。扩大应用范围和提高测量精度与灵敏度是物相定量分析技术的重要发展方向。

（3）宏观应力分析

产生应力的各种外部因素去除后，在物体内部依然存在的应力称为残余应力。残余应力可分为宏观应力、微观应力、超微观应力。宏观应力是指在物体中较大范围内存在并保持平衡的应力。微观应力是指在物体中一个或若干个晶粒范围内存在并保持平衡的应力。超微观应力是指在物体中若干个原子范围内存在并保持平衡的应力，一般在位错、晶界及相界等附近。残余应力直接影响工件的疲劳强度、应力腐蚀、断裂和尺寸稳定性等。因而，应力的测定在寻求工件处理最佳工艺条件、检查强化效果、预测工件寿命和工件失效分析等工作中具有重要的应用意义。

宏观应力在物体中较大范围内均匀分布产生的均匀应变表现为该范围内方位相同的各晶粒中同名晶面面间距变化相同，并从而导致了衍射线向某方向位移，这是 X 射线测量宏观应力的基础。

X 射线测定应力具有非破坏性，可测小范围局部应力，可测表层应力，可区别应力类型等优点。但 X 射线测定应力精确度受组织结构的影响较大，X 射线也难以测定动态瞬时应力。

（4）点阵常数的精确测定

点阵常数是晶体物质的基本结构参数，它随化学成分和外界条件的变化而变化。点阵常数的测定在研究固态相变、确定固溶体类型、测定热膨胀系数等方面都得到了应用。由于点阵常数随各种条件而变化的数量级很小，因而对点阵常数应进行精确测定。

点阵常数是通过 X 射线衍射线的位置的测定而获得的。考虑到测量误差，测量时应采用高角度衍射仪。

第 5 章　色谱分析法的原理与应用

5.1　气相色谱分析法

气相色谱法是一种以气体为流动相的柱色谱分离分析方法,它又可分为气-液色谱法和气-固色谱法。它的原理简单,操作方便,在全部色谱分析的对象中,约 20% 的物质可用气相色谱法分析。气相色谱法测定一个样品只需几分钟到几十分钟,分析速度很快,如用微机控制整个操作过程和数据处理系统,分析周期更短。

5.1.1　气相色谱的分离原理

气相色谱的流动相一般为惰性气体,气-固色谱法中的固定相通常为表面积大且具有一定活性的吸附剂。当多组分的混合物样品进入色谱柱后,由于吸附剂对每个组分的吸附力不同,一段时间后,各组分在色谱柱中的运行速度也就不同。吸附力弱的组分容易被解吸下来,最先离开色谱柱进入检测器,而吸附力最强的组分最不容易被解吸下来,因此最后离开色谱柱。各组分在色谱柱中彼此分离,顺序进入检测器中被检测、记录下来。

气-液色谱中,以均匀涂在载体表面的液膜为固定相,这种液膜对各种有机物都具有一定的溶解度。当样品被载气带入柱中到达固定相表面时,就会溶解在固定相中。当样品中含有多个组分时,由于它们在固定相中的溶解度不同,一段时间后,各组分在柱中的运行速度也就不同。溶解度小的组分先离开色谱柱,溶解度大的组分后离开色谱柱。这样,各组分在色谱柱中彼此分离,再顺序进入检测器中被检测、记录下来。

5.1.2　气相色谱仪

气相色谱仪的一般流程示意图如图 5-1 所示。气相气相色谱仪一般由载气源(包括压力调节器、净化器)、进样器(也可称为汽化室)、色谱柱与柱温箱、检测器和数据处理系统构成。进样器、柱温箱和检测器分别具有温控装置,可达到各自的设定温度。最简单的数据处理系统是记录仪,现代数据处理系统都是由既可存储各种色谱数据,计算测定结果,打印图谱及报告,又可控制色谱仪的各种实验条件,如温度、气体流量、程序升温等的工作站处理,一般而言,这些工作站由计算机和专用色谱软件组成。

根据各部分的功能,气相色谱仪可分为气路系统、进样系统、分离系统、检测系统、记录系统和温度控制系统六大系统。组分能否分离,色谱柱是关键;分离后的组分能否产生信号则取决于检测器的性能和种类。所以分离系统和检测系统是核心。

(1)气路系统

气路系统是一个载气连续运行、管路密闭的系统。气路系统包括气源、气体净化、气体流速控制和测量。其作用是将载气及辅助气进行稳压、稳流和净化,以提供稳定而可调节的气流以保证气相色谱仪的正常运转。

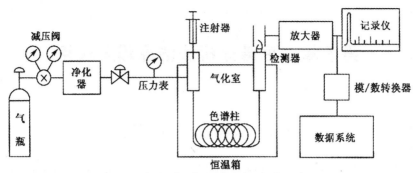

图 5-1　气相色谱仪的一般流程示意图

载气流速的稳定性、准确性同样对测定结果有影响。载气流速范围常选在 30～100 ml/min 之间,流速稳定度要求小于 1%,用气流调节阀来控制流速,如稳压阀、稳流阀、针形阀等。

常用的载气有氮气、氢气、氦气和氩气等,实际应用中载气的选择主要根据检测器的特性来决定。这些气体一般由高压钢瓶供给,纯度要求在 99.99% 以上。市售的钢瓶气如纯氮、纯氢等往往含有水分等其他杂质,需要纯化。常用的纯化方法是使载气通过一个装有净化剂(硅胶、分子筛、活性炭等)的净化器来提高气体的纯度。硅胶、分子筛的作用是除去载气中的水分,活性炭吸附载气中的烃类等大分子有机物。

(2)进样系统

将气体、液体、固体样品快速定量地加到色谱柱头上,进行色谱分离。进样量的准确性和重复性以及进样器的结构等都对定性和定量有很大的影响。

进样系统包括进样装置和气化室,其作用是定量引入样品并使其瞬间气化。气相色谱要求气化室体积尽量小,无死角,以减少样品扩散,提高柱效。对于气体样品,常用六通阀进样;对于液体样品,一般采用注射器、自动进样器进样;对于固体样品,一般溶解于常见溶剂转变为溶液进样;对于高分子固体,可采用裂解法进样。

(3)分离系统

分离系统主要由色谱柱构成,是气相色谱仪的心脏。它的功能是使试样在色谱柱内运行的同时得到分离。试样中各组分分离的关键,主要取决于色谱柱的效能和选择性。色谱柱中的固定相是色谱分离的关键部分。根据色谱柱的形状和特性,色谱柱主要分为填充柱和毛细管柱两大类。

要求色谱柱箱使用温度范围宽,控温精度高,热容小,升温、降温速度快,保温好。

(4)检测系统

检测系统由检测器与放大器等组成,其作用是把柱子分离后的各组分的浓度变化信息转变成易于测量的电信号,如电流、电压等,进而输送到记录器记录下来。检测器是色谱仪的关键部件。

气相色谱检测器约有 10 多种,常用的是热导检测器、火焰离子化检测器、电子捕获检测器、火焰光度检测器等,这些是微分型检测器。微分型检测器的特点是被测组分不在检测器中积累,色谱流出曲线呈正态分布,即呈峰形,峰面积或峰高与组分的质量或浓度成比例。

气相色谱检测器可分为通用性检测器和选择性检测器,通用性指对绝大多数物质都有响应,选择性指只对某些物质有响应,对其他物质无响应或响应微弱。根据检测原理,又可将检测器分为浓度型和质量型。浓度型检测器指其响应与进入检测器的浓度的变化成比例;质量型检测器指其响应与单位时间内进入检测器的物质量成比例。热导和电子捕获检测器属浓度型；火焰离子化及火焰光度检测器属质量型。

（5）温度控制系统

温度控制是气相色谱仪分析的重要操作条件之一，直接影响到色谱柱的选择性、分离效率和检测器的灵敏度和稳定性。因各部分要求的温度不同，故需三套不同的温控装置。一般情况下，汽化室温度比色谱柱恒温箱温度高 30～70℃，以保证试样能瞬间汽化；以防止试样组分在检测器系统内冷凝，检测器温度与色谱柱恒温箱温度相同或稍高于后者。温度控制可分恒温控制和程序升温控制。

（6）记录系统

记录仪可以将检测器产生的电信号记录下来，以便得到一张永久的色谱图。记录系统的作用是采集并处理检测系统输出的信号以及显示和记录色谱分析结果，主要包括记录仪，有的色谱仪还配有数据处理器。现代色谱仪多采用色谱工作站的计算机系统，不仅可对色谱数据进行自动处理和记录，还可对色谱参数进行控制，提高了定量计算精度和工作效率，实现了色谱分析数据操作处理的自动化。

5.1.3　气相色谱法的应用

气相色谱法广泛应用于各种领域，如石油化工、药物、食品、环境保护等。

1. 气相色谱法在药物中的应用

许多中西成药在提纯浓缩后可以再衍生化后进行分析，主要有镇定催眠药物、兴奋剂、抗生素等。图 5-2 为某镇定剂的分析色谱图。

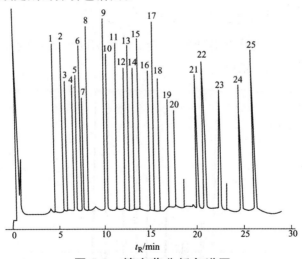

图 5-2　镇定药分析色谱图

色谱峰：1—巴比妥；2—二丙烯巴比妥；3—阿普巴比妥；4—异戊巴比妥；5—戊巴比妥；6—司可巴比妥；
7—眠尔通；8—导眠能；9—苯巴比妥；10—环巴比妥；11—美道明；12—安眠酮；13—丙咪嗪；
14—异丙嗪；15—丙基解痉素（内标）；16—舒宁；17—安定；18—氯丙嗪；19—3. 羟基安定；
20—三氟拉嗪；21—氟安定；22—硝基安定；23—利眠宁；24—三唑安定；25—佳静安定

色谱柱：SE-54

2. 气相色谱法在石油化工中的应用

石油化工产品包括各种烃类物质、汽油、柴油、重油与蜡等。早期，有效快速地分离分析石油产品是气相色谱法的目的之一。图 5-3 为 $C_1 \sim C_5$ 烃的色谱图。

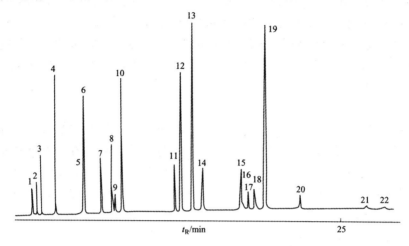

图 5-3 $C_1 \sim C_5$ 烃类物质的分离分析的色谱图

色谱峰：1—甲烷；2—乙烷；3—乙烯；4—丙烷；5—环丙烷；6—丙烯；7—乙炔；8—异丁烷；9—丙二烯；10—正丁烷；11—反-2-丁烯；12—1-丁烯；13—异丁烯；14—顺-2-丁烯；15—异戊烷；16—1,2-丁二烯；17—丙炔；18—正戊烷；19—1,3-丁二烯；20—3-甲基-1-丁烯；21—乙烯基乙炔；22—乙基乙炔

色谱柱：Al_2O_3/KCl PLOT 柱

3. 气相色谱法在食品卫生中的应用

气相色谱可用于测定食品中的各种组分、食品添加剂以及食品中的污染物，尤其是农药残留。如图 5-4 为有机氯农药色谱图。

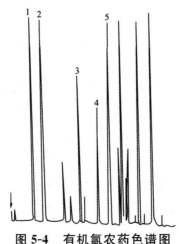

图 5-4   有机氯农药色谱图

色谱峰：1—林丹；2—环氧七氯；3—艾氏剂；4—狄氏剂；5—p′,p′-滴滴涕

色谱柱：SE-52

4. 气相色谱法在环境保护中的应用

气相色谱法能够测定大气污染物中卤化物、硫化物、氮化物、芳香烃化合物和水中的可溶性气体、农药、酚类、多卤联苯等。图 5-5 所示为水中常见有机溶剂的分离分析色谱图。

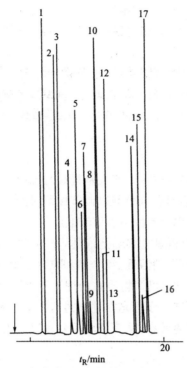

图 5-5　水中有机溶剂的分离分析色谱图

色谱峰:1—乙腈;2—甲基乙基酮;3—仲丁醇;4—1,2-二氯乙烷;5—苯;6—1,1-二氯丙烷;7—1,2-二氯丙烷;8—2,3-二氯丙烷;9—氯甲代氧丙环;10—甲基异丁基酮;11—反-1,3-二氯丙烯;12—甲苯;13—未定;14—对二甲苯;15—1,2,3-三氯丙烷;16—2,3-二氯取代的醇;17—乙基戊基酮

色谱柱:CP-Sil 5CB,25 m×0.32 mm

载气:H_2

柱温:35℃(3 min)→220℃,10℃/min

检测器:FID

5.2　高效液相色谱分析法

高效液相色谱技术在经典液相色谱技术的基础上,引入气相色谱技术的理论,在技术上使用高压泵、高效固定相以及高灵敏检测器,使之发展为具有高效、高速、高灵敏度的液相色谱技术,也称为现代液相色谱技术。

5.2.1　高效液相色谱技术的类型及其原理

依据分离原理不同,高效液相色谱技术可分为十余种,主要有液-液分配色谱法、液-固吸附色谱法、离子交换色谱法、体积排阻色谱法等。

1. *液-液分配色谱法*

根据被分离的组分在流动相和固定相中溶解度不同而分离。在液-液色谱中,固定相是通过化学键合的方式固定在基质上。分离过程是一个分配平衡过程。不同组分的分配系数不同,是液液分配色谱中组分能被分离的根本原因。

液-液分配色谱法按固定相和流动相的相对极性,可分为正相分配色谱法和反相分配色谱法。

(1)正相分配色谱色谱法

采用极性固定相(如聚乙二醇、氨基与腈基键合相);流动相为相对非极性的疏水性溶剂(烷烃类如正己烷、环己烷),常加入异丙醇、乙醇、三氯甲烷等以调节组分的保留时间。一般用于分离中等极性和极性较强的化合物(如酚类、胺类、羰基类及氨基酸类等),极性小的组分先洗出,极性大的后流出。

(2)反相分配色谱法

通常用非极性固定相(如辛基硅烷、十八烷基硅烷),流动相为水或缓冲液,常加入甲醇、乙腈、异丙醇、四氢呋喃等与水互溶的有机溶剂以调节保留时间。通常适用分离非极性和极性较弱的化合物,极性大的组分先流出,极性小的后流出。

在液-液分配色谱中,流动相和固定相都是液体,作为固定相的液体键合在很细的惰性载体上,可用于极性、非极性、水溶性、油溶性、离子型和非离子型等各种类型的分离分析。

液-液分配色谱的分离原理也是根据物质在两种互不相溶液体中溶解度的不同,具有不同的分配系数。所不同的是液-液色谱分配是在柱中进行的,这种分配平衡可反复多次进行,造成各组分的差速迁移,提高了分离效率,从而能分离各种复杂组分。

2. *液-固吸附色谱法*

液-固吸附色谱法是以固体吸附剂为固定相的一种吸附色谱法,该法是利用不同性质分子在固定相上吸附能力的差异而分离的,分离过程是一个吸附—解吸附的平衡过程。常用的吸附剂为硅胶或氧化铝,粒度为 $5 \sim 10 ~\mu m$。适用于分离分子量为 $200 \sim 1000$ 的组分,大多数用于非离子型化合物。液-固吸附色谱传质快,装柱容易,重现性好,不足之处是试样容量小,需配置高灵敏度的检测器。在不同溶质分子间、同一溶质分子中不同官能团之间以及溶质分子和流动相分子之间都存在固定相活性吸附中心上的竞争吸附。由于这些竞争作用,形成了不同溶质在吸附剂表面的吸附、解吸平衡,这就是液-固吸附色谱法的选择性吸附分离原理。固定相表面发生的竞争吸附可用下式表示:

$$X_m + nM_s \underset{解吸}{\overset{吸附}{\rightleftharpoons}} X_s + nM_m$$

式中,X_m 和 X_s 分别表示在流动相和吸附剂表面上的溶质分子;M_m 和 M_s 分别表示在流动相中和在吸附剂上被吸附的流动相分子;n 表示被溶质分子取代的流动相分子的数目。

达平衡时,吸附平衡常数 K_a 为

$$K_a = \frac{[X_s][M_m]^n}{[X_m][M_s]^n}$$

K_a 值越大表示组分在吸附剂上保留越强,就越难洗脱。试样中各组分据此得以分离。

K_a 值可通过吸附等温线数据求出。吸附剂吸附试样组分的能力主要取决于吸附剂的比表面积和理化性质、试样的组成和结构以及洗脱液的性质等。当组分与吸附剂的性质相似时易被吸附;当组分分子结构与吸附剂表面活性中心的刚性几何结构相适应时易被吸附;不同的官能团具有不同的吸附能力。因此,液-固吸附色谱法适用于分离极性不同的化合物、异构体和进行族分离,但不适用于分离含水化合物和离子型化合物,离子型化合物易产生拖尾。

3. 离子交换色谱技术

离子交换色谱技术是利用离子交换原理和液相色谱技术的结合来测定溶液中阳离子和阴离子的一种分离分析方法。凡在溶液中能够电离的物质,通常都可用离子交换色谱技术进行分离,其应用范围比较广泛。

离子交换色谱技术的固定相采用离子交换树脂,树脂上分布有固定的带电荷基团和游离的平衡离子。当被分析物质电离后,产生的离子可与树脂上可游离的平衡离子进行可逆交换,其交换反应通式如下:

阳离子交换:　　　$R-SO_3^- H^+ + M^+ \rightleftharpoons R-SO_3^- M^+ + H^+$

阴离子交换:　　　$R-NR_3^+ Cl^- + X^- \rightleftharpoons R-NR_3^+ X^- + Cl^-$

一般形式:　　　　$R-A + B \rightleftharpoons R-B + A$

反应平衡时,以浓度表示的平衡常数为

$$K_{B/A} = \frac{[B]_r [A]}{[B][A]_r}$$

式中,$[A]_r$、$[B]_r$ 分别代表树脂相中洗脱剂离子(A)和试样离子(B)的平衡浓度,$[A]$、$[B]$则代表它们在溶液中的平衡浓度。

离子交换反应的选择性系数 $K_{B/A}$ 表示试样离子 B 对于 A 型树脂亲和力的大小:$K_{B/A}$ 越大,说明 B 离子交换能力越大,越易保留而难于洗脱。一般说来,B 离子电荷越大,水合离子半径越小,$K_{B/A}$ 就越大。

对于典型的磺酸型阳离子交换树脂,一价离子的 $K_{B/A}$ 按以下顺序:

$$Cs^+ > Rb^+ > K^+ > NH_4^+ > Na^+ > H^+ > Li^+$$

二价离子的顺序为:

$$Ba^{2+} > pb^{2+} > Sr^{2+} > Ca^{2+} > Cd^{2+} > Cu^{2+} , Zn^{2+} > Mg^{2+}$$

对于季铵型强碱性阴离子交换树脂,各阴离子的选择性顺序为:

$$ClO_4^- > I^- > HSO_4^- > SCN > NO_3^- > Br^- > NO_2^- > CN^- > Cl^- > BrO_3^- > OH^- >$$
$$HCO_3^- > H_2PO_4^- > IO_3^- > CH_3COO^- > F^-$$

4. 化学键合相色谱法

化学键合相色谱法(CBPC)是在液-液分配色谱法的基础上发展起来的液相色谱法。由于液-液分配色谱法是采用物理浸渍法将固定液涂渍在载体表面,分离时载体表面的固定液易发生流失,从而导致柱效和分离选择性下降。因此,为了解决固定液的流失问题,将各种不同的有机基团通过化学反应键合到载体表面的游离羟基上,而生成化学键合固定相,并进而发展成 CBPC 法。由于它代替了固定液的机械涂渍,因此对液相色谱法的迅速发展起着重大作用,可以认为它的出现是液相色谱法的一个重大突破。

化学键合固定相对各种极性溶剂均有良好的化学稳定性和热稳定性。由化学键合法制备的色谱柱柱效高、使用寿命长、重现性好,几乎对各种非极性、极性或离子型化合物都有良好的选择性,可用于梯度洗脱操作,并已逐渐取代液-液分配色谱。

在正相键合相色谱法中,共价结合到载体上的基团都是极性基团,流动相溶剂是与吸附色谱中的流动相很相似的非极性溶剂。正相键合相色谱法的分离机理属于分配色谱。

在反相键合相色谱法中,一般采用非极性键合固定相,采用强极性的溶剂为流动相。其分离机理可用疏溶剂理论来解释。该理论认为,键合在硅胶表面的非极性基团有较强的疏水特性。当用极性溶剂作为流动相来分离含有极性官能团的有机化合物时,有机物分子的非极性部分与固定相表面上的疏水基团产生缔合作用,使它保留在固定相中;该有机物分子的极性部分受到极性流动相的作用,促使它离开固定相,并减小其保留作用。这两种作用力之差决定了被分离物在色谱中的保留行为。不同溶质分子这种能力之间的差异导致各组分流出色谱柱的速度不一致,从而使各组分得以充分分离。

5.2.2　高效液相色谱仪

1. 高效液相色谱仪与工作流程

高效液相色谱一般可分为五个主要部分:梯度淋洗系统、高压输液泵与流量控制系统、进样系统、分离柱及检测系统。其流程如图 5-6 所示。高效液相色谱的流动相(也称为淋洗液)存放在储液瓶中,储液瓶可以是一个,也可以是多个,当流动相为多组分时,既可以配制成混合物使用,也可以采用多储液瓶分别存放,应用外梯度或内梯度法使用。流动相使用前需要过滤和脱气,并在抽液管的进口端设置有一微孔砂芯过滤器,防止微小固体颗粒进入高压泵造成损坏,流动相由高压泵来输送和控制流量。分离柱前的进样器为耐高压的六通阀进样器。试样在流动相的携带下进入分离柱而被分离,依次流出进入检测器,最后流出液收集在废液瓶中。

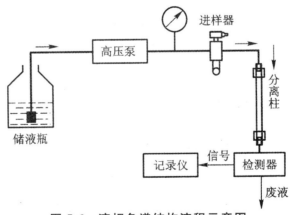

图 5-6　液相色谱结构流程示意图

2. 高效液相色谱仪的基本结构

(1)储液器

储液器用于存放溶剂,溶剂必须很纯,储液器的材料要耐腐蚀,对溶剂有惰性,通常为

1～2 L 大容量玻璃瓶,也可是不锈钢制品。储液器应配有溶剂过滤器,以防流动相的颗粒进入高压泵内。过滤器一般用耐腐蚀的镍合金制成,空隙大小一般在 2 μm 左右。

(2)高压泵

高压输液泵是高效液相色谱的主要部件之一,高压输液泵应具有压力平稳,脉冲小,流量稳定可调,耐腐蚀等特性。在高效液相色谱中,为了获得高柱效而使用粒度很小的固定相,液体流动相高速通过时,将产生很高的压力,其工作压力范围为 $150\sim350\times10^5$ Pa,因此对泵的耐磨性、密封性及加工精度要求极高。

常用的高压输液泵有恒流泵和恒压泵两种类型。恒流泵可保持在工作中给出稳定的流量,流量不随系统阻力变化。恒压泵可保持输出的流动相压力稳定,流量则随系统阻力改变,造成保留时间的重现性差。目前在高效液相色谱中采用的主要是恒流泵,有机械注射泵和机械往复柱塞泵两种主要类型,其中又以机械往复柱塞泵为主。机械往复柱塞泵的结构示意图如图 5-7 所示。在泵入口和出口装有单向阀,依靠液体压力控制。吸入液体时,进口阀打开,出口阀关闭,而排出液体时相反。由其原理可知,这种泵存在着输液脉冲,可通过采取双柱塞和脉冲阻尼器来减小脉冲。

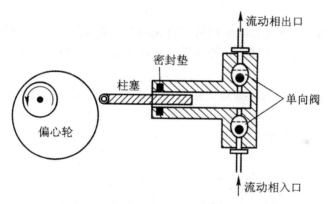

图 5-7　机械往复塞泵的结构示意图

(3)进样器

高效液相色谱进样普遍使用高压进样阀,用微量注射器将样品注入样品、环管,样品环管有不同的尺寸(从 10μl 到 2 ml),可根据分析要求选用,图 5-8 为六通高压进样阀进样示意图,当进样阀手柄放在吸液位置时,流动相直接通过孔 2 和孔 3 之间的通路流向色谱柱,样品通过注射器从孔 4 进入样品环管,过量的样品从出口孔 6 排出,然后将手柄转到进样位置,此时流动相便将样品带入柱子。

(4)分离柱

高效液相色谱的分离柱通常为直型不锈钢管,内径 2～6 mm,柱长 5～25 cm,内填充固定相。为获得高的分离效能,高效液相色谱的发展趋势是减小填料粒度和柱径以提高柱效,目前所使用的固定相颗粒粒度一般为 3～10 μm,柱效达数万块·m^{-1}。高效液相色谱分离柱的柱填料制备较困难,柱的填充要求较高,一般不自行制备。为保护分离柱,通常在分离柱前加一支较短的前置保护柱,保护柱柱填料颗粒粒度通常为 10～30μm。

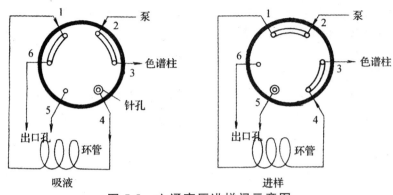

图 5-8 六通高压进样阀示意图

（5）检测器

在液相色谱中,有两种基本类型的检测器:一类是溶质性检测器,它仅对被分离组分的物理或化学特性有响应,属于这类检测器的有紫外、荧光、电化学检测器等;另一类是总体检测器,它对试样和洗脱液总的物理或化学性质有响应,属于这类检测器的有示差折光、电导检测器及蒸发光散射检测器等。现将常用的检测器介绍如下。

①紫外吸收检测器。它是目前应用最广的液相色谱检测器,对大部分有机化合物有响应,已成为高效液相色谱的标准配置。紫外检测器具有灵敏度高,线性范围宽,死体积小,渡长可选,易于操作等特点。

图 5-9 为紫外-可见吸收检测器的光路结构示意图,它主要由光源、光栅、波长狭缝、吸收池和光电转换器件组成。光栅主要将混合光源分解为不同波长的单色光,经聚焦透过吸收池,然后被光敏元件测量出吸光度的变化。

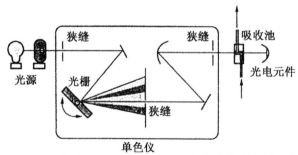

图 5-9 紫外-可见吸收检测器的光路结构示意图

②荧光检测器。荧光检测器属于高灵敏度、高选择性的检测器,仅对某些具有荧光特性的物质有响应,如多环芳烃,维生素 B、黄曲霉素、卟啉类化合物、农药、药物、氨基酸、甾类化合物等。其基本原理是在一定条件下,荧光强度与流动相中的物质浓度成正比。典型荧光检测器的光路,如图 5-10 所示。为避免光源对荧光检测产生干扰,光电倍增管与光源成 90°角。荧光检测器具有较高的灵敏度,比紫外检测器的灵敏度高 2～3 个数量级,检出限可达 10^{-12} g·mL^{-1}。但线性范围仅为 10^3,且适用范围较窄。该检测器对流动相脉冲不敏感,常用流动相也无荧光特性。

③示差折光检测器。示差折光检测器是依据不同的溶液对不同的光有不同的折射率,通过连续测量溶液折射率的变化,便可知组分的含量。溶液的折射率等于纯溶剂和溶质的折射

率乘以各自的质量分数之和。示差折光检测器为通用性检测器,凡是流动相折射率不同的组分均可检验,且操作简单。但这种检测器的灵敏度较低、对温度敏感、不能做梯度洗脱。

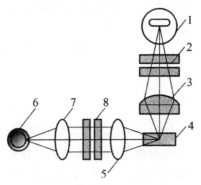

图 5-10　荧光检测器示意图

1—光电倍增管;2—发射滤光片;3,5,7—透镜;4—样品流通池;6—光源;8—激发滤光片

④蒸发光检测器。蒸发光检测器(见图 5-11)是一种通用型的检测器,可检测挥发性低于流动相的任何样品,而不需要样品含有发色基团,其通用检测方法消除了常见于传统 HPLC 检测方法中的难点。蒸发光检测器的响应不依赖于样品的光学特性,任何挥发性低于流动相的样品均能被检测,不受其官能团的影响,它的响应值与样品的质量成正比,因而能用于测定样品的纯度或者检测未知物。蒸发光检测只要分为三个步骤:①用惰性气体雾化流动相;②流动相在加热管(漂移管)中蒸发;③样品颗粒光散射后得到检测。蒸发光散射检测器已被广泛应用于类脂、脂肪酸和氨基酸、碳水化合物、药物以及聚合物等的检测。

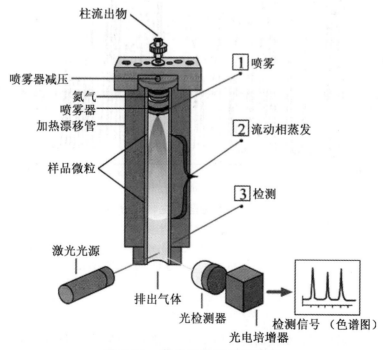

图 5-11　蒸发光检测器示意图

5.2.3 高效液相色谱法的应用

高效液相色谱法有多种分离模式可供选择,其应用对象远远广于气相色谱法,非常适合高沸点、热不稳定性有机化合物、天然产物及生化活性组分等复杂物质的高效、快速分离分析,在精细化工、石油化工、环境监测、生命科学、临床化学、药物研究、商品检验及法学检验等领域都有着广泛的应用。

1. 高效液相色谱的分析应用

在高效液相色谱中,由于反相键合相色谱的突出特点而应用最为广泛,这主要表现在:

①能分离非离子化合物、离子化合物、可解离化合物及生物大分子等。

②以水作为流动相主体,甲醇为有机改性剂,保留时间随溶质的疏水性增加而延长,易于估计洗脱顺序。

③色谱柱平衡快,适宜梯度洗脱。

图 5-12 为 33 种氨基酸的分析结果,分析条件为:75 mm×4.6 mm 十八烷基键合固定相色谱柱,颗粒直径 3 μm,流动相流速为 50 ml·min^{-1},组成为 Na$_2$HPO$_4$、CH$_3$OH 和四氢呋喃水溶液,梯度洗脱。为了提高灵敏度,通过衍生化使氨基酸与邻苯二醛反应,生成荧光衍生物后,用荧光检测器检测。

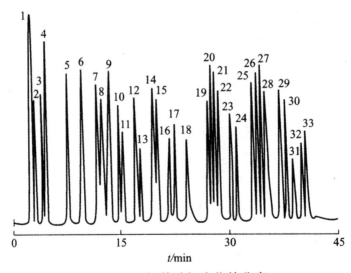

图 5-12 氨基酸衍生物的分离

1—丙氨酸;4—天冬氨酸;5—谷氨酸;7—天冬酰胺;9—丝氨酸;10—谷氨酰胺;11—组氨酸;
14—甘氨酸;15—苏氨酸;17—精氨酸;18—β-丙氨酸;19—丙氨酸;21—酪氨酸;25—色氨酸;
26—甲硫氨酸;27—缬氨酸;28—苯丙氨酸;29—异亮氨酸;30—亮氨酸;31—羟赖氨酸;33—赖氨酸

2. 制备型液相色谱

在许多情况下,需要制备少量高纯度的试样。色谱法是获得少量高纯物质的最有效途径。由于液相色谱不但具有高分离能力,适用对象广,检测器不破坏试样,分离后组分易收集及组分与溶剂易分离等特点,在少量高纯物质制备中,色谱法起着更大的作用。

制备型液相色谱的结构与分析型基本一样,但制备型的色谱柱通常要大,以获得相对较多的纯品。采用较大的制备柱后,泵流量和进样量相应扩大。柱后需要配置馏分收集器。

(1)色谱柱的柱容量

当分离柱一定时,可否增加进样量来提高一次制备量,提高制备效率呢?这取决于分离柱的柱容量及所要求分离产品的纯度。色谱柱的柱容量对分析柱和制备柱有不同的含义。对于分析柱来说,柱容量为不影响柱效时的最大进样量,而对制备柱则为不影响收集物纯度时的最大进样量。色谱操作时,如果超载,即进样量超过柱容量,则柱效迅速下降,峰变宽。对于易分离组分,超载可提高制备效率,但以柱效下降一半或容量因子降低10%为宜。

(2)制备方法

在液相制备色谱收集组分时,当制备的组分为可获得良好分离的主峰时,操作时可超载提高效率。当制备的组分为两主成分之间的小组分时,如图 5-13 所示,可先超载,分离切分使待分离组分成为主成分后,再次分离制备。

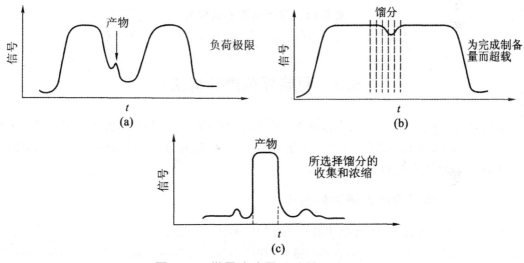

图 5-13　微量或痕量组分的分离制备

3. 在环境监测中的应用

环境中有机氯农药残留量分析——正相色谱法(见图 5-14)。可对水果、蔬菜中的农药残留量进行分析。

固定相:薄壳型硅胶 Corasil Ⅱ(37～50 μm)

流动相:正己烷

流速:1.5 ml·min^{-1}

色谱柱:50 cm±2.5 mm(内径)

检测器:示差折光检测器

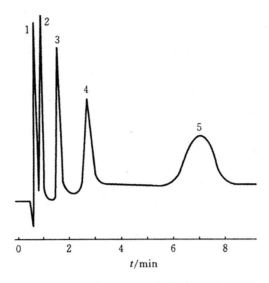

图 5-14　有机氯农药残留量

1—艾氏剂；2—p, p'-DDT；3—o, p'-DDT；4—γ-六六六；5—恩氏剂

5.3　超临界色谱分析法

超临界流体色谱(SFC)是以超临界流体作为流动相的一种色谱分离方法。超临界流体色谱是在 20 世纪 60 年代提出的，但一直发展缓慢。80 年代，由于毛细管超临界流体色谱的出现和优异的性能，使其得到了快速发展。

5.3.1　超临界流体色谱法的原理

物质在超临界温度下，其气相和液相具有相同的密度。随温度、压力的升降，流体的密度会变化。但此时物质既不是气体也不是液体，却始终保持为流体。临界温度通常高于物质的沸点和三相点，如图 5-15 所示。

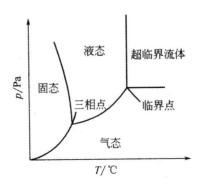

图 5-15　纯物质的相图

物质的超临界状态是指在高于临界压力与临界温度时物质的一种存在状态,其性质介于液体和气体之间,具有气体的低黏度、液体的高密度。虽然超临界流体的性质介于液体和气体之间,但毛细管超临界流体色谱具有液相色谱和气相色谱所不具有的优点。与气相色谱相比,可处理高沸点、不挥发试样;与高效液相色谱相比则流速快具有更高的柱效和分离效率及多样化的检测方式。

另外,由于超临界流体的流动阻力要比液体小得多,故在超临界流体色谱中常使用毛细管柱,对高沸点、大分子试样的分离效率大大提高,这在液相色谱是难以实现的。超临界流体色谱中流动相的作用类似高效液相色谱的流动相。如果溶质分子溶解在超临界流体中类似于挥发,而大分子物质的分压很大,因此可应用比高效液相低得多的温度,实现对大分子物质、热不稳定性化合物、高聚物等的有效分离。

在超临界流体色谱中,当压力增加时,超临界流体密度增加,与组分的作用力增加,洗脱能力增强,组分的保留值减小。当压力一定时,温度升高,超临界流体密度减小,与组分的作用力减小,组分的保留值减小。

5.3.2　超临界流体色谱仪

超临界流体色谱(SFC)的一般结构流程如图 5-16 所示,超临界流体在进入高压泵之前需要预冷却,高压泵将液态流体经脉冲抑制器注入恒温箱中的预柱,进行压力和温度的平衡,形成超临界状态的流体后,再进入分离柱,为保持柱系统的压力,还需要在流体出口处安装限流器。可采用长 2～10 cm,内径 5～10 μm 的毛细管。

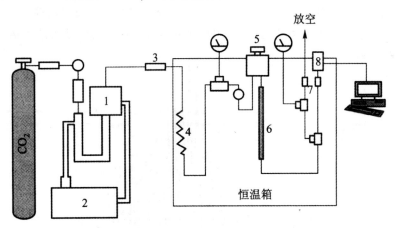

图 5-16　超临界流体色谱仪结构流程示意图

1—高压泵;2—冷冻装置;3—脉冲抑制器;4—预平衡柱;5—进样口;6—分离柱;7—限流器;8—检测器(FID)

超临界流体色谱仪的主要部件包括以下几部分:

(1)高压泵

在毛细管超临界流体色谱中,通常使用低流速(μL·min^{-1})、无脉冲的注射泵;通过电子压力传感器和流量检测器,用计算机来控制流动相的密度和流量。

(2)固定相

在超临界流体色谱中,超临界流体对分离柱填料的萃取作用比较大,可以使用固体吸附剂

(硅胶)作为填充柱填料使用,也可以采用液相色谱中的键合固定相。SFC 中所使用的毛细管柱内径为 50 μm 和 100 μm,长度 10~25 m,内部涂渍的固定液必须进行交联形成高聚物,或键合到毛细管上。

(3)限流器

限流器用于让流体在其两端保持不同的相状态,并通过它实现相的瞬间转换。可采用长 2~10 cm,内径 5~10 μm 的毛细管作为限流器。限流器是位于检测器的前面还是后面需要根据检测器的特性决定。

(4)检测器

可采用液相色谱的检测器,也可采用气相色谱的检测器。流体在进入检测器之前,如果将流动相的超临界状态转变为液态后,即可使用液相色谱的检测器,其中以紫外检测器应用较多。如果在检测器之前通过限流器将超临界状态的流动相转变为气体,即可使用气相色谱检测器,其中以 FID 检测器应用较多。使用 FID 检测器对相对分子质量小的化合物可得到很好的结果,对相对分子质量大的化合物常得不到单峰,而是一簇峰,如把检测器加热可使相对分子质量大于 2000 的化合物获得满意的结果。

5.3.3 超临界液体色谱的应用

由于超临界流体色谱的分离特性及在使用检测器方面的更大灵活性,使不能转化为气相、热不稳定化合物等气相色谱无法分析的试样,及不具有任何活性官能团,无法检测也不便用液相色谱分析的试样,均可以方便地采用超临界色谱法分析,这类问题约占总分离问题的 25%,如天然物质、药物活性物质、食品、农药、表面活性剂、高聚物、炸药及原油等。

图 5-17 为超临界色谱法用填充柱,采用程序升压分析低聚乙烯获得的色谱图。

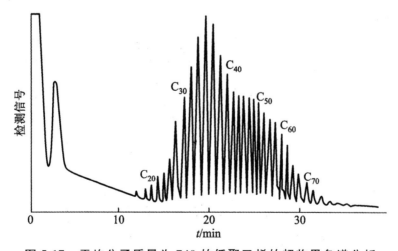

图 5-17 平均分子质量为 740 的低聚乙烯的超临界色谱分析

5.4 平面色谱分析法

平面色谱分析法是组分在以平面为载体的固定相和流动相之间吸附或分配平衡而进行的

一种色谱方法,具有操作简单,仪器设备较廉价,分离能力强,分析速度快,且结果非常直观的特点。平面色谱法按操作方式可分为薄层色谱法、纸色谱法和薄层电泳法等。

5.4.1　薄层色谱法

薄层色谱法的每一个步骤均由仪器操作完成,再配以薄层扫描仪,这样就使定量结果的重现性和准确度在很大程度得到提高。薄层色谱技术是平面色谱法中应用最广泛的方法之一。

薄层色谱技术的基本操作为:将细粉状的吸附剂或载体涂布于玻璃板上使其形成均匀薄层,将试样与对照品溶液点在同一薄板的一端,在密闭的容器中用适当的溶剂展开,显色后样品斑点与对照品斑点进行比较,用于定性鉴别和含量测定。

1. 吸附剂和展开剂

(1)吸附剂

吸附剂是吸附薄层色谱技术的固定相,常用的有氧化铝、硅胶和聚酰胺等。

氧化铝是由氢氧化铝在 400～500℃灼烧而成。氧化铝可分为中性,碱性和酸性三种。一般酸性氧化铝可用于酸性化合物的分离,碱性氧化铝用来分离中性或碱性化合物,中性氧化铝适用于酸性及对碱不稳定的化合物的分离。氧化铝的活性与含水量有关,含水量越高,活性越弱。

硅胶是多孔性无定形粉末,其表面呈弱酸性,通过硅醇基吸附中心与极性基团形成氢键而表现其吸附性能,由于不同组分的极性基团与硅醇基形成氢键的能力不同,在硅胶作为吸附剂的薄板上被分离。硅胶吸附水分形成水合硅醇基而失去吸附能力,但将硅胶在 105～110℃左右加热时,可失去水而提高活度,增加吸附能力,这就是所谓的活化过程。硅胶的含水量越多,级数越高,吸附能力越弱;含水量越少,级数越低,吸附能力越强。

(2)展开剂

展开剂是薄层色谱技术的流动相,通过组分分子与展开剂分子争夺吸附剂表面活性中心而达到分离。主要是根据被分离物质的极性、吸附剂的活度和展开剂的极性之间的相对关系来选择展开剂。Stahl 设计了选择吸附薄层色谱条件的三者关系示意图(见图 5-18),若将图中的三角形 A 角指向极性物质,则 B 就指向活度低的吸附剂,C 就指向极性展开剂。

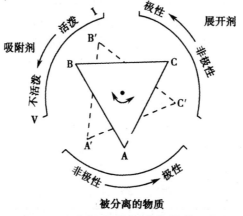

图 5-18　选择吸附色谱条件关系图

薄层色谱技术中常用的溶剂按极性由强到弱的顺序是：

水＞酸＞吡啶＞甲醇＞乙醇＞正丙醇＞丙酮＞乙酸乙酯＞乙醚＞氯仿＞二氯甲烷＞
甲苯＞苯＞三氯乙烷＞四氯化碳＞环己烷＞石油醚

在薄层色谱中，通常根据被分离组分的极性，首先用单一溶剂展开，由分离效果进一步考虑改变展开剂的极性或选择混合展开剂。

2. 定性和定量分析

（1）定性分析

①绝对比移值 R_f 定性。在一定条件下，溶质移动距离与流动相移动距离之比即为比移值。

$$R_f = \frac{L}{L_0}$$

在一定色谱条件下，某组分的 R_f 值是一定值，可用于定性分析。但是绝对比移值 R_f 有很多影响因素，如展开剂的极性、吸附剂的活度、薄层厚度、温度等。将试样与对照品在同一块薄层板上展开，根据试样和对照品的 R_f 值及其斑点颜色比较进行定性。必要时可经过多种展开系统，样品的 R_f 值及其斑点颜色与对照品比较，进一步认定该组分与对照品是同一化合物。

②相对比移值 R_r 定性。在一定条件下，被测组分的比移值与参考样品的比移值之比即为相对比移值。

$$R_r = \frac{R_f（被测组分）}{R_f（参考样品）}$$

组分的 R_r 值定性比 R_f 值可靠得多。将实验值与理论值进行比较进行定性，或选择样品进行对比定性。

此外利用斑点与显色剂反应生成的有色斑点也可初步推断化合物的类型。

（2）杂质检查

薄层色谱可用于药物有关物质的检查和杂质限量的检查，其检查方式通常有杂质对照品比较法和主成分自身对照法两种。

①杂质对照品比较法。配制一定浓度的试样溶液和规定限定浓度的杂质对照品溶液，在同一薄层板上展开，试样中杂质斑点颜色不得比杂质对照品斑点颜色深。

②主成分自身对照法。配制一定浓度的供试品溶液，将其稀释一定倍数作为对照溶液。将试样溶液和对照溶液在同一薄层板上展开，保证试样溶液中杂质斑点颜色不得比对照溶液主斑点颜色深。

（3）定量分析

洗脱法试样经薄层色谱分离后，选用合适溶剂将斑点中的组分洗脱下来，再用适当的方法进行定量测定。斑点需预先采用显色剂定位，可在试样两边同时点上待测组分的对照品作为定位标记。展开后只对两边对照品喷洒显色剂，由对照品斑点位置来确定未显色的试样待测点的位置。

分离试样后，可在薄层板上对斑点进行直接测定，此法即为直接定量法。该法主要有目视比较法和薄层扫描法。目视比较法是指将一系列已知浓度的对照品溶液与试样溶液点在同一薄层板上，展开并显色后，以目视法直接比较试样斑点与对照品斑点的颜色深度或面积大小，求出被测组分的近似含量。薄层扫描法是指用薄层扫描仪对薄层板上斑点进行扫描，通过斑点对光产生吸收的强弱进行定量分析。

5.4.2　纸色谱法

纸色谱法是以纸为载体的平面色谱法。纸色谱过程可以看成是溶质在固定相和流动相之间连续萃取的过程,依据溶质在两相间分配系数的不同而达到分离的目的。所以纸色谱法分离原理属于分配色谱的范畴。另外,纸色谱也常用比移值 R_f 来表示各组分在色谱中位置。

纸色谱技术一般用于微量分析,如生化和医药分析中。但色谱纸的机械强度较差,传质阻力大,其应用受到了很大的限制。纸色谱法的固定相为水分,流动相为有机溶剂。纸色谱分离原理属于分配色谱的范畴。

纸色谱中化合物在两相中的分配系数与化合物的分子结构及流动相种类和极性有关,纸色谱属于正相分配色谱。当流动相一定时,化合物的极性越大或亲水性越强,分配系数越大;化合物极性越小或亲脂性越强,分配系数越小。当化合物一定时,流动相极性越大,化合物分配系数越小;流动相极性越小,分配系数越大。化合物的极性应根据整个分子及组成分子的各个基团的极性来考虑。同类化合物中含极性基团多的化合物通常极性较强。

1. 色谱纸的选择

①要求滤纸质地均匀,平整无折痕,有一定的机械强度。
②纸纤维的松紧适宜,过于疏松易使斑点扩散,过于紧密则流速太慢。
③要求纸质纯度高,无明显的荧光斑点。
④进行制备或定量分析时,可选用载样量大的厚纸;进行定性分析时一般可选用薄纸。

2. 纸色谱的固定相

滤纸纤维有较强的吸湿性,纸色谱法常以吸着在纤维素上的水作固定相,而纸纤维相当于惰性载体。为了适应某些特殊要求,有时可以对滤纸进行特殊处理。

3. 纸色谱的展开剂

展开剂的选择要根据欲分离物质在两相中的溶解度和展开剂的极性来考虑。在展开剂中溶解度较大的物质将会移动得快,因而具有较大的比移值。对极性物质,增加展开剂中极性溶剂的比例,可以增大比移值;增加展开剂中非极性溶剂的比例,可以减小比移值。

纸色谱法最常用的展开剂是含水的有机溶剂,如水饱和的正丁醇、正戊醇、酚等。为了防止弱酸、弱碱的离解,也可加入少量的酸或碱。

纸色谱的操作步骤同薄层色谱一样,也分为点样、展开、显色、定性定量分析。但在纸色谱中不可使用腐蚀性的显色剂显色。定量分析可用剪洗法,即将色谱斑点剪下,经溶剂浸泡、洗脱后,用比色法或分光光度法测定。

5.4.3　薄层电泳法

被分离带电物质在惰性支持体上,以不同速度向与其电荷相反的电极方向泳动,产生差速迁移而得到分离的方法即为薄层电泳法。常用的惰性支持体有纸、醋酸纤维素、琼脂糖凝胶或聚丙烯酰胺凝胶等。

5.5 离子色谱分析法

离子色谱(IC)是 20 世纪 80 年代迅速发展起来的一种以离子为测定对象,利用离子交换原理和液相色谱技术分离测定能在水中解离成有机和无机离子的液相色谱方法。离子色谱能分析周期表中绝大多数元素的数百种离子和化合物,包括无机阴离子、无机阳离子、有机阴离子、有机阳离子和糖、醇、酚、氨基酸、核酸等一大批生物物质。由于离子色谱法灵敏度高($ng \cdot ml^{-1}$)、样品用量少(μl)、选择性好、分析速率快、自动化,能同时进行十多种成分的分离分析等诸多显著优点,因此在环境化学、食品化学、生物技术工程、医药卫生、水质监测、新材料研究等领域应用广泛。

5.5.1 离子色谱分析法的原理

根据分离机理不同,离子色谱可分为离子交换色谱法(IEC)、离子排斥色谱法(IEC)、离子对色谱法(IPC)、离子抑制色谱法(ISC)。这里仅对前三种方法的原理进行阐述。

1. 离子交换色谱分析法的基本原理

离子交换色谱技术(IEC)是利用离子交换原理和液相色谱技术的结合来测定溶液中阳离子和阴离子的一种分离方法。只要在溶液中可以电离的物质,一般都可以用离子交换色谱技术进行分离。离子交换色谱技术应用范围较广,适用于无机离子混合物的分离,也能够用于例如氨基酸、核酸、蛋白质等生物大分子有机物的分离。

离子交换色谱技术采用的是诸如树脂、纤维素、葡聚糖、醇脂糖等不溶性高分子化合物的低交换容量离子交换剂。这种离子交换剂的结构中含有可解离的基团,这些基团在水溶液中能与溶液中的其他阳离子或阴离子起交换作用。虽然交换反应都是平衡反应,然而在色谱柱上进行时,流动相的连续流动使平衡不断向正方向推进,直到将离子交换剂上的离子全部洗脱下来,同理,当一定量的溶液通过交换柱时,由于溶液中的离子不断被交换而浓度逐渐减少,因此也可以全部被交换并吸附在树脂上。

离子交换剂分为阳离子交换剂和阴离子交换剂两大类。各类交换剂根据其自身解离性大小,还可分为强、弱两种。其中强酸或强碱性离子交换树脂较稳定,在高效液相色谱中应用广泛。

阳离子交换剂中的可解离基团有磺酸($-SO_3H$)、羧酸($COOH$)、磷酸($-PO_3H$)和酚羟基($-OH$)等酸性基。交换剂在交换时反应通式如下。

弱酸性离子交换,如:
$$R-COO^-H^+ + M^+ \rightleftharpoons R-COO^-M^+ + H^+$$

强酸性离子交换,如:
$$R-SO_3^-H^+ + M^+ \rightleftharpoons R-SO_3^-M^+ + H^+$$

阴离子交换剂中的可解离基团有伯胺($-NH_2$)、仲胺($-NHR$)、叔胺($-NR_2$)和季铵($-NR_3$)等碱性基团。

弱碱性离子交换,如:$R-N^+R_3Cl^- + X^- \rightleftharpoons R-N^+R_3X^- + Cl^-$
$$R-N^+H_3Cl^- + X^- \rightleftharpoons R-N^+H_3X^- + Cl^-$$

强碱性离子交换,如:

$$R—N^+R_3Cl^- + X^- \rightleftharpoons R—N^+R_3X^- + Cl^-$$

在阳离子交换剂上,阳离子的选择性系数次序为

$Fe^{3+} > Ba^{2+} > Pb^{2+} > Sr^{2+} > Ca^{2+} > Ni^{2+} > Cd^{2+} > Cu^{2+} > Co^{2+} > Zn^{2+} >$

$Mg^{2+} > UO_2^{2+} > Tl^+ > Ag^+ > Cs^+ > Rb^+ > K^+ > NH_4^+ > Na^+ > H^+ > Li^+$

在阴子交换剂,阴离子的选择性系数次序为

柠檬酸根离子 $> SO_4^{2-} > C_2O_4^{2-} > I^- > HSO_4^- > NO_3^- > CrO_4^{2-} > Br^- > SCN^- >$

$Cl^- > HCOO^- > CH_3COO^- > OH^- > F^-$

图 5-19 与图 5-20 分别为阳离子和阴离子交换示意图。

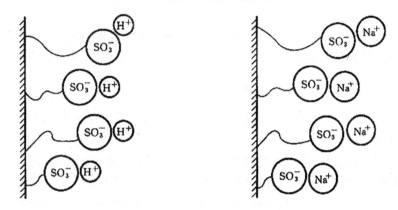

图 5-19　阳离子交换示意图

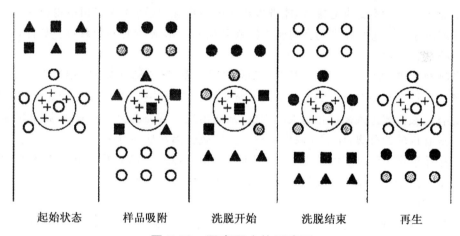

| 起始状态 | 样品吸附 | 洗脱开始 | 洗脱结束 | 再生 |

图 5-20　阴离子交换示意图

○树脂所带可交换离子；■待分离样品中的离子；●离子梯度

离子交换色谱技术中常用的固定相是离子交换剂。离子交换剂一般可分为有机聚合物离子交换剂、硅胶基质键合型离子交换剂、乳胶附聚型离子交换剂以及螯合树脂和包覆型离子交换剂等,其中得到广泛应用的是有机聚合物离子交换剂即离子交换树脂。

①多孔型离子交换树脂,主要为二乙烯苯基和聚苯乙烯的交联聚合物,分为微孔型和大孔型两种。有较高的交换容量,对温度的稳定性比较好,缺点是容易在水或有机溶剂中膨胀,致

使传质速度慢,柱效低,很难达到快速分离。

②薄膜型离子交换树脂,是在直径约 30 μm 的固定惰性核上,凝聚 1~2 μm 厚的树脂层。

③表面多孔型离子交换树脂,在固体惰性核上,覆盖一层微球硅胶,再铺一层很薄的离子交换树脂。薄膜型和表面多孔型树脂传质速度快,有高柱效,可以实现快速分离;而且不容易发生溶胀;但由于表层上离子交换树脂量有限,交换容量低,柱子容易超负荷。

离子交换色谱分析阳离子时,一般使用表面磺化的薄壳型苯乙烯－二乙烯基苯阳离子交换树脂。对二价碱土金属离子的分离,一般使用的是二氨基丙酸、组氨酸、乙二酸、柠檬酸等淋洗液,较好的选择是用 2,3-二氧基丙酸和 HCl 的混合液作淋洗液;对于碱金属、铵和小分子脂肪酸胺的分离,一般使用的的淋洗液是矿物酸,如 HCl 或 HNO_3。

离子交换色谱分析阴离子时一般选用具有季铵基团的离子交换树脂,常用的流动相是弱酸的盐,也可以是氨基酸或本身具有低电导的物质如邻苯二甲酸、邻磺基苯甲酸等。

2. 离子排斥色谱分析法的基本原理

进入 20 世纪 80 年代后,离子排斥色谱作为一种有效的分离方法被广泛地应用于有机酸、醛、酚、醇、氨基酸和糖类的分析。

典型的离子排斥色谱柱是全磺化高交换容量的 H^+ 型阳离子交换剂,其功能基为磺酸根阴离子。树脂表面的这一负电荷层对负离子具有排斥作用,即唐南(Donnan)排斥。实际分析过程中,可以将树脂表面的电荷层当成一种半透膜,此膜将用固定相颗粒及其微孔中吸留的液体与流动相隔开。由于唐南排斥,完全离解的酸不能够被固定相保留,在孔体积外被洗脱;而未离解的化合物由于不受唐南排斥,能进入树脂的内微孔,从而在固定相中得以保留,而保留值的大小取决于非离子性化合物在树脂内溶液和树脂外溶液间的分配系数。如此,不同种物质便得以分离。

离子排斥色谱中使用的固定相是总体磺化的苯乙烯-二乙烯基苯 H^+ 型阳离子交换树脂。二乙烯基苯的百分含量对有机酸的保留是非常重要的参数,称之为树脂的交联度。树脂的交联度决定有机酸扩散进入固定相的大小程度,从而出现保留强弱。一般来说,高交联度的树脂适宜弱离解有机酸的分离,而低交联度的树脂适宜较强离解酸的分离。

离子排斥色谱中流动相的功能是改变溶液的 pH,控制有机酸的离解。最简单的淋洗液是去离子水。由于在纯水中,有机酸的存在形态既有中性分子型也有阴离子型,酸性的流动相能抑制有机酸的离解。

离子排斥色谱技术的检测方法仍以电导检测为主。若采用抑制系统,流动相的背景电导会明显降低,从而使检测灵敏度提高。但如果抑制系统对溶质本身离解的抑制太强,将会使被测物的电导率降低,此时采用紫外检测等其他检测方法,灵敏度、选择性会更好。

3. 离子对色谱分析法的基本原理

离子对色谱法是从 20 世纪 70 年代初期发展起来的。分为正相离子对色谱和反相离子对色谱两类。目前最常用的是反相离子对色谱,它兼有反相色谱和离子色谱的特点的同时,保持了操作方便简捷、柱效高的优点,并能够同时分离离子型化合物和中性化合物。一些强酸、强碱药物以及容易成盐的胺类药物用吸附色谱法分离往往需用很强极性的洗脱液,即便能够洗脱下来,由于药物在固定相上吸附力大而使峰形严重拖尾,分离效果差。

反相离子对色谱通常使用的流动相是是乙腈-水和甲醇-水,在流动相中增加有机溶剂的比例,应当考虑离子对试剂溶解度,流动相的酸度对保留值的影响。

离子对色谱法通常可用于表面活性离子、非表面活性离子、药物成分和生物分子的分析。在离子对色谱分析中,离子对试剂的选择规律,一般而言,对阳离子的分离一般选用盐酸、己烷磺酸等作为离子对试剂,对阴离子的分离通常可以选择氢氧化铵等作为离子对试剂。

5.5.2　离子色谱仪

离子色谱仪一般由流动相输送系统、进样系统、分离系统、抑制或衍生系统、检测系统及数据处理系统等几部分组成,如图 5-21 所示。

1. 流动相输送系统

离子色谱仪的流动相输送系统包括储液瓶、高压输液泵、梯度淋洗装置等。其中储液瓶主要作用是供给足够量且符合规格的流动相。

对于溶剂储存器的要求是:容积足够大,以保证重复分析时有足够的供液;脱气方便;可以承受一定的压力;所选用的材质对所使用的溶剂是惰性的。

离子色谱流动相一般为酸、碱、盐或络合物的水溶液,因此贮液系统选用硬质玻璃材料,容积选择 0.5 L～4 L。

因为色谱柱是带压力操作的,在流路中易释放气泡,因此溶剂使用前必须脱气,防止造成检测器噪声增大,使基线不稳,仪器不能正常工作。

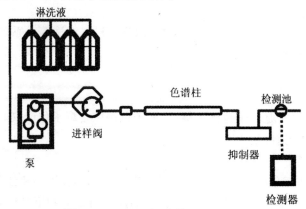

图 5-21　离子色谱装置示意图

脱气方法有多种,在离子色谱中常用的方法有:

①吹氦气或氮气脱气法。氦气或氮气经减压通入淋洗液,在一定压力下将淋洗液中的空气排出。

②低压脱气法。通过水泵、真空泵抽真空,可同时加温或向溶剂吹氮,此法适用于纯水溶剂配制的淋洗液。

③超声波脱气法。将冲洗剂置于超声波清洗槽中,以水为介质超声脱气。通常超声 30 min 左右,便能达到脱气目的。

高压输液泵将流动相输入到分离系统,使样品在柱系统中完成分离过程,它是离子色谱仪的重要部件。离子色谱用的高压泵应具备的性能有:流速稳定,得以保证保留时间的重复和定性定量分析的精度;耐酸、碱和缓冲液腐蚀,并保证对金属离子测定的准确性;有一定输出压力;压力波动小,更换溶剂方便,死体积小,易于清洗和更换溶剂;部分输液泵具有梯度淋洗功能。目前离子色谱应用较多的是往复柱塞泵,往复柱塞泵的柱塞往复运动频率较高,对密封环的耐磨性及单向阀的刚性和精度要求都很高。往复泵有单柱塞和双柱塞两种。通常,双柱塞流量更加平稳,脉动小,但构造复杂,价格也相对较高。

梯度淋洗采用梯度淋洗技术可以提高分离度、缩短分析时间、降低检测限,它对于复杂混合物,特别是保留强度差异很大的混合物的分离是极为重要的手段,为色谱分离带来极大的便利。但离子色谱的电导检测器是一种总体性质的检测器,因而梯度淋洗通常在只含氢氧根离子的淋洗液中采用抑制电导检测时才能实现。离子色谱梯度淋洗可分为低压梯度和高压梯度两种。

2. 进样系统

离子色谱的进样方式有手动进样、气动进样和自动进样三种类型。

(1)手动进样

手动进样采用六通阀,其工作原理同高效液相色谱法相同,但其进样量比后者要大,一般为 $50~\mu L$。

(2)气动进样

采用一定氮气或氩气气压作为动力,通过两路四通加载定量管之后,进行取样和进样,气动进样能有效地减少手动进样中由于动作不同所带来的误差。

(3)自动进样

自动进样是在色谱工作站控制下,自动进行取样、进样、清洗等一系列操作,操作者只需将样品按顺序装入贮样机中,简单便利。

3. 分离系统

离子色谱的分离系统是离子色谱的核心,离子色谱柱是离子色谱仪的"心脏",因此要求它柱效高、选择性好、分析速度快。

(1)离子色谱填料

离子色谱是一种液固色谱,虽然是高效液相色谱的一种,但柱填料和分离机理有其自身特点。离子色谱柱填料的粒度一般在 $5\sim25~\mu m$ 之间,主要有高分子聚合物填料和硅胶型填料两种。

高分子聚合物填料,在离子色谱中使用最广泛的填料是聚苯乙烯-二乙烯苯共聚物。其中阴离子交换柱填料一般采用季胺功能基或叔胺功能基,阳离子交换柱通常采用羧酸或磺酸功能基。如果采用高交联度的材料进行改进,可以兼容有机溶剂,可抗有机污染。通常而言,离子交换型色谱柱的交换容量均很低。

硅胶型离子色谱填料,是离子色谱中使用的另一种填料,采用多孔二氧化硅柱填料制得,是用于阴离子交换色谱法的典型薄壳型填料。一般用于单柱型离子色谱柱中。

(2)色谱柱的结构

一般分析柱内径为 $4~mm$,长度为 $100\sim260~mm$。高端器件尤其是阳离子色谱柱,采用聚四氟乙烯制成,能有效防止金属对测定的干扰。随着离子色谱的发展,细内径柱日益得到重视,2 mm 柱不仅能够减少溶剂消耗量,并且对于同样的进样量,其灵敏度可以提高 4 倍。

4. 离子色谱抑制系统

对于抑制型(双柱型)离子色谱系统,抑制系统是极其关键的一部分,也是离子色谱有别于高效液相色谱的最重要特点。由于离子色谱淋洗液为强电解质的酸碱溶液,其电导本底值高,而被测物的浓度远小于流动相电解质的浓度,这样由于样品离子的存在而产生微小电导的变化是难以测量的。在分离柱后接上一个抑制器,便能够降低淋洗液本身的电导,同时提高被测离子的检测灵敏度。抑制器经历了许多个发展时期,而当下商品化的离子色谱仪也分别采用不同的抑制手段。

①纤维抑制器,采用阳离子交换的中空纤维作为抑制器,外通硫酸作为再生液,可连续对淋洗液进行再生,但是这种抑制器的死体积比较大,抑制容量也不高。

②微膜抑制器,采用阳离子交换平板薄膜,中间通过淋洗液,而外两侧通硫酸再生液。这种抑制器的交换容量比较高,死体积很小,可进行梯度淋洗。

③树脂填充抑制柱,采用高交换容量的阳离子树脂填充柱(阴离子抑制,阳离子抑制的情况与此刚好相反,采用高交换容量的阴离子树脂作为填充柱),通过硫酸,将树脂转化为氢型。然而这种方法的抑制容量不高,需要定期再生,而且死体积比较大,对弱酸根离子由于离子排斥的作用,常常无法准确定量。经过美国 Alttech 公司的改进后,填充柱需要再生时会变颜色,并能够采用电化学法再生,大大改善了传统方法,提高了抑制器的性能。

5. 检测系统

离子色谱通用检测器是电导检测器。由于电导池中的等效电容的影响,施加到电导池上的电压和电流之间的非线性关系,给测量电导值带来了困难。另外,流动相中本底电导值很高,如何在较大的背景值中准确测量待测组分的信号,也是电导检测中的重要问题。目前采用较多的方法有:双极脉冲化学抑制型电导检测、五电极检测和模拟信号交流锁相放大等技术,也能采用紫外、荧光、安培等高效液相色谱常用的检测器。

6. 数据处理系统

离子色谱仪的工作过程是:输液泵将流动相以稳定的流速(或压力)输送至分析系统,在色谱柱之前通过进样器将样品导入,流动相将样品带入色谱柱,在色谱柱中各组分被分离,并随流动相依次流至检测器,抑制型离子色谱会在电导检测器之前添加一个抑制系统,在抑制器中,流动相的背景电导被降低,流出物导入电导检测池,检测到的信号送至数据系统记录、处理或保存。

5.5.3　离子色谱分析法的应用

离子色谱法灵敏度高,分析速度快,能够同时分离多种离子,能够将非离子性物质转变为离子性物质后继续测定,在无机阴离子、阳离子、有机酸碱及生物试样等方面发挥了重要作用。图 5-22 为阴离子分离标准色谱图,图 5-23 为一价阳离子标准色谱图。

离子色谱在有机酸、氨基酸、糖类、有机胺化合物等的分析效果明显,因而在环境化学、化工、电子、食品化学、生物医药等领域得到了广泛应用。

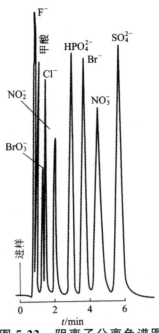

图 5-22 阴离子分离色谱图

色谱峰:1—F^-;2—甲酸;3—Cl^-;4—HPO_4^{2-};5—Br^-;6—NO_3^-;7—SO_4^{2-}

色谱柱:HPIC—AS4A

淋洗液:0.005 mol·L^{-1} HCl

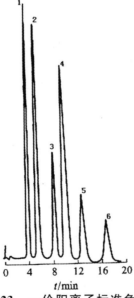

图 5-23 一价阳离子标准色谱图

色谱峰:1—Li^+;2—Na^+;3—NH^+;4—K^+;5—Rb^+;6—Cs^+

色谱柱:HPIC—AS4A

淋洗液:0.0015 mol·L^{-1} HCl

第6章 电化学分析法的原理与应用

6.1 电解分析法

电解分析法是以称量沉积于电极表面的沉积物的质量为基础的一种电分析方法。它是一种比较古老的方法,又称电重量法,它有时也作为一种分离的手段,能方便地除去某些杂质。

6.1.1 电解分析法的原理

电解是借外电源的作用,使电化学反应向着非自发的方向进行。电解过程是在电解池的两个电极上加上直流电压,改变电极电位,使电解质在电极上发生氧化还原反应,同时电解池中有电流通过。

如在 $0.1\ mol \cdot L^{-1}$ 的 H_2SO_4 介质中,电解 $0.1\ mol \cdot L^{-1}$ $CuSO_4$ 溶液,装置如图 6-1 所示。其电极都用铂制成,溶液进行搅拌;阴极采用网状结构,优点是表面积较大。电解池的内阻约为 $0.5\ \Omega$。

将两个铂电极浸入溶液中,当接上外电源,外加电压远离分解电压时,只有微小的残余电流通过电解池。当外加电压增加到接近分解电压时,只有极少量的 Cu 和 O_2 分别在阴极和阳极上析出,但这时已构成 Cu 电极和 O_2 电极组成的自发电池。该电池产生的电动势将阻止电解过程的进行,称为反电动势。只有外加电压达到克服此反电动势时,电解才能继续进行,电流才能显著上升。通常将两电极上产生迅速的、连续不断的电极反应所需的最小外加电压 U_d 称为分解电压。理论上分解电压的值就是反电动势的值,如图 6-2 所示,其中,(1)是计算所得曲线;(2)为实际测得曲线。

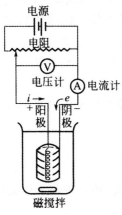

图 6-1 电解装置

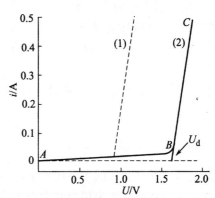

图 6-2 电解铜溶液时的电流—电压曲线

Cu 和 O_2 电极的平衡电位分别是

Cu 电极：$Cu^{2+}+2e=Cu,\varphi^{\theta}=0.0337$ V,

$$\varphi=\varphi^{\theta}+\frac{0.59}{2}lg[Cu^{2+}]=0.337+\frac{0.59}{2}lg0.1=0.308 \text{ V}$$

O_2 电极：$\frac{1}{2}O_2+2H^++2e=H_2O,\varphi^{\theta}=1.23$ V,

$$\varphi=\varphi^{\theta}+\frac{0.59}{2}lg\{[p(O_2)]^{1/2}[H^+]^2\}=1.23+\frac{0.59}{2}lg(1^{1/2}\times0.2^2)=1.189 \text{ V}$$

当 Cu 和 O_2 构成电池时，

$$Pt\,|\,O_2(101325\ Pa),H^+(0.2\ mol\cdot L^{-1}),Cu^{2+}(0.1\ mol\cdot L^{-1})\,|\,Cu$$

Cu 为阴极，O_2 为阳极，电池的电动势为

$$E=\varphi_c-\varphi_a=0.308-1.189=-0.881 \text{ V}。$$

电解时，理论分解电压的值是它的反电动势 0.8.81 V。

从图 6-2 可知，实际所需的分解电压比理论分解电压大，超出的部分是由于电极极化作用引起的。极化结果将使阴极电位更负，阳极电位更正。电解池回路的电压降主 R 也应是电解所加的电压的一部分，这时电解池的实际分解电压为

$$U_d=(\varphi_a+\eta_a)-(\varphi_c+\eta_c)+iR$$

若电解时，铂电极面积为 100 cm^2，电流为 0.10A，则电流密度是 0.001 A·$(cm^2)^{-1}$ 时，O_2 在铂电极上的超电位是 0.72 V,Cu 的超电位在加强搅拌的情况下可以忽略。

$$iR=0.10\times0.50=0.050 \text{ V}，$$
$$U_d=0.88+0.72+0.05=1.65 \text{ V}$$

6.1.2　常用的电解分解法

1. 普通电解分析法

采用如图 6-1 所示的装置可进行普通的电解分析工作，可用 6 V 蓄电池或硅整流器作电源，此法适用于溶液中只有一种金属离子可以沉积的情况，不需控制阴极电极电位。通常加到电解池上的电压比分解电压高相当数值，以使电解加速进行，电解电流一般为 2～5 A。在电解进行一定时间后，增加电压使电流强度维持基本不变，这种电解法也叫做恒流电解法。

普通电解分析法可以测定锌、镉、钴、镍、锡、铅、铜、铋、锑、汞及银等金属元素，误差可达±0.2%，但选择性较差。

2. 控制阴极电位电解分析法

若待测试液中含有两种以上金属离子时，随着外加电压的增大，第二种离子可能被还原。为了分别测定或分离就需要采用控制阴极电位的电解法。

如以铂为电极，电解液为 0.1 mol·L^{-1} 硫酸溶液，含有 0.01 mol·L^{-1} Ag^+ 和 1.0 mol·L^{-1} Cu^{2+},Cu 开始析出的电位为

$$\varphi_{Cu^{2+}/Cu}=\varphi^{\theta}_{Cu^{2+}/Cu}+\frac{0.059}{2}lg[Cu^{2+}]=0.337\ V$$

Ag 开始析出的电位为

$$\varphi_{Ag^+/Ag}=\varphi^{\theta}_{Ag^+/Ag}+0.059lg[Ag^+]=0.681\ V$$

由于 Ag 的析出电位较 Cu 的析出电位正，所以 Ag^+ 先在阴极上析出，当其浓度降至 $10^{-6}\ mol\cdot L^{-1}$ 时，一般可认为 Ag^+ 已电解完。此时 Ag 的电极电位为

$$\varphi_{Ag^+/Ag}=0.799+0.059lg[10^{-6}]=0.445\ V$$

阳极发生水的氧化反应，析出氧气。O_2 电极的平衡电位为

$$\varphi=\varphi^{\theta}+\frac{0.059}{2}lg[p_{O_2}]^{1/2}[H^+]^2=1.23+\frac{0.059}{2}lg[1]^{1/2}[0.2]^2=1.189\ V$$

O_2 在铂电极上的超电位为 0.721 V，故

$$\varphi_a=1.189+0.721=1.91\ V$$

而电解池的外加电压值为

$$V_{外}=\varphi_a-\varphi_c=1.91-0.681=1.229\ V$$

这时 Ag 开始析出，到

$$V_{外}=\varphi_a-\varphi_c=1.91-0.445=1.465\ V$$

即 1.465 V 时，Ag 电解完。而 Cu 开始析出的电压值为

$$V_{外}=\varphi_a-\varphi_c=1.91-0.337=1.573\ V$$

故 1.465 V 时，Cu 还没有开始析出。当外加电压为 1.573 V 时，在阴极上析出 Cu。因此，控制外加电压不高于 1.573 V，便可将 Ag 与 Cu 分离。

在实际分析中，通常是通过比较两种金属阴极还原反应的极化曲线，来确定电解分离的适宜控制电位值。图 6-3 是甲、乙两种金属离子电解还原的极化曲线。从图中可看出，要使金属离子甲还原，阴极电位需大于 a，但要防止金属离子乙析出，电位又需小于 b。因此，将阴极电位控制在 a、b 之间，就可使金属离子甲定量地析出而金属离子乙仍留在溶液中。

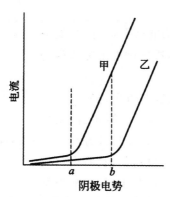

图 6-3　电解还原的极化曲线

要实现对阴极电位的控制，需要在电解池中插入一个参比电极，如甘汞电极，它和工作电极阴极构成回路，其装置如图 6-4 所示。它通过运算放大器的输出可很好地控制阴极电位和参比电极电位的差为恒定值。

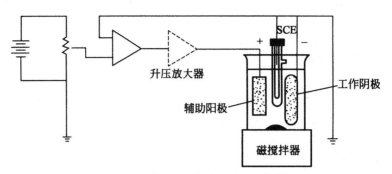

图 6-4　恒阴极电位电解用装置

控制阴极电位电解,开始时被测物质析出较快,随着电解的进行,浓度越来越小,电极反应的速率也逐渐变慢,因此电流也越来越小。当电流趋于零时,电解完成。

3. 恒电流电解分析法

电解分析有时也在控制电流恒定的情况下进行。这时外加电压较高,电解反应的速率较大,但选择性不如控制电位电解法好,往往一种金属离子还未沉淀完全时,第二种金属离子就在电极上析出。

为了防止干扰,可使用阳极或阴极去极剂,以维持电位不变,如在 Cu^{2+} 和 Pb^{2+} 的混合液中,为防止 Pb 在分离沉积 Cu 时沉淀,可以加入 NO_3^- 作为阴极去极剂。NO_3^- 在阴极上还原生成 NH_4^+,即

$$NO_3^- + 10H^+ + 8e \Longrightarrow NH_4^+ + 3H_2O$$

它的电位比 Pb^{2+} 更高,而且量比较大,在 Cu^{2+} 电解完成前可以防止 Pb^{2+} 在阴极上的还原沉积。

类似的情况也可以用于阳极,加入的去极剂比干扰物质先在阳极上氧化,可以维持阳极电位不变,它称为阳极去极剂。

4. 汞阴极电解分析法

前述两种电解方法都是在铂电极上进行的,如果电解时以汞为阴极,以铂为阳极,则这种电解方法就是汞阴极电解分析法。

进行汞阴极电解的电解池装置如图 6-5 所示。

汞阴极电解分析法一般不直接用于测定,而是用作一种分离手段。汞阴极电解法常用于提纯分析用的试剂,如提纯制备伏安分析的高纯度电解质;将电位较正的 Cu、Pb 和 Cd 等浓缩在汞中而与 U 分离来提纯铀。汞阴极电解法也常用于分离干扰物质,如痕量重金属离子的存在可以抑制或失去酶的活性,因此在酶分析中,可用此法除去溶液中的重金属离子。汞阴极电解法用于分离的主要优点是可以除去试样溶液中的大量成分,以利于微量组分的测定。

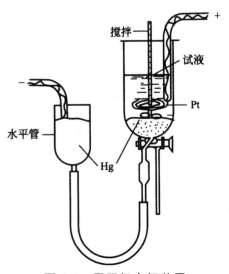

图 6-5　汞阴极电解装置

6.2　库仑分析法

6.2.1　库仑分析法的原理

库仑分析法是以测量电解过程中被测物质直接或间接在电极上发生电化学反应所消耗的电量为基础的分析方法。它和电解分析不同,其被测物不一定在电极上沉积,但要求电流效率必须为 100%。

电解分析是采用称量电解后铂阴极的增量来作定量的。如果用电解过程中消耗的电量来定量,这就是库仑分析。库仑分析的基本要求是电极反应必须单纯,用于测定的电极反应必须具有 100% 的电流效率。电量全部消耗在被测物质上。

库仑分析的基本依据是法拉第电解定律。法拉第电解定律表示物质在电解过程中参与电极反应的物质质量 m 与通过电解池的电量 Q 呈正比,用数学式表示为

$$m = \frac{M}{zF}Q,$$

式中,F 为 1 mol 电荷的电量,称为法拉第常数(96485 C·mol^{-1});M 为物质的摩尔质量;z 为电极反应中的电子数;Q 为电解消耗的电量,$Q = it$。

6.2.2　恒电位库仑分析法

控制电位库仑法是在控制电极电位的情况下,将待测物质全部电解,测量电解所需消耗的总电量。根据法拉第电解定律,得出待测物质的量。

控制电位库仑法必须注意两个问题:第一,在所控制的电极电位下完成对待测物质的电解;第二,电解的电流效率必须是 100%,即消耗的电量都用于待测物质的电解,无副反应。以上两个问题相互关联,只有电极电位控制适当,才能保证在此电位下待测物质在电极上完全电解,非待测物质不发生电解,电流效率为 100%。根据电解方程式:

$$U_{外} = U_{分} + IR = (\varphi_{平(阳)} + \eta_{阳}) - (\varphi_{平(阴)} + \eta_{阴}) + IR$$

外加电压 $U_{外}$、必须大于分解电压 $U_{分}$,电解池才能发生电解。但在实际电解过程中,电解开始时的电流较大,随着电解反应的进行,由于待电解离子浓度不断下降以及极化现象,阴极和阳极的电位不断发生变化,电解电流也逐渐降低。为使电极电位恒定,保证电解电流效率为 100%,工作中一般不采用控制外加电压的方式,而是控制工作电极的电位。

为了使工作电极的电位保持恒定,电解过程中,必须不断减小外加电压,而电流不断减小。当待电解物质电流趋于零(残余电流量)时停止电解。电解时,在电路上串联一个库仑计或电子积分仪,可指示出通过电解池的电量,测定结果准确性的关键是电量的测量。

1. 库仑计

以银库仑计为例,它是以铂坩埚为阴极,纯银棒为阳极,阳极和阴极用多孔陶瓷管隔开,如图 6-6 所示,铂坩埚及陶瓷管中盛有 1~2 mol·L^{-1} AgNO$_3$ 溶液,电解时发生如下反应:

阳极 $Ag = Ag^+ + e$

阴极 $Ag^+ + e = Ag$

电解结束后,称出铂坩埚增加的质量,由析出的银的质量来计算电解所消耗的电量。

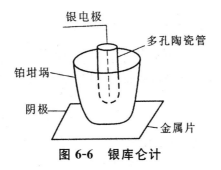

银电极

多孔陶瓷管

铂坩埚

阴极

金属片

图 6-6   银库仑计

2. 电子分析仪

恒电位库仑分析中的电量 $Q = \int_0^t i_t \mathrm{d}t$,采用电子线路积分总电量 Q,并直接由表头显示。

若用作图方法,恒电位库仑分析中的电流随时间而衰减,即

$$i_t = i_0 \times 10^{-Kt}$$

电解时消耗的电量可通过积分求得,即

$$Q = \int_0^t i_0 \times 10^{-Kt} \mathrm{d}t = \frac{i_0}{2.303K}(1 - 10^{-Kt})$$

t 增大,10^{-Kt} 减小。当 $Kt > 3$ 时,10^{-Kt} 可忽略不计,则

$$Q = \frac{i}{2.303K}$$

对 $i_t = i_0 \times 10^{-Kt}$ 取对数,得

$$\lg i_t = \lg i_0 - Kt$$

则以 $\lg i_t$ 对 t 作图得一直线,如图 6-7 所示。直线的斜率为 K,截距为 $\lg i_0$,将 K 和 t_0 值代入式 $Q = \frac{i}{2.303K}$,可求出电量 Q 值。

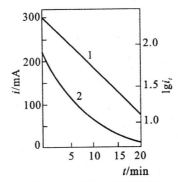

图 6-7   电流时间曲线

6.2.3 恒电流库仑分析法

1. 滴定原理

恒电流库仑分析法是在恒定电流的条件下电解,由电极反应产生的电生"滴定剂"与被测物质发生反应,用化学指示剂或电化学的方法确定"滴定"的终点,由恒电流的大小和到达终点需要的时间计算出消耗的电量,由此求得被测物质的含量。这种滴定方法与滴定分析中用标准溶液滴定被测物质的方法相似,因此恒电流库仑分析法也称库仑滴定法。

在图 6-8 所示的装置中,以强度一定的电流通过电解池,在 100% 的电流效率下由电极反应产生的电生滴定剂与被测物质发生定量反应,当到达终点时,由指示终点系统发出信号,立即停止电解。由电流强度和电解时间按法拉第定律计算出被测物质的质量,即

$$m = \frac{it}{96487} \times \frac{M}{z}$$

或由库仑仪直接显示电量或被测物质的含量。

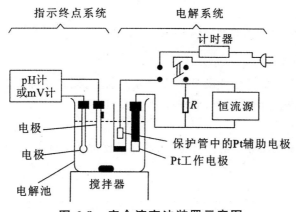

图 6-8 库仑滴定法装置示意图

2. 滴定终点的确定

能否准确地指示终点是影响库仑滴定准确度的一个重要因素。原则上普通滴定分析中指示终点的方法均可用于库仑滴定,如化学指示剂法、电位法、电流法等。

①电位法。与电位滴定法相同,库仑滴定也可用电位法来指示滴定终点。例如,测定钢铁中的碳时,可以采用库仑滴定的方法,用电位法确定终点,其方法原理如下:

钢样在 1200℃ 左右通氧灼烧,试样中的碳经氧化后产生 CO_2,导入置有高氯酸钡溶液的电解池中,CO_2 被吸收,发生下列反应:

$$Ba(ClO_4)_2 + H_2O + CO_2 = BaCO_3 \downarrow + 2HClO_4$$

由于生成高氯酸,溶液浓度的酸度发生变化,在电解池中,用一对铂电极为工作电极及辅助电极,电解时阴极上产生氢氧根离子:

$$2H_2O + 2e = H_2 + 2OH^-$$

氢氧根离子与高氯酸反应,使溶液恢复到原来的酸度为止,根据消耗的电量可求得碳的

含量。

仪器采用玻璃电极为指示电极,饱和甘汞电极为参比电极,指示溶液 pH 值的变化。

②化学指示剂法。普通滴定分析中所用的化学指示剂,如甲基橙、酚酞、百里酚蓝等,均可用于库仑滴定中。

以肼的测定为例。当电解液中有肼和大量 KBr 时,可以用电解产生的 Br_2 去滴定肼,加入甲基橙作为指示剂,其电极反应为:

铂阴极　　　$2H^+ + 2e^- = H_2$

铂阳极　　　$2Br^- = Br_2 + 2e^-$

电极上产生的 Br_2 与溶液中的肼发生下列反应

$$NH_2 - NH_2 + 2Br_2 = N_2 + 4HBr$$

在滴定终点时,过量的 Br_2 可使甲基橙褪色,此时停止电解。

此外,用电解产生的 I_2 去滴定 As^{3+} 时,可用淀粉指示剂;用于酸碱库仑滴定时,可用酸碱指示剂等。该法指示终点简单方便,但当测定毫克级以下的物质时,因其变色范围宽、分析误差大,因此较少使用。

3. 恒电流库仑法的特点及应用

(1)精密度和准确度较高

库仑滴定法常用于常量组分及微量物质的分析,相对误差约为 0.5%。如采用精密库仑滴定法,由计算机程控确定滴定终点,准确度可达 0.01%。

(2)操作简便

库仑滴定法不需要配制标准溶液,使用的试样量比常量法少 1~2 个数量级。易实现自动化测量。

(3)适用面广

由于库仑滴定法所用的滴定剂是由电解产生的,边产生边滴定,所以可以使用如 Cl2、Br2、Cu+ 等不稳定的滴定剂,由此可扩大滴定分析的应用范围。控制电位的方法也能用于库仑滴定,以提高选择性,扩大其应用范围。

6.3　极谱分析法

6.3.1　极普分析的基本装置

极谱法的基本装置(双电极系统)如图 6-9 所示。电解池内的阴极(工作电极)是滴汞电极(DME),它由贮汞瓶、塑料管和内径 0.05 mm 左右的毛细管组成。贮汞瓶中的汞通过塑料管进入毛细管,然后由毛细管一滴滴地、有规则地滴入电解池的溶液中。它的表面积很小,约为 10^{-2} cm^2 数量级。池内的阳极(参比电极)通常是饱和甘汞电极(SCE),电极的表面积较大,为 2~4 cm^2。E 为外电源,AD 为一滑线电阻,加在电解池两极上的电压可通过移动接触点 C 来调节,并由伏特计 V 读出。G 为灵敏检流计,用以测量电解过程中线路上通过的微弱电流。

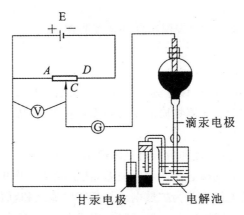

图 6-9　双电系统极谱分析仪示意图

6.3.2　极普定量分析

1. 扩散电流方程

扩散电流 i_d 是极谱分析法定量的基础。即扩散电流与电活性物质浓度之间的数学关系及影响扩散电流的因素是建立定量分析方法首先需要解决的问题。1934 年尤考维奇导出了扩散电流与其影响因素之间的关系式：

$$i_d = 607nD^{1/2}m^{2/3}t^{1/6}c$$

式中，i_d 为扩散电流，μA；n 为电极反应中转移的电子数；D 为被检测物质在溶液中的扩散系数，$cm^2 \cdot s^{-1}$；m 为滴汞的流速，$mg \cdot s^{-1}$；t 为滴汞周期，s；c 为被检测出物质的浓度，$mol \cdot L^{-1}$。

该式又叫尤考维奇公式，定量的阐述了扩散电流与浓度的关系。在一定条件下，n、D、m、t 均为常数，于是可将这些常数合并为一个常数 K（$K = 607nD^{1/2}m^{2/3}t^{1/6}$，称为尤考维奇常数）。则上式可写成

$$i_d = Kc$$

2. 影响极限扩散电流的因素

从尤考维奇公式可知，在极谱分析过程中只有保持 K 所包含的各项为一定值，才能确保极限扩散电流与被测物质的浓度成正比。而 K 值是由 n、D、m、t 等各种因素决定的。

①溶液组分的影响。组分不同，溶液黏度不同，因而扩散系数 D 不同。分析时应使标准液与待测液组分基本一致。

②毛细管特性的影响。通常将 $m^{2/3}t^{1/6}$ 称为毛细管特性常数。汞滴流速 m、滴汞周期 t 是毛细管的特性，将影响平均扩散电流大小。

设汞柱高度为 h，因 $m = k'h$，$t = k''h$，则毛细管特性常数 $m^{2/3}t^{1/6} = kh^{1/2}$（$k$，$k'$，$k''$ 为比例系数），即 i_d 与 $h^{1/2}$ 成正比。因此，实验中汞柱高度必须保持一致。该条件常用于验证极谱波是否为扩散波。

③温度的影响。除 n 外，温度影响公式中的各项，尤其是扩散系数 D。室温下，温度每增加 $1\ ℃$，扩散电流增加约 1.3%。故控温精度必须控制在 $±0.5\ ℃$ 范围之内。

3. 干扰电流及消除

极普分析中的干扰电流包括迁移电流、残余电流、氧电流和极普极大等。这些干扰电流与扩散电流的本质区别是，它们与被测物质浓度之间无定量关系，因此它们的存在严重干扰极谱分析，必须设法除去。

迁移电流来源于电解池的正极和负极对被测离子的静电引力或排斥力。在受扩散速度控制的电解过程中，产生浓差的同时必然产生电位差，使被测离子向电极迁移，并在电极上还原而产生电流，因此观察到的电解电流为扩散电流与迁移电流之和，而迁移电流与被测物质无定量关系，必须消除，一般向电解池加入大量电解质，由于负极对溶液中所有正离子都有静电引力，所以用于被测离子的静电引力就大大地减弱了，从而使由静电引力引起的迁移电流趋近于零，达到消除迁移电流的目的，所加入的电解质称为支持电解质，只起导电作用，不参加电极反应，因此也称为惰性电解质，如 KCl、NH_4Cl 等。

残余电流的产生有两个方面的原因：一是由于溶液中存在可还原的微量杂质，如 O_2、Cu^{2+}、Fe^{3+} 等，这些物质在没有达到被测物质的分解电压以前就在滴汞电极上还原，并产生小的电解电流；二是由于汞滴不断地生成和下落，汞滴表面与溶液间存在的双电层不断充电而产生的充电电流，其数值一般在 10^{-7} 数量级，相当于 $10^{-5}\ mol\cdot L^{-1}$ 物质的还原电流。前者可以借助纯化去离子水和试剂的办法来消除，后者由于不是电极反应的结果，难以消除，一般采用作图法消除。

在试液中溶解的少量氧也很容易在滴汞电极上还原，并产生两个极谱波，由于它们的波形很倾斜，延伸很长，占据了 $-1.2\sim0\ V$ 极谱分析最有用的电位区间，重叠在被测物质的极谱波上，干扰很大，称其为氧电流或氧波。消除氧电流的方法有通入难被氧化的气体（如 N_2），驱除溶解氧，或在中性和碱性溶液中加入亚硫酸钠还原氧，或在酸性溶液中加入还原性铁粉与酸作用生成氢来驱除氧。

极谱分析中，经常出现一种特殊现象，当电解开始时，电流随电压增加而迅速地上升到一个很大的值，随后才降到扩散电流区域，这种比扩散电流大得多的不正常电流峰，称为极谱极大，峰高与被测物质之间无简单关系，影响扩散电流和半波电位的测量，应加以消除，通常是通过在被测溶液中加入少量的表面活性物质来抑制极谱极大，例如动物胶、聚乙烯醇、阿拉伯胶等，这些物质也称为极大抑制剂，但极大抑制剂也会降低扩散电流，用量不宜过多，并且每次用量要相等。

除上述干扰电流外，实际工作中，还有波的叠加、前放电物质、氢放电的影响等干扰因素，都应设法消除，为了消除这些干扰因素所加入的试剂，以及为了改善波形、控制酸度所加入的其他一些辅助试剂的溶液，称为极谱分析的底液。

4. 定量分析

极谱定量分析的依据是尤考维奇方程，但在实验中，由于电流（i_d）与记录的波高（h）成正比，即 $i_d=k'h$，且波高很直观，很容易测量，所以常常利用 $h=kc$ 来进行定量分析。

（1）波高的测量

波高的测量一般采用三切线法，如图 6-10 所示。在极谱波上通过残余电流、扩散电流和极限电流分别作 AB、EF、CD 三条切线，EF 与 AB 相交于 O 点，与 CD 相交于 P 点，通过 O、P 点作横轴平行线，两平行线间距 h 即为波高。

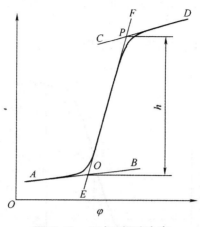

图 6-10　三切法测波高

（2）标准加入法

首先测定体积为 V_x 的未知液的极谱波高 h，然后加入一定体积（V_s）的待测物质的标准溶液，其浓度为 c_s，在同一条件下再测其极谱波高 H。根据扩散电流方程式得

$$h = kc_x, k = \frac{h}{c_x}$$

$$H = kc = k\frac{c_x V_x + c_s V_s}{V_x + V_s} = \frac{h(c_x V_x + c_s V_s)}{c_x(V_x + V_s)}$$

由上式可得未知溶液的浓度

$$c_x = \frac{hc_s V_s}{H(V_x + V_s) - V_x h}$$

标准加入法的优点是适合基体复杂体系，准确度高，只需配一个标准溶液。但分析一个样品需标加一次，即一个样品要分析两次。另外需要注意的是，采用标准加入法时要求校正曲线必须通过原点。

（3）标准曲线法

首先配制一系列不同浓度的标准溶液，然后在一定条件下测其波高，所得波高为纵坐标，以浓度为横坐标作图，得一直线，即标准曲线。分析未知样时，可在同样条件下测其波高，再从标准曲线上找出与其对应的浓度。此法的特点是简单、方便，适用于大批样品的分析。

6.3.3　现代极谱分析技术

1. 直流极谱法

极谱分析法是一种在特殊条件下进行电解的分析方法，它是以滴汞电极作工作电极电解被分析物质的稀溶液,根据电流一电压曲线进行分析的方法。若以固态电极作工作电极,则称为伏安法。近年来,在普通极谱的基础上,出现了单扫描极谱、交流极谱、方波极谱、脉冲极谱、溶出伏安法和极谱催化波等新型快速灵敏的现代极谱新技术,它已成为一种常用的分析方法和研究手段。

直流极谱法具有灵敏度较高、分析速度快、重现性好和应用范围广等优点。

(1)极谱波的形成

由极谱分析装置测定的曲线称为极谱波,如图 6-11 所示。

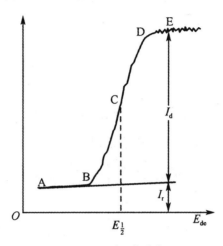

图 6-11　极谱分析

以电解氯化铅的稀溶液为例来说明极谱波的形成过程。

①残余电流部分(AB 段)。当外加电压尚未达到 Pb^{2+} 的分解电压时,滴汞电极的电位较 Pb^{2+} 的析出电位正,电极上没有 Pb^{2+} 被还原,此时,只有微小的电流通过电解池,这种电流称为残余电流(I_r)。

②电流上升部分(BD 段)。当外加电压继续增加,使滴汞电极的电位达到 Pb^{2+} 的析出电位时,Pb^{2+} 开始在滴汞电极上还原析出金属铅,并与汞生成铅汞齐,电极反应式如下:

$$阴极:Pb^{2+}+2e^-+Hg \longrightarrow Pb(Hg)$$

此时便有电解电流通过电解池。滴汞电极的电位(E_{de})可由能斯特公式表示:

$$E_{de}=E^\theta+\frac{0.059}{2}lg\frac{[Pb^{2+}]_0}{[Pb(Hg)]_0}$$

式中,$[Pb^{2+}]_0$ 及 $[Pb(Hg)]_0$ 为铅离子及铅汞齐在电极表面的浓度,E^θ 表示汞齐电极的标准电极电位。

当外加电压继续增加时,滴汞电极的电位较 Pb^{2+} 的析出电位更负,$\frac{[Pb^{2+}]_0}{[Pb(Hg)]_0}$ 的比值将变小,滴汞电极表面的 Pb^{2+} 在电极上迅速还原,电流也急剧上升,即图 6-11 的 BD 段。由于 Pb^{2+} 在电极上的还原,使得滴汞电极表面的 Pb^{2+} 浓度小于主体溶液中 Pb^{2+} 的浓度,产生了浓度差,于是 Pb^{2+} 就要从浓度较高的主体溶液向浓度较低的电极表面扩散,扩散到电极表面的 Pb^{2+} 立即在电极表面还原,产生持续不断的电解电流,这种由于扩散引起电极反应产生的电流称为扩散电流(I)。由于 Pb^{2+} 在电极上的还原,在电极表面附近存在离子浓度变化的液层,该液层称为扩散层,扩散层厚度约为 0.05 mm。在扩散层内,Pb^{2+} 浓度从外向内逐渐减小;在扩散层外,Pb^{2+} 的浓度等于主体溶液中的浓度。

由于电极反应速率很快,而扩散速率较慢,溶液又处于静止状态,所以扩散电流的大小决定于扩散速率,而扩散速率又与扩散层中的浓度梯度成正比。因此扩散电流 I 的大小与浓度梯度成正比。即

$$I \propto \frac{[Pb^{2+}] - [Pb^{2+}]_0}{\delta}$$

或

$$I = K[Pb^{2+}] - [Pb^{2+}]_0$$

式中,K 为比例常数。

③极限扩散电流部分(DE 段)。继续增加外加电压,使滴汞电极电位负到一定数值后,由于滴汞表面 Pb^{2+} 的迅速还原,$[Pb^{2+}]_0$ 趋于零,此时溶液主体浓度和电极表面之间的浓度差达到极限情况,即达到完全浓差极化。此时电流不再随外加电压的增加而增加,曲线呈一平台,此时产生的扩散电流称为极限扩散电流(I_d)。在这种情况下,有

$$I_d = K[Pb^{2+}]$$

由此可看出,极限扩散电流正比于溶液中的待测物质的浓度,这是极谱定量分析的基础。

极谱图上的另一重要参数是半波电位($E_{\frac{1}{2}}$),即扩散电流为极限扩散电流一半时的滴汞电极的电位。当溶液的组分和温度一定时,各种物质的半波电位是一定的,它不随物质的浓度变化而改变。因此,半波电位可作为定性分析的依据。

(2)极谱过程的特殊性

极谱过程是一特殊的电解过程,主要表现在电极和电解条件的特殊性。在极谱分析中,外加电压与两个电极的电位有如下关系:

$$U = E_a - E_{de} + IR$$

式中,E_a 为大面积的饱和甘汞电极的电位(阳极);E_{de} 为小面积的滴汞电极的电位;R 为回路中的电阻;I 为电解电流;U 外加电压。

由于电流很小,所以 IR 可忽略不计,则滴汞电极相对于饱和甘汞电极的电极电位为

$$E_{de} = -U$$

滴汞电极的电位完全随外加电压的变化而变化,是一个极化电极。这样,可通过外加电压控制滴汞电极的电位,使半波电位不同的金属离子产生不同的极谱波,可以在同一电解质溶液里测定一种以上的离子。在极谱分析中,一个电极是极化电极,另一个电极是去极化电极;而在电位分析中,两个电极都是去极化电极。

电解条件的特殊性表现在被分析物质的浓度一般较小,若组分浓度过高,则会因为电流过大而使汞滴无法正常滴落。另外,电解过程中,被测离子达到电极表面发生电解反应,主要靠电迁移、对流和扩散来传质,相应产生迁移电流、对流电流和扩散电流,三种电流中仅有扩散电流与被测离子的浓度有定量关系。因此,必须消除迁移电流和对流电流。消除迁移电流的方法是在被测试液中加入支持电解质,而保持溶液的静止则可消除对流电流。

(3)滴汞电极

滴汞电极的特点主要有:

①汞为液态金属,具有均匀的表面性质。

②由于汞滴不断滴下,电极表面不断更新,可以减少或避免杂质粒子的吸附污染,且前一次电极反应的产物不会影响后一次金属的析出,具有良好的再现性。

③氢在汞电极上的过电位比较高,滴汞电极电位负到 1.20 V 相对于饱和甘汞电极还不会有氢析出,这样就可以在酸性溶液中对很多物质进行极谱测定。

④汞能与许多金属生成汞齐,使其在滴汞电极上的析出电位变正,因而在碱性溶液中,极谱分析法可测定碱金属、碱土金属离子。

但是,汞蒸气有毒,实验室要注意通风。滴汞电极所用毛细管易堵塞,制备较麻烦。另外,当用滴汞电极作阳极时,电位一般不能超过＋0.40 V,否则汞将被氧化。

(4)极谱定量分析法

在极谱图上,扩散电流 I_d 由波高来表示,而不必测量扩散电流的绝对值。测定波高的方法有很多种,但最常用的是三切线法,它适用于各种极谱图形的测量。测量方法如下:先通过残余电流、极限电流和扩散电流的锯齿形振荡中心分别做出它们的切线 AB、CD 和 EF,使它们相交于 G 和 P 点,再通过。和 P 点分别做平行于横坐标的平行线,平行线间的距离 h 即为波高,如图 6-12 所示。

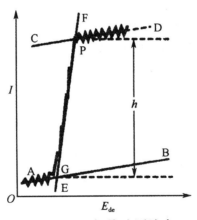

图 6-12　三切线法测波高

极谱定量的方法通常有标准曲线法和标准加入法。

①标准曲线法。标准曲线法是先配制一系列浓度不同的标准溶液,在相同的实验条件下分别测定各溶液的波高(或扩散电流),绘制波高—浓度曲线,然后在同样的实验条件下测定试样溶液的波高,从标准曲线上查出相应的浓度。此法适用于大批量同一类的试样分析,但实验条件必须保持一致。

②标准加入法。标准加入法是指取浓度为 c_x 小体积为 V_x 的试样溶液,做出极谱图,测得波高为 h;然后加入浓度为 c_s 体积为 V_s 的标准溶液,在相同的条件下做出极谱图,如图 6-13 所示,测得波高为 H。由于极谱图上的扩散电流 I_d 可由波高 h 来代表,根据扩散电流方程式得

$$h = Kc_x$$

$$H = K\left(\frac{c_x V_x + c_s V_s}{V_x + V_s}\right)$$

由此可得

$$c_x = \frac{h c_s V_s}{H(V_x + V) - h V_x}$$

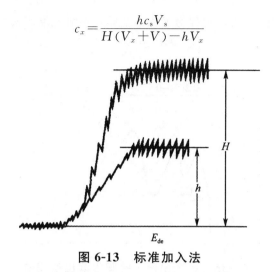

图 6-13　标准加入法

由于加入的标准溶液体积很小,避免了底液不同所引起的误差,因此标准加入法的准确度较高。但是当标准溶液加入得太少时,波高增加的值很小,测量误差就变大;当加入的量太大时,就引起底液组成的变化。因此,在使用这一方法时,加入的标准溶液要适量。另外,只有波高与浓度成正比关系时才能使用标准加入法。

2. 溶出伏安法

溶出伏安分析是将控制电位电解富集与伏安分析相结合的一种新的伏安分析技术。如图 6-14 所示,可以将溶出伏安分析分成两个过程,即首先是被测物质在适当电压下恒电位电解,在搅拌下使试样中痕量物质还原后沉积在阴极上,称为富集过程。第二个过程是静止一段时间后,再在两电极上施加反向扫描电压,使沉积在阴极上的金属离子氧化溶解,形成较大的峰电流,这个过程称为溶出过程。峰电流与被测物质浓度成正比,且信号呈峰形,便于测量。

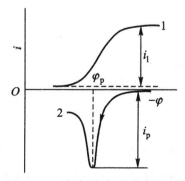

图 6-14　溶出伏安法分析过程

若试样为多种金属离子共存时,按分解电压大小依次沉积,溶出时,先沉积的后析出,故可不经分离同时测量多种金属离子,如图 6-15 所示。根据溶出时工作电极上发生的是氧化反应和还原反应,可将溶出伏安分析分为阳极溶出伏安分析或阴极溶出伏安分析。溶出伏安分析多用于金属离子的定量分析,溶出过程为沉积的金属发生氧化反应又生成金属阳离子,则多称为阳极溶出伏安分析。

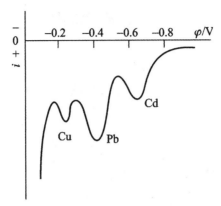

图 6-15　多金属离子的阳极溶出伏安法

溶出伏安分析的灵敏度非常高,被广泛应用于超纯物质分析及化学、化工、食品卫生、金属腐蚀、环境检测、超纯材料、生物等各个领域中的微量元素分析。

3. 单扫描波普分析法

单扫描示波极谱分析法是根据经典极谱原理而建立起来的一种快速极谱分析方法。单扫描示极谱则在单个汞滴的形成后期进行快速扫描,在每个汞滴上生成一次极谱曲线,并使用示波器来快速显示。单扫描示波极谱的工作原理如图 6-16 所示,其扫描电压是在直流可调电压上叠加周期性的锯齿形扫描电压,在示波器的 z 轴坐标显示的是扫描电压,y 轴坐标显示扩散电流,荧光屏显示的将是一条完整的 $i-\varphi$ 曲线,如图 6-17 所示。

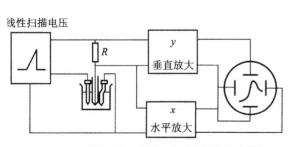

图 6-16　单扫描示波极谱法原理示意图

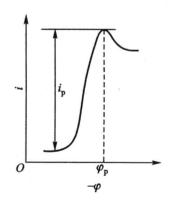

图 6-17　单扫描示波极谱法

快速扫描时,汞滴附近的待测物质瞬间被还原,产生较大的电流,随着电压继续增加,扩散层厚度增加,电极表面物质浓度降低而又使电流迅速下降,达到扩散平衡后,电流稳定,此时完全受扩散控制。图中的 i_p 为峰电流,φ_p 为峰电位。单扫描极谱装置中使用了三电极系统,即在滴汞电极和参比电极外,另加了一支 Pt 电极,极谱电流在滴汞电极和辅助电极间流过。参比电极与工作电极组成了电位监控体系,可使其间没有明显的电流通过,以确保滴汞电极的电位完全受外加电压控制,而参比电极保持恒定。

4. 控制电流极谱法

控制电流极谱法包括交流示波极谱法和计时电位法等,在交流示波极谱法中送进电解池的是恒振幅的周期性改变强度的交流电流,计时电位法中送进电解池的是强度一定的直流电流。

(1)交流示波极谱法

在交流示波极谱中,通入电解池的是恒振幅的正弦交流电流,并用示波器记录电极电位的变化。它有 $\varphi - t$, $\dfrac{d\varphi}{dt} - t$, $\dfrac{d\varphi}{dt} - \varphi$ 三种曲线,其中 $\dfrac{d\varphi}{dt} - \varphi$ 曲线最有用。获得该曲线的装置如图 6-18 所示。当溶液中存在去极剂时, $\dfrac{d\varphi}{dt} - \varphi$ 曲线上出现切口。去极剂离子在电极上还原,则在阴极支上产生切口;还原产物在电极上重新氧化,则在阳极支上产生切口,如图 6-19 所示。切口尖端所对应的电位为半波电位。切口深度与去极剂浓度的关系为

$$h = ae^{-bc}$$

式中:a,b 为常数;c 为去极剂浓度. 浓度越大,切口越深,则 h 越小。

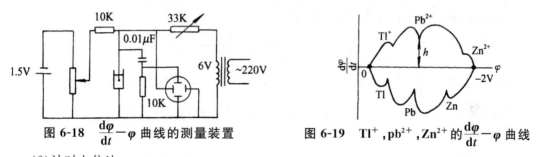

图 6-18　$\dfrac{d\varphi}{dt} - \varphi$ 曲线的测量装置 　　　　图 6-19　Tl^+, pb^{2+}, Zn^{2+} 的 $\dfrac{d\varphi}{dt} - \varphi$ 曲线

(2)计时电位法

以强度一定的恒电流通过含有去极剂的静止溶液,测量电解过程中电极电位随时间变化的 $\varphi - t$ 曲线的方法称为计时电位法,装置如图 6-20 所示。电解池的两个工作电极 e_1 和 e_2 与恒电流源连接,工作电极 e_1 和参比电极 e_3 与示波器或电位计相连。以强度一定的恒电流 i 通过电解池,记录 e_1 的电位变化及电解所需要的时间,测得 $\varphi - t$ 曲线。电解在含有过量的支持电解质和溶液静止的条件下进行,去极剂通过扩散向电极表面运动。图 6-21 为 Cd^{2+} 在汞电极上还原为镉汞齐的 $\varphi - t$ 曲线,其可逆电极反应为

$$Cd^{2+} + 2e + Hg \cdot Cd(Hg)$$

则

$$\varphi = \varphi^{0'} - \frac{0.059}{2} \lg \frac{[Cd^{2+}]}{[Cd(Hg)]}$$

电解过程中,电极电位决定于电极表面的 $\dfrac{[Cd^{2+}]}{[Cd(Hg)]}$ 比率。由于电极反应,电极表面 Cd^{2+} 的浓度逐渐减小,汞齐中镉的浓度不断增大,所以汞电极的电位逐渐变负。当电极表面达到高度浓差极化时,电极表面的 Cd^{2+} 耗尽,电位很快向负的方向移动,直至另一物质在电极

上还原,电位的变化速率又减慢。图 6-21 中 AB 间隔所代表的时间称为过渡时间。过渡时间 τ 为

$$\tau^{1/2} = \frac{zAFD^{1/2}\pi^{1/2}}{2i}c = \frac{zFD^{1/2}\pi^{1/2}}{2i_0}c$$

式中,i 为所加恒电流的强度;A 为电极面积;$i_0 = i/A$ 为电流密度。

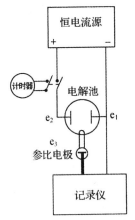

图 6-20　计时电位法装置

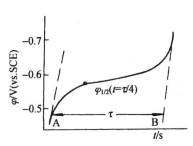

图 6-21　Cd^{2+} 的 $\varphi - t$ 曲线

对可逆电极过程,$\varphi - t$ 曲线应遵守下式:

$$\varphi = \varphi_{1/2} + \frac{0.059}{2}\lg\frac{\tau^{1/2} - t^{1/2}}{t^{1/2}}$$

$\varphi_{1/2}$ 是极谱波的半波电位,相当于 $t = \frac{\tau}{4}$ 时的电位。$t = \tau$ 时,电极表面去极剂的浓度等于零,不能再维持恒定的电流密度。所以,电极电位负移,直至另一电极反应开始。

　　在恒电位下将被测物质预先电解富集在汞电极上形成汞齐,然后再氧化而溶出。若溶出是在恒电流条件下,使电积物又重新氧化,并记录电极电位一时间曲线,这种方法称为计时电位溶出法。若溶出是利用溶液中的氧化剂如 Hg^{2+} 或溶解的 O_2 来氧化电极上的电积物,记录电极电位一时间曲线,这种方法称为电位溶出法。计时电位溶出法和电位溶出法使用的仪器设备简便,并具有溶出伏安法的选择性和灵敏度。

　　5. 脉冲极谱法

　　每一汞滴后期的某一时刻,在线性变化的直流电压上叠加一个方波电压,振幅 ΔE 为 2～100 mV,并在方波电压半周期的后期记录电解电流的方法称为脉冲极谱法。由于方波电压的宽度为 5～100 ms,因此充电电流和毛细管噪声电流得到充分的衰减。脉冲极谱法是极谱法中灵敏度较高的方法之一。

　　脉冲极谱法按施加脉冲电压的方式分为常规脉冲极谱法(NPP)和微分脉冲极谱法(DPP)。常规脉冲极谱波与直流极谱波相似,微分脉冲极谱波呈峰形,如图 6-22 和图 6-23 所示。

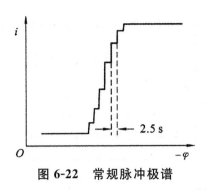

图 6-22　常规脉冲极谱

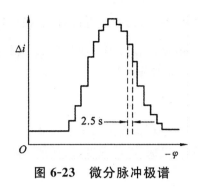

图 6-23　微分脉冲极谱

6. 循环伏安法

循环伏安法加电压方式与单扫描极谱法相似,是将线性扫描电压施加在电极上,电压与扫描时间的关系如图 6-24 所示。开始时,从起始电压 E_i 扫描至某一电压 E 后,再反向回扫至起始电压,成等腰三角形。

若溶液中存在氧化态 O,当电位从正向负扫描时,电极上发生还原反应:

$$O+ze \cdot R$$

反向回扫时,电极上生成的还原态 R 又发生氧化反应:

$$R \cdot O+ze$$

循环伏安图如图 6-25 所示。从循环伏安图上,可以测得阴极峰电流 i_{pc} 和阳极峰电流 i_{pa};阴极峰电位 φ_{pc},和阳极峰电位 φ_{pa} 等重要参数。注意,测量峰电流不是从零电流线而是从背景电癍线作为起始值。

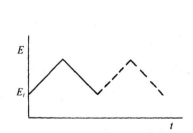

图 6-24　循环伏安法的电压—时间关系

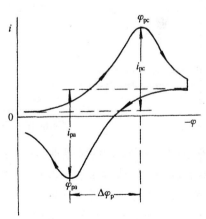

图 6-25　循环伏安图

对于可逆电极过程有

$$\frac{i_{pc}}{i_{pa}} \approx 1$$

$$\Delta\varphi_p = \varphi_{pa} - \varphi_{pc} \approx \frac{56}{z} \text{ mV}$$

它与循环扫描时的换向电位有关,换向电位比 φ_{pc} 负 $\dfrac{100}{z}$ mV 时,$\Delta\varphi_p$ 为 $\dfrac{56}{z}$ mV。通常,$\Delta\varphi_p$ 值在 55~65 V 间。可逆电极过程 φ_p 与扫描速率无关。

峰电位与条件电位的关系为

$$\varphi^{0\prime}=\frac{\varphi_{pa}+\varphi_{pc}}{2}$$

通常,循环伏安法采用三电极系统。使用的指示电极有悬汞电极、汞膜电极和固体电极,如 Pt 圆盘电极、玻璃碳电极、碳糊电极等。

6.4　伏安分析法

伏安分析法可使用面积固定的悬汞、玻璃碳、铂等电极做工作电极,也可使用表面做周期性连续更新的滴汞电极做工作电极。后者是伏安分析法的特例,被称为极谱分析法。参比电极常采用面积较大、不易极化的电极。

6.4.1　伏安分析的测量装置

伏安仪是伏安分析法的测量装置,目前大多采用三电极系统,如图 6-26 所示,除工作电极 W、参比电极 R 外,尚有一个辅助电极 C(又称对电极)。辅助电极一般为铂丝电极。三电极的作用如下:当回路的电阻较大或电解电流较大时,电解池的 iR 降便相当大,此时工作电极的电位就不能简单地用外加电压来表示了。引入辅助电极,在电解池系统中,外加电压 U_0 加到工作电极 W 和对电极 C 之间,则 $U_0=\varphi-\varphi_W+iR$。

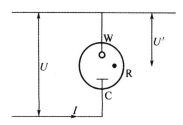

图 6-26　三电极伏安仪电路示意图

伏安图是 i 与 φ_W 的关系曲线,i 很容易由 W 和 C 电路中求得,困难的是如何准确测定 φ_W,不受 φ_W 和 iR 降的影响。因此,在电解池中放置第三个电极,即参比电极,将它与工作电极组成一个电位监测回路。此回路的阻抗甚高,实际上没有明显的电流通过,回路中的电压降可以忽略。监测回路随时显示电解过程中工作电极相对于参比电极的电位 φ_W。

6.4.2　伏安分析法的工作电极

在伏安分析法中,可以使用多种不同性能和结构的电极作为工作电极。当进行还原测定时,常常使用滴汞电极(DME)和悬汞电极。由于汞本身易被氧化,因此汞电极不宜在正电位范围中使用,固体电极的种类有金电极、铂电极、玻璃碳电极和碳糊电极等。

1. 汞电极

汞电极具有很高的氢超电位(1.2 V)及很好的重现性。最原始的汞电极是滴汞电极,滴汞的增长速度和寿命受地球重力控制,滴汞电极由内径为 $0.05\sim0.08$ mm 的毛细管、储汞瓶及连接软管组成。每滴汞的滴落速度为 $2\sim5$ s,其表面周期性地更新可消除电极表面的污染。同时,汞能与很多金属形成汞齐,从而降低了它们的还原电位,其扩散电流也能很快地达到稳定值,并具有很好的重现性。在非水溶液中,用四丁基铵盐作支持电解质,滴汞电极的电位窗口为 $+0.3\sim-2.7$ V(vs. SCE)。当电位正于 $+0.3$ V 时,汞将被氧化,产生一个阳极波。

与滴汞电极不同,静态汞滴电极(SMDE)是通过一个阀门在毛细管尖端得到一静态汞滴,它只能通过敲击来更换汞滴。悬汞电极是一个广泛应用的静态电极,汞滴是由计算机控制的快速调节阀生成的。在玻璃碳电极、金电极、银电极或铂电极表面镀上一层汞膜就可制成汞膜电极,它可用于浓度低于 10^{-7} mol/L 的样品分析中,但主要用于高灵敏度的溶出分析及作为液相色谱的电流检测器。随着人们对环境认识的不断提高,现在汞电极已经不常使用。

2. 固体电极

固体电极一般有铂电极、金电极或玻璃碳电极。玻璃碳电极可检测电极上发生的氧化反应,特别适用于在线分析,如用于液相色谱中。把铂丝、金丝或玻璃碳密封于绝缘材料中,再把垂直于轴体的尖端平面抛光即可制得圆盘电极。

3. 旋转圆盘电极

旋转圆盘电极最基本的用途是用于痕量分析及电极过程动力学研究,它还可应用于阳极溶出伏安分析法及安培滴定中。

6.4.3　溶出伏安法

溶出伏安法是一种灵敏度很高的电化学分析方法,检测下限一般可达 $10^{-11}\sim10^{-7}$ mol/L,它将电化学富集与测定有机地结合在一起。溶出伏安法的操作分为两步:第一步是预电解,第二步是溶出。

预电解是在恒电位下和搅拌的溶液中进行,将痕量组分富集到电极上。时间需严格地控制。富集后,让溶液静止 30 s 或 1 min,称为休止期,再用各种伏安方法在极短时间内溶出。溶出时,工作电极发生氧化反应的称为阳极溶出伏安法;发生还原反应的称为阴极溶出伏安法。溶出峰电流大小与被测物质的浓度呈正比。

电解富集的电极有悬汞电极、汞膜电极和固体电极。汞膜电极面积大,同样的汞量做成厚度为几十纳米到几百纳米的汞膜,其表面积比悬汞大,电极效率高。

图 6-27 是在盐酸介质中测定痕量铜、铅和镉的例子,先将汞电极电位固定在 -0.8 V 处电解一定时间,此时溶液中部分 Cu^{2+}、Pb^{2+} 和 Cd^{2+} 在电极上还原,生成汞齐。电解完毕后,使电极电位向正电位方向线性扫描,这时镉、铅、铜分别被氧化形成峰。溶出伏安法除用于测定金属离子外,还可测定一些阴离子,如氯、溴、碘、硫等。它们能与汞生成难溶化合物,可用阴极溶出伏安法进行测定。

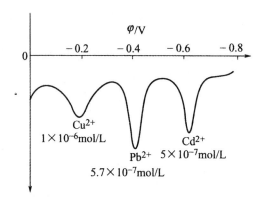

图 6-27　在盐酸介质中测定痕量铜、铅和镉

6.5　化学修饰电极法

化学修饰电极(CME)是利用化学和物理的方法,将具有优良化学性质的物质固定在电极表面,从而改变或改善电极原有的性质,实现电极的功能设计。在电极上可以进行某些预定的、有选择性的反应,并提供更快的电子转移速度。

6.5.1　化学修饰电极的分类及其原理

化学修饰电极按修饰的方法不同可分成共价键合型、吸附型和聚合物型 3 种。

1. 共价键合型修饰电极

共价键合型修饰电极是将被修饰的分子通过共价键的连接方式结合到电极表面。过程为:电极表面经过预处理后引入键合基,然后再通过键合反应接上功能团。这类电极较稳定,寿命长。电极材料有碳电极、金属和金属氧化物电极。

例如,将磨光的碳电极在高温下与 O_2 作用,形成较多的含氧基团,如羟基、羰基、酸酐等。然后用 $SOCl_2$ 跟这些含氧基团作用,形成化合物(Ⅰ)。它再与需要接上去的物质(Ⅱ)反应,通过胺键把吡啶基接到电极表面,再用电活性物质 $[(NH_3)_5RuH_2O]^{2+}$。与吡啶基配合,得到活性的电极表面。

再如,金属和金属氧化物电极的表面一般有较多的羟基(—OH),它可以被用来进行有机硅烷化,引入—NH_2 等活性基团,然后再结合上电活性的官能团。

2. 吸附型修饰电极

吸附型修饰电极是利用基体电极的吸附作用将有特定官能团的分子修饰到电极表面。它可以是强吸附物质的平衡吸附、离子的静电引力、LB 膜的吸附。其中,LB 膜的吸附是将不溶于水的表面活性物质在水面上铺展成单分子膜后,其亲水基伸向水相,而疏水基伸向气相。当该膜与电极接触时,如果电极表面是亲水性的,则表面活性物质的亲水基向电极表面排列,从而得到高度有序排列的分子。

吸附型修饰电极的修饰物通常为含有不饱和键,特别是苯环等共轭双键结构的有机试剂和聚合物,因其 π 电子能与电极表面交叠、共享而被吸附。硫醇、二硫化物和硫化物能借硫原子与金的作用在金电极表面形成有序的单分子膜,称为自组装膜(SAMs)。自组膜是分子通过化学键相互作用自发吸附在固液或气液界面,形成热力学稳定的能量最低有序膜,已有多种类型,其中以烷基硫醇在金上的自组膜最典型并被广泛应用。SAMs 具有组织有序、定向、密集和完好的单分子层或多分子层,而且十分稳定,它具有明晰的微结构。借 SAMs 对离子或分子的识别和在电极上产生选择性响应来进行生物电化学和电分析化学研究已引起人们的注意。例如,以 $[Fe(CN)_6]^{6-/4-}$ 为电化学探针,在谷胱甘肽 SAMs 金电极上研究稀土离子效应。

被吸附修饰的试剂很多是配合剂,它对溶液中的组分可进行选择性的富集,这大大提高了测定的灵敏度。如玻碳电极修饰 6-羟基喹啉后可用于 Tl^+ 的测定。修饰物也能对某些反应起催化作用,如 Anson 将双面钴卟啉吸附于石墨电极表面,它能在酸性溶液中催化还原 O_2 为 H_2O。自组装膜能组成有序、定向、密集、完好的单分子或多分子层,为研究电极表面分子微结构和宏观电化学响应提供了一个很好的实验场所。

3. 聚合物型修饰电极

这种电极的聚合层可通过电化学聚合、等离子体聚合、有机硅烷缩合连接而成。

①电化学聚合。电化学聚合是将单体在电极上电解氧化或还原,产生正离子自由基或负离子自由基,它们再进行缩合反应制成薄膜。

②等离子体聚合。等离子体聚合是将单聚体的蒸气引入等离子体反应器中进行等离子放电,引发聚合反应,在基体上形成聚合物膜。

③有机硅烷缩合。有机硅烷缩合是利用有机硅烷化试剂易水解的性质,发生水解聚合生成分子层。

除以上方法外,将聚合物稀溶液浸涂电极,或滴加到电极表面,待溶剂挥发后也可制得聚合物膜。该方法常用于离子交换型聚合物修饰电极的制备。

6.5.2 碳纳米管修饰电极及纳米传感器

碳纳米管具有独特的力学、电子特性及化学稳定性,是最富特征的一维纳米材料。碳纳米管的长度为微米级,直径为纳米级,具有极高的纵横比和超强的力学性能。它可以认为是石墨管状晶体,是单层或多层石墨片围绕中心按照一定的螺旋角卷曲而成的无缝纳米级管,每层纳米管是一个由碳原子通过 sp^2 杂化与周围 3 个碳原子完全键合后所构成的六边形平面所组成的圆柱面。

碳纳米管分为多壁碳纳米管(MWNT)和单壁碳纳米管(SWNT)两种。多壁碳纳米管是由石墨层状结构卷曲而成的同心且封闭的石墨管,直径一般为 2~25 nm。单壁碳纳米管是由单层石墨层状结构卷曲而成的无缝管,直径为 1~2 nm。单壁碳纳米管常常排列成束,一束中含有几十到几百根碳纳米管相互平行地聚集在一起。

碳纳米管在电化学反应中对电子传递有良好的促进作用。用碳纳米管去修饰电极,可以提高对反应物的选择性,从而制成电化学传感器。利用碳纳米管对气体吸附的选择性和碳纳米管良好的导电性,可以做成气体传感器。不同温度下吸附微量氧气可以改变碳纳米管的导电性,甚至在金属和半导体之间转换。

将碳纳米管修饰到扫描隧道电子显微镜(STM)的针尖上可制成新型的电子探针,它可观察到原子缝隙底部的情况,用这种工具可以得到分辨率极高的生物大分子图像。如果在多壁碳纳米管的另一端修饰不同的基团,这些基团可以用来识别一些特种原子,这就使得用STM从表征一般的微区形貌上升到实际的分子。

6.5.3 化学修饰电极在电分析化学中的应用

1. 提高分析的灵敏度

柄山正树等在玻碳电极上分别以共价键合修饰了亚胺二乙酸(IDA)、乙二胺四乙酸(EDTA)和3,6-二氧环辛基-1,6-乙氨基-N,N,N′,N′-四乙酸(GEDTA)。这类修饰电极用于循环伏安法测定Ag(I),可以大大提高分析的灵敏度,如表6-1所示。

表6-1　不同电极测定Ag(I)的结果

电极	$i_{p,a}/\mu A$	$\varphi_{p,a}$	峰面积/cm^2
GC	0.08	0.220	0.120
GC/IDA	3.30	0.300	3.96
GC/EDTA	2.60	0.320	2.61
GC/GEDTA	3.5	0.300	4.29

2. 制备电化学传感器

将L-氨基氧化酶(LAAO)共价键合在玻碳电极表面形成化学修饰的酶电极。它可作为L-氨基酸的电位传感器。电极对L-苯基丙氨酸、L-蛋氨酸、L-亮氨酸在$10^{-2}\sim10^{-5}$ mol·L^{-1}的范围有线性的响应。

用电化学聚合聚1,2-二氨基苯修饰铂电极,由于聚合物中胺键的质子化,可以形成pH传感器。在pH4~10之间,呈Nernst响应,斜率为53 mV。

3. 良好的催化作用

聚乙烯二茂铁(Fc)修饰电极对水溶液中的抗坏血酸(AH_2)在较宽的pH和浓度范围内有良好的催化作用,其反应为:

$$Fc(膜) \Longleftrightarrow Fc^+(膜) + e$$

$$2Fc^+(膜) + AH_2 \longrightarrow 2Fc(膜) + A + 2H^+$$

这是平行催化过程,如此循环,电极电流大大增加,提高了测定AH_2的灵敏度。

第7章　生化分析技术的原理与应用

7.1　信号放大技术

利用分子生物学方法对样品中检测对象进行放大或通过高含量示踪分子对生物识别事件进行放大可实现分析方法的高灵敏度,甚至达到单分子检测的要求。分子生物学放大方法包括 PCR 和滚环扩增等技术,而放大生物识别事件可通过酶催化、化学催化和纳米信号放大等技术来实现。目前,纳米信号放大已成为当今超高灵敏分析方法发展的主要手段之一,受到广泛关注。

7.1.1　酶与模拟酶信号放大

1. 酶的信号放大

(1)核酸检测的信号放大

核酸检测的信号放大主要包括枝状核酸信号放大系统、侵染检测和滚环扩增(RCA)方法。含多个分枝的探针即枝状核酸(bDNA),是一种利用标记碱性磷酸酶的人工合成的多分枝 DNA 分子将检测信号放大的技术。bDNA 既能用于 DNA,也能用于 RNA 的检测。侵染检测是指在正确的靶序列下产生和放大一个特定的信号,具有非常高的灵敏度,并通过建立一个酶特异性识别的杂交结构而获得很高的特异性,它已在临床用于检测与凝血因子突变、囊性纤维化、载脂蛋白和耐药基因有关的突变及单核苷酸多态性,直接用溶胞产物测量细胞中 mRNA 水平分析基因表达,对病毒 DNA 和 RNA 定量。

(2)免疫分析的信号放大

免疫检测中的信号放大主要为酶联免疫吸附测定(ELISA)法。ELISA 将酶催化反应的放大作用和抗原抗体亲和反应的高专一性、特异性相结合,以酶标记的抗原或抗体作为主要试剂的免疫测试方法。目前常用的酶标记物有辣根过氧化物酶(HRP)和碱性磷酸酶(ALP)。此外,生物素-亲和素系统是一种具有高亲和力、灵敏度高、特异性强和稳定性好等优点的信号放大标记技术,已在此基础上发展了多种酶信号放大的免疫分析方法,在细胞和抗原的定位和检测中体现出极其重要的作用。

(3)酶对待测分子的信号放大

酶催化作用的实质在于它能降低反应的活化能,使反应在较低能量水平上进行,从而加速反应。酶之所以能降低活化能,加速化学反应。许多生物分子,如肌红蛋白、血红蛋白、细胞色素 C、HRP、超氧化物歧化酶等的直接电化学在电极上相继实现,它们分别对 H_2O_2 和超氧根阴离子的还原具有很强的催化作用。

2. 模拟酶的信号放大

利用化学合成的方法可以合成一些比酶结构简单得多的具有催化功能的非蛋白质分子，这些分子可以模拟酶对底物的结合和催化过程，既可以达到酶催化的高效率，又能够克服酶的不稳定性，这样的物质分子称为模拟酶。

（1）模拟酶的性质

模拟酶在结构上必须具有底物结合位点和催化位点，一般具有以下性质：

①能与底物形成静电或氢键等相互作用，并以适当的方式相互键合。

②一个良好的疏水键合区来和底物发生相互作用。

③模拟酶的结构对底物键合的方向应该具有立体化学专一性。

（2）天然酶模拟工作的内容

目前对天然酶的模拟工作主要包括：

①合成有类似酶活性的简单配合物。

②酶活性中心模拟，即在天然或人工合成的化合物中引入某些活性基团，使其具有酶的催化能力。

③整体模拟，即包括微环境在内的整个酶活性部位的化学模拟。

通过化学方法合成小分子化合物作为模拟酶来模拟天然酶活性中心的催化部位及结合部位的空间结构和调控结构，可以提高模拟酶的催化活性，克服天然酶在储存、实验操作及成本等方面的不足。

已被成功合成的模拟酶有：环糊精模拟酶、大环冠醚模拟酶、膜体系模拟酶、聚合物模拟酶、金属卟啉模拟酶及纳米材料模拟酶。

7.1.2　生物分子学信号放大

核酸放大技术以其高分析灵敏度，在超痕量核酸序列检测中大放异彩。

1. 工具核酸酶

核酸放大使用的工具酶主要有三类：聚合酶、外切酶和内切酶。较常见内切酶有切刻内切酶和 FokI 内切酶，用于分子信号放大的聚合酶主要依托 PCR 技术和 RCA 技术、核酸适体技术等。PCR 技术是最早用于核酸序列放大的方法，可用于基因分离、克隆和核酸序列分析及疾病的诊断等。RCA 是等温信号扩增法，使用两个引物即可实现指数滚环扩增，线性扩增倍数为 10^5，指数化扩增能力大于 10^9。产生的扩增产物连接在固相支持物表面的 DNA 引物或抗体上，可用于极微量生物大分子及生物标志物的检测与研究。

经研究，整合免疫分析技术、分子生物学技术和滚环扩增、纳米技术以及电化学技术，提出了联级信号放大策略，发展了超灵敏的蛋白质检测方法，实现了对埃摩尔浓度蛋白质的定量检测，能够对 100 ml 样品溶液中的 60 个蛋白质分子进行检测。

基于核酸适体引发的滚环扩增、金纳米 DNA 探针以及简便的信号读取系统，发展了一种简单实用的超灵敏检测蛋白质标志物的策略，通过银增强实现蛋白质的定量，可检测人血管内皮生长因子。

2. 核酸酶分子信号放大

核酸酶信号放大已用于各种生物小分子的检测。有研究发现,利用链取代放大技术构建了一个可卡因检测的荧光核酸适体传感器。在电化学检测中使用多态性,将细胞的核酸适体识别与多态性相结合,发展了一种基于 DNA 序列链取代复制的 DNA 检测方法,扩展到核酸适体识别的肿瘤细胞。

生物分子学信号放大技术的发展方向主要有三个:

①实验工具。因为外切酶通常对序列没有依赖性,在基于酶的信号放大领域有更大的发展前景。特别是开发应用于信号放大的新的外切酶。

②实验设计。探索基于 RCA 和环介导等温扩增(LAMP)等扩增技术原理并结合分子信标和纳米粒子等检测手段的新思路,发展新功能,实现对蛋白质、RNA 和细胞等的选择性检测。

③实验操作。向可视化和简单化方向发展,并努力提高灵敏度、降低检测限,推动超低浓度的核酸序列检测向着普及化、便携化和低污染等方向发展。

7.1.3　纳米放大信号

各种新型纳米材料已在生物样品的超灵敏检测、疾病的早期诊断、基因与药物的靶向输送、生物分离和生物医学成像等众多方面得到广泛应用。特别是在生命分析中,将不同纳米材料作为信号放大载体可极大提高分析信号的强度,实现对目标分析物的高灵敏度、低检测限分析。

纳米粒子和生物分子的高度亲和性使纳米粒子已成为一类重要的标记物,使生命分析的灵敏度大大提高。结合先进纳米技术的生命分析方法将会在生命过程的探索和研究中发挥更大的作用,促使分析方法不断向微型化、集成化、智能化的方向发展。

纳米信号放大主要包括直接标记型和多酶标记增强法。

1. 直接标记型

将纳米金的标记同电化学溶出伏安技术相结合,可以获得很高的分析灵敏度。这种方法的基本思路是将结合到载体上的金属纳米粒子采用化学方法溶解后,再通过溶出伏安法测定溶液中金属离子的含量,可以间接测定蛋白质或核酸。

半导体荧光量子点具有荧光颜色可调、光谱的半峰宽窄等特点,利用不同尺寸的荧光量子点可对不同生物分子进行标记,达到多元分析的目的。通过合适的方法将量子点标记到目标结合物上,可以用溶出伏安法测定量子点组分中的金属含量,间接测量目标物。

利用层层组装先后在二茂铁晶体上包裹一层阴离子聚电解质和一层阳离子聚电解质制成的纳米粒子很容易用于生物分子的标记,在分子识别后包裹于聚电解质内的电活性二茂铁可以通过加入二甲基亚砜释放出来,用电化学的方法进行测定。由于这种方法大约可以在每个生物分子上标记 $10^4 \sim 10^5$ 个二茂铁分子,大大提高了分析的灵敏度。一种脂质体包裹电化学探针的电化学免疫传感器也得到发展。该方法先将抗体固定在碳纳米管修饰电极上,通过夹心免疫反应,将包有 $K_3[Fe(CN)_6]$ 的脂质体捕捉于电极表面后向电极表面加少量的曲通 100,

使 $K_3[Fe(CN)_6]$ 释放出来并吸附于电极表面,用方波伏安法进行测定。

2. 多酶标记增强法

为了增加酶在蛋白质上的标记量以实现分子识别信号的增强,可利用纳米粒子设计新型多酶标记方案。例如,将抗体活化后,可以实现对抗体的多酶标记,有利于免疫识别信号的增强。以碳纳米管作为酶的载体,可将亲和素或 DNA 链和碱性磷酸酶固定在碳纳米管上,由于碳纳米管对酶催化产物的吸附富集作用,可将电化学信号增强 1000 倍。

7.2　生物免疫分析技术

免疫分析是指利用抗原(Ag)与抗体(Ab)之间的高特异性的反应实现对抗体、抗原或相关物质进行检测的分析方法。免疫分析是生化分析的主要内容之一,它在医药、临床及环境分析等方面有非常广泛的用途。

7.2.1　生物免疫分析理论概述

1. 质量作用定律

质量作用定律是免疫分析的基础,抗体(Ab)和抗原(Ag)结合时的结合作用可表示为:

$$k_{eq}=\frac{[Ab-Ag]}{[Ab][Ag]}$$

式中,k_{eq} 为平衡常数,Ab-Ag 为抗体和抗原的复合物。k_{eq} 值的大小在 $10^6 \sim 10^{12}$ L·mol^{-1} 之间,但只有当 k_{eq} 值在 10^8 以上时才具有用于免疫分析的价值。被分析的对象可以是抗原,也可以是抗体。对抗原与抗体间的反应进行直接检测的灵敏度一般都很低,通常在体系中要引入一种标记的抗原或抗体,通过标记的抗原或抗体及设计适当的免疫分析模式达到间接分析的目的,这就是标记免疫分析。

2. 免疫分析模式

免疫分析的模式有竞争免疫分析模式和非竞争免疫分析模式。

(1)竞争免疫分析模式

该模式的做法是让标记的抗原和待分析样品中的抗原竞争性地与有限量的固相抗体结合。洗除非特异性结合的两种抗原,通过对固相标记抗原的检测确定待测抗原的浓度。显然,所检测到的标记抗原的浓度与待测抗原的浓度呈反比,并且当抗体和标记抗原的浓度减小时可获得更高的分析灵敏度。但抗体的浓度不能太小,以保证有足够强的检测信号。

(2)非竞争免疫分析模式

非竞争免疫分析模式种类很多,这里仅介绍其中一种:夹心式免疫分析模式。一般抗原具有多个在空间上分离的抗体的结合位点,据此可设计出夹心式的分析模式:被分析的抗原首先被第一种过量的固相化抗体所捕获,并与游离的样品抗原分离。被捕获抗原的另一个抗原决定簇再选择性地与过量的标记的抗体反应。结合的标记抗体的量与样品中抗原的量呈正比。

从理论上讲,免疫分析模式的设计是应该无限制的,最终都可达到确定被分析对象浓度的目的。经典免疫分析的共同特点是:它们都是通过一个标记的抗原或抗体来间接地确定分析物的浓度。由于标记物以结合和游离两种形式存在,所以它们的分离非常重要。

7.2.2　生物免疫分析技术

现代免疫分析技术的设计都包含一种标记物,由于标记物的不同就出现了不同的分析检测系统。标记免疫分析技术种类繁多,其中荧光免疫分析技术和酶免疫分析技术是两种比较重要的免疫分析方法。

1. 荧光免疫分析(FIA)技术

将荧光法引入免疫分析是因为它与分光光度法相比具有更高的灵敏度。另外,荧光测定可以把荧光激发波长、发射波长、寿命或偏振等参数同时结合起来,形成特异而花样繁多的分析系统。荧光化合物对微环境的敏感性使得直接研究一些分子过程成为可能。

荧光偏振免疫分析(FPIA)主要用于小分子药物的分析,在临床化学中应用极其广泛。实际分析中,样品小分子及其荧光团标记的样品标样竞争性地与一定量的抗体反应,由于小分子的荧光标记物的相对分子质量和体积相对较小,其荧光偏振值也很小;但当其与高相对分子质量的抗体蛋白质反应后,由于分子体积很大,荧光偏振值加大,在不需要分离的情况下可以直接测定反应液的荧光偏振值,其大小与样品的浓度呈反比关系。

荧光免疫分析技术主要被用于治疗药物的监测及违禁药物的筛选,也用于一些激素的检测。FPIA 的主要问题是标记试剂与血清蛋白的结合会使样品的背景信号增大。同时,该方法适用的动态范围一般比较窄。由于许多分析样品中总是存在一些高背景的荧光物质,使得常规荧光免疫分析的灵敏度受到了很大的限制。事实上,常规荧光免疫分析在一般情况下的灵敏度局限于 $\mu mol \cdot L^{-1}$ 浓度范围。时间分辨荧光免疫分析高灵敏度的实质是消除常规荧光测定中的高背景,从而提高了信噪比。为了达到这一目的,常采用长寿命荧光标记物,其寿命要比散射光及来自样品、样品管、滤光片等的背景荧光的寿命长很多。

例如,长寿命的镧系螯合物的荧光适合于微秒级时间分辨荧光测定,常用于解离增强镧系荧光免疫分析系统(DELFIA)。它采用氨基多羧络合物 N-(p-异硫氰基苯基)二乙二三胺四乙酸连接镧系发光离子,如 Eu^{3+},如图 7-1 所示。

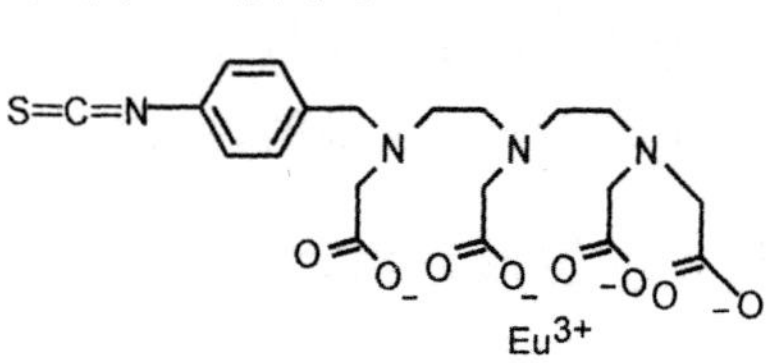

图 7-1　N-(p-异硫氰基苯基)二乙二三胺四乙酸与 Eu^{3+} 的络合物

铕或其他镧系离子的氨基多羧络合物的荧光非常弱,所以在免疫反应和结合相与游离相标记物被分离之后要加入增强液,这样可以使 Eu^{3+} 的络合解离,同时增强液中还含有 2-萘三氟乙酰丙酮(NTA),它可以与 Eu^{3+} 形成强荧光络合物,增强液中还加有三正辛基氧化磷(TO-

PO)以保护络合物的荧光不受水分子的猝灭。通过形成 TritonX-100 胶束可以增加络合物的溶解度，并使其荧光进一步增强，如图 7-2 所示。在优化条件下，利用时间分辨荧光技术可以对 Eu^{3+} 在 $5 \times 10^{-14} \sim 10^{-7}$ mol·L^{-1} 范围内进行定量测定。

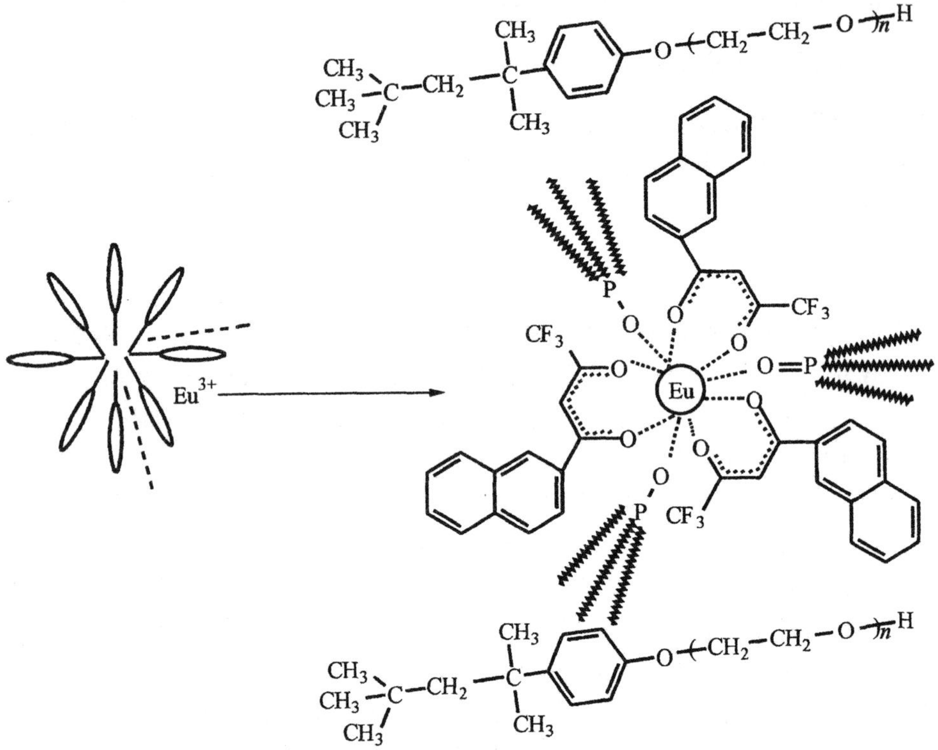

图 7-2　强荧光铕络合物的结构示意图

2. 酶免疫分析(EIA)技术

酶免疫分析是以酶作为标记物，根据酶-底物反应产生有色的、发光的或荧光的产物对被分析对象进行定量。根据酶的放大效应可以建立多种灵敏的分析方法。

多相酶免疫分析是在固相载体表面进行免疫反应，使用较多，测定之前需要固-液两相的分离。酶联免疫吸附分析是采用酶标试剂中应用最为广泛的一种，但它主要用于描述非竞争固相免疫分析，结合相酶标试剂的活性直接正比于抗原的浓度。固相试剂用来分离游离的和结合的酶标记物，同时也加速每一步骤后过量试剂的去除。

7.2.3　生物免疫分析技术的发展趋势

在众多免疫分析技术中，放射免疫分析由于具有准确、灵敏的特点，至今使用仍较多。但放射性污染的弊端也是同样明显的。酶联免疫分析是最先提出的非放射免疫方法，并在进入20 世纪 80 年代后首次占据主导地位，酶免疫分析方法覆盖了一半以上的文献；荧光免疫分析在建立时间分辨荧光免疫分析后有了突跃性发展；而化学和生物发光免疫分析法，由于其高灵敏度和测定简便的特点使其在免疫分析中一直占有一定的位置。在今后比较长的一段时间内,酶免疫分析法将仍占主导地位,特别是在应用方面更将是如此。

各种均相的免疫分析法由于不需要分离都可以用来设计制造自动化的免疫分析仪器。近年来,Abbott TDx 荧光偏振免疫分析(FPIA)仪已成为广泛应用于临床药物分析的自动化免疫分析仪。新型均相免疫分析体系的开发及非均相免疫分析自动化研究都具有很大的需求。免疫分析传感器具有简单的特点,但重复性和再生性是需要解决的关键性问题。其中石英压电晶体免疫传感器、平面波导荧光免疫传感器和标记物连续释放荧光免疫传感器是 3 种具有应用前景的传感器。

大众化免疫分析试剂的研究是另一重要方向,它要求简单而快速。目前市场上还只有采用胶体金标记的以检测人体绒毛膜促性腺激素(HCG)为主的定性的分析试剂盒及试纸。半定量乃至定量的商品试剂基本上还是空白,虽然已有一些雏形的方法,但是这方面仍有很多的工作等待研究工作者去完成。

色谱和流动注射法及高效毛细管电泳等技术与免疫分析技术相结合,可以弥补免疫分析上的一些局限性,从而使之具有更好的选择性、灵敏度和快速测定等特点,尤其在药物及其代谢物的分析及结构相近化合物的同时分析方面将发挥重要的作用。

7.3　细胞电化学分析技术

细胞电化学是生物电化学的一个重要领域,它是基于电化学原理、实验方法与细胞、分子生物学技术的相互结合,对细胞进行分析和表征,研究或模拟研究细胞荷电粒子或电活性粒子能量传递的运动规律,揭示细胞结构与功能关系和外源分子对细胞功能影响的一个新研究领域。

细胞电化学传感器已成为国际上生物医学传感技术领域的研究热点。其中最典型的是细胞阻抗传感技术(ECIS)。ECIS 是测量由于细胞形态变化、细胞移动或者细胞间相互接触而引起细胞层电阻变化的平台技术。它的主要特点是能实时定量无损伤地监测细胞动态行为,使研究结果更直观、更便于分析,可用于细胞生长、细胞迁移、细胞增殖、细胞浸润、细胞损伤—修复、细胞—基底膜相互作用、细胞膜电容、病毒与细胞相互作用、细胞层屏障功能、体外毒理学、信号传导等众多研究领域。

由于细胞膜具有绝缘性,吸附于电极表面的细胞在数量、生长状况和形态上的变化都会影响电极的界面性质。利用电化学阻抗技术可以监测细胞的黏附和增殖行为,实时、定量、连续地反映细胞的生长和运动状态,反映细胞代谢和细胞健康情况,并能反映药物对细胞的作用。

纳米技术的飞速发展,极大地推动了活细胞的固定技术和新型仿生界面的构建方法的发展,从而丰富了细胞电化学传感器的研究内容。研究报道,构建 PDMS/PDDA 生物相容性的界面,可以有效地捕获人类胃癌细胞,还能维持黏附在其上的细胞的活性。

扫描电化学显微镜技术(SECM)也是细胞分析的重要手段之一。它是基于电化学原理来测量微区内物质氧化或还原所产生的电流响应,可以对各种单细胞成像,以及研究在外界刺激下,细胞图像的变化和细胞释放,各种氧化还原物质在细胞膜上的穿透行为和细胞内氧化还原中心与细胞外中介体之间的电荷传递热力学和动力学。

细胞凋亡是多细胞生物受高度调节的一种生理性细胞死亡。机体凋亡功能的紊乱会导致某些病态的产生,如神经退行性疾病、自体免疫系统疾病和癌症等。因此,对凋亡细胞的检测技术引起人们的极大关注,尤其是特异性强、灵敏度高的新技术。

由于电化学技术是一种简单、快速、灵敏的检测手段,而电极的微型化及其表面修饰技术日益成熟,电极通过巧妙的修饰和分子自组装,不仅极大地提高了灵敏度,而且被赋予很高的识别专一性。电化学分析细胞凋亡,通常是应用特殊而简便的电极系统分析细胞凋亡的被动电化学行为。当DNA凝胶电泳和流式细胞仪分析显示典型的细胞凋亡特征时,凋亡细胞的电化学伏安行为也呈现明显不同,表现为凋亡细胞的峰电流和电子转移速率的下降。此外,细胞在凋亡过程中会发生一系列的标志性事件,如细胞膜上磷脂酰丝氨酸的外翻、线粒体跨膜电势的陡降、细胞膜通透性的增加和细胞膜上的起泡等。利用电化学方法可以灵敏地反映细胞凋亡,尤其是早期细胞凋亡。

总之,电化学检测细胞凋亡是一个不断发展的新的研究领域,其主要优点包括高通量、检测方便快速且灵敏度高。此外,相对于其他光谱检测和流式细胞仪方法,电化学检测成本低、操作简单,但不能在单细胞分子水平进行凋亡检测,或者说在大量细胞群中不能给出细胞特异性的信息。

7.4 分子印迹分析技术

分子印迹是从仿生角度,采用人工方法制备对特定分子(模板)具有专一性结合能力的高分子聚合物的过程,在生命分析领域有较好的应用前景。

7.4.1 分子印迹电化学分析

分子印迹电化学分析将分子印迹技术与电化学检测手段相结合,兼具分子印迹技术和电化学检测技术的优点。近年来,分子印迹技术在电化学分析中的应用研究有很大进展。

例如,在金电极表面制备三硝基甲苯的分子印迹膜,用纳米金放大信号,检测限达 $46 \ ng \cdot mL^{-1}$。再如,在碳纳米管的尖端制备了人铁蛋白的分子印迹聚合物,用电化学阻抗法进行检测,检测限低至 $10 \ pg \cdot L^{-1}$。

通过一步电化学合成法可以在金电极表面制备邻苯二胺和多巴胺的共聚物,形成印迹孔腔,作为识别元件成功构建了一种新型手性识别谷氨酸的分子印迹电容传感器。利用纳孔氧化铝为模板,通过纳孔内蛋白质的共价固定和多巴胺的化学聚合,制得印迹蛋白质分子的聚合物纳米线,可用于蛋白质分离与识别检测。另外,将分子印迹技术与微通道电泳技术相结合,通过原位聚合分子印迹微通道壁,发展了手性化合物的快速分离——电化学检测方法,有望用于对映体的高通量筛选。

7.4.2 分子印迹光子晶体分析

光子晶体是建立分子印迹分析方法的一个重要方式,通过识别模板前后谐振波长的漂移实现检测,可借助光学仪器检出或目视传感测定。研究发现,结合胶体晶体和分子印迹技术可以合成一种具有光子晶体结构的印迹聚合物,手性识别分析物后布拉格衍射峰红移,该过程可通过紫外-可见光谱或目视监测,实现了对手性分子的检测。随后,将光子晶体结构的印迹聚合物用于蛋白质的检测。

7.4.3　分子印迹荧光分析

将 MIPs 的高选择性与荧光检测的高灵敏度相结合,是分子印迹分析法的主要研究方向之一。分子印迹荧光分析方法主要有以下两种类型:

①采用具有荧光基团的功能单体参与聚合或直接在 MIPs 中包埋荧光试剂,此时 MIPs 既作为识别元件也作为信号元件,通过监测吸附模板分子前后 MIPs 荧光强度的变化来检测分析物。

②通过分析物与其荧光类似物竞争结合 MIPs 的方式实现检测。

7.4.4　分子印迹压电传感

压电传感器是一种基于石英晶体的压电效应对电极表面质量变化进行测量的仪器,测量精度可以达到 ng 级。将分子印迹技术与压电传感技术相结合的分析方法具有灵敏度高、选择性好、免标记的优点。

有关分子印迹聚合物在分析化学中的应用研究正不断深入。目前,在分子印迹聚合物的制备、检测条件和信号转换器的选择等方面已进行了一些探索并取得了一定的成果,但仍然存在一些问题需要解决。

①MIPs 与模板分子间的作用比较弱,导致分子印迹分析方法的灵敏度不高。

②由于 MIPs 的非特异性吸附大,导致很难提高其选择性。

③分子印迹技术在小分子物质方面的应用比较成熟,但是蛋白质等生物大分子由于体积庞大、对环境的要求较高且具有易变性。

因此,寻找具有亲水性和生物相容性的功能单体、交联剂来建立新的分子印迹分析方法,是解决这种问题的关键。

第8章 复杂物质分析思路研究

8.1 分离及富集方法

8.1.1 分离方法的分类及其模式

分离方法的分类有多种方式,但是有些分类方式并不十分严格。这是由于有些分离方法涉及到两种或两种以上的机理;对有些分离方法的原理,至今尚不十分明了,因此仅供学习时参考。

1. 分离方法的分类方式

表 8-1 和表 8-2 给出了几种主要的分类方式。

表 8-1 按过程类型分类

机械	物理	化学
筛分和大小	分配	状态变化
渗析	气-液色谱	沉淀
尺寸排阻色谱	液-液色谱	
包含化合物	气-固色谱	电沉积
过滤和超滤	液-固色谱	掩蔽
离心和超离心	液-液萃取	
	电泳	离子交换
	泡沫分离	
	状态变化	
	蒸馏	
	升华	
	结晶	
	区域熔融	

表 8-2　按分离机理分类

分离机理	分离方法
分子大小与几何形状	尺寸排阻色谱、渗析、包含化合物、过滤和超滤、离心和超离心
挥发性	升华、蒸馏
溶解度	沉淀、结晶、区域熔融
分配平衡	液-液萃取、液-液色谱、气-液色谱
表面活性	气-固色谱、液-固色谱、泡沫分离
离子交换平衡	离子交换
离子性质	电沉积、掩蔽

2. 几种主要的分离模式

每一种分离方式都经历了以下三个过程的单独、同时或依次进行的过程：化学转换，两相中的分配，相的物理分离。按照分配和相分离之间的关系来研究分离方法，就产生了多种分离模式。

（1）连续分离

这是一种极重要的分离技术，它包括了所有色谱技术。分馏也属一种连续分离技术。色谱技术是分离性质极为相似的物质的强有力手段。对于大多数色谱技术，分离与检测在线进行。

（2）间歇分离

这是最简单的分离模式，它只涉及两相之间的单次分配平衡过程，这种模式适合于将被分离的物质浓集到一相之中，例如预浓集这种分离方式，就是由于平衡常数的不同，被测物完全转移至体积很小的一相中。可以是让两种物质中的一种定量地转移至一相，而另一种物质仍留在原来一相中。间歇分离的例子如单次溶剂萃取、共沉淀、沉淀和电沉积等。它们的分离效率的高低主要决定于通过初步的化学转换，以生成具有实现分离所需要性质的衍生物。

（3）捕集技术

这种技术十分类似于色谱技术，只是被分离物质最初被捕集于固定相。为此，样品本身常常是"流动相"，对于与固定相具有较大亲和力的组分，就会从体积较大的流动相浓集到小体积的固定相之中。然后，改变条件，使浓集的组分迅速地从固定相释放至小体积流动相中。这实际是痕量组分的预浓集过程。

8.1.2　溶剂萃取分离法

溶剂萃取是一种非常有用的分离技术，萃取体系由两个互不相溶的液相组成，一相是水相，另一相是与水不相混溶的有机相等，利用被分离物质在两相中的溶解度不同而实现相转移，如果要将水相的金属离子萃取至有机相，首先应使金属离子与合适的试剂转变成疏水化合物，然后被有机溶液剂萃取。例如，在氨性溶液中萃取 Ni^{2+}，首先加入丁二酮肟，Ni^{2+} 就转变成疏水的螯合物：

这种螯合物含有庞大的疏水基团,在与有机溶剂一起振荡时,极易进入有机溶剂中,从而达到分离和浓集的目的。

1. 萃取分离的原理

(1)分配定律

被分离的物质由一液相转入互不相溶的另一液相的过程称为萃取。萃取时选用的溶剂必须是与被抽提的溶液互不相溶的,且对被抽提分离的溶质有更大的溶解能力。萃取的过程是溶质在两相中经充分振摇平衡后按一定比例分配的过程。

平衡时,溶质在两相中的浓度比值是一个常数,称为分配系数 K_d。在恒温、恒压及比较稀的浓度下,K_d 可表示为

$$K_d = \frac{[A]_{有}}{[A]_{水}}$$

不同溶质在不同溶剂中有不同的 K_d 值。K_d 愈小,表示该溶质水相中的溶解度愈大;K_d 愈大,表示该溶质 A 在有机相中的溶解度愈大;当混合物中各组分的 K_d 很接近时,须通过不断更新溶剂进行多次抽提才能分离完全。

(2)分配比

实际上萃取是个复杂的体系,它也可能伴随着一些化学反应,如配合、聚合、水解等,此时化合物 A 在两相中可能存在多种形式,分配定律已不再适用。因此,在研究溶质 A 的分配情况时,定义它在两相中各形态浓度和之比为分配比,以 D 表示。

$$D = \frac{\sum [A]_{有}}{\sum [A]_{水}}$$

分配比并不是一个常数,而是随体系条件,如被萃取物浓度、萃取剂浓度、溶液酸度等因素而变化。只有在最简单的体系中,即两相中的被萃取物的化学形式只有一种而且彼此相同时,分配比才等于分配常数。

(3)萃取效率

分配比 D 可以用来衡量在一定条件下萃取剂的萃取能力,但还不能表明物质被萃取的量有多大。萃取效率以 E 表示,它的定义是物质 M 萃入有机相的总量和原始溶液中物质 M 的总量的百分比。

$$E = \frac{[M]_{有} V_{有}}{[M]_{有} V_{有} + [M]_{水} V_{水}} \times 100\%$$

$$= \frac{[M]_{有}/[M]_{水}}{[M]_{有}/[M]_{水} + V_{水}/V_{有}} \times 100\%$$

$$= \frac{D}{D + V_{水}/V_{有}} \times 100\%$$

由上式不难看出,萃取的分配效率由 $V_{水}/V_{有}$ 的值来决定。

(4)分配系数

为了达到分离的目的,不但萃取效率要高,而且还需要考虑共存组分之间要有很好的分离效果。一般用分离系数 β 来表示同一萃取体系中相同萃取条件下两种组分分配比比值。即

$$\beta = \frac{D_A}{D_B}$$

β 表征了两种物质的萃取分离效率。β 值越大或越小,两种元素分离的可能性也越大,分离效果也越好;β 值接近 1,则表示该两种元素不能或难以萃取分离。

2. 溶剂萃取的类型

溶剂萃取体系可以根据反应机理、萃取剂种类以及生成的萃取物性质等不同方式进行分类。

(1)酸性磷类萃取

酸性磷类萃取剂是一类含有酸性基团的有机磷化合物,种类较多,用作萃取剂的主要有单烷基磷酸、二烷基磷酸、烷基膦酸、单烷基酯及双膦酸等。酸性有机磷化合物的萃取性能与萃取剂结构、浓度、酸度以及稀释剂种类有关。例如,对三价的镧系和锕系元素而言,酸性有机磷化合物的萃取能力按以下顺序减少:二烷基磷酸>烷基磷酸>单烷基酯>二烷基次磷酸。

(2)离子缔合物萃取体系

金属络离子与异性电荷离子借助静电引力作用结合形成的不带电化合物,称为离子缔合或离子对化合物,也具有疏水性、可被有机溶剂萃取的特性。通常,离子半径越大,电荷越低,越易形成疏水性离子缔合物。

(3)螯合物萃取体系

螯合物是一种金属离子与多价配位体形成的具有环状结构的配合物,难溶于水而易溶于有机溶剂。螯合物萃取就是利用金属螯合物这一特性进行分离。例如,在 pH9.0 氨性溶液中,Cu^{2+} 与二乙基二硫代氨基甲酸钠(DDTC)形成疏水性螯合物,可被萃入 $CHCl_3$ 中而与其他元素分离。

3. 常见的萃取体系

(1)金属螯合物萃取体系

金属螯合物萃取体系指金属离子与有机螯合配体反应,形成中性螯合物而被有机溶剂萃取的体系。在这些配合物中,配体分子占据了金属离子的所有配位中心,水分子的配位也就不存在,因此在有机相中有很大的分配系数。例如 Al^{3+} 与 8-羟基喹啉生成螯合物后,萃取进入氯仿中:

这一类萃取体系可用以下平衡的通式来概括：

$$水\quad 相\qquad M^{n+} + n HL \rightleftharpoons ML_n + n H^+$$

$$有机相\qquad\qquad n HL\qquad ML_n$$

（2）离子缔合物萃取

离子缔合物萃取体系指被萃取金属离子的某种合适形式，与体积庞大的有机离子形成离子缔合物而被有机溶剂萃取的体系。例如对于以下离子缔合物的形成：

$$(C_6H_5)_4P^+ + ReO_4^- \cdot (C_6H_5)_4P^+ ReO_4^-$$

$$(C_6H_5)_4B^- + Cs^+ \cdot (C_6H_5)_4B^- Cs^+$$

金属离子以及有机离子可以阳离子或以阴离子形式存在，靠弱的静电力缔合在一起，但它们在有机相中的稳定性要比在水相中高得多，因而极易萃取进入有机相。离子缔合物的萃取常常在强酸性介质中进行，这对高价过渡金属离子更为有效，因为在萃取中性螯合物时的 pH 下，这些金属离子往往水解而生成氢氧化物。这种体系可萃取碱金属离子，因为可以选用有机阴离子来形成缔合物，而不必设法让阳离子生成配离子。中性螯合物萃取通常只在低浓度时有效，但离子缔合物萃取体系适用的浓度范围广。

8.1.3 沉淀分离法

1. 影响沉淀形成的因素

（1）温度的影响

沉淀的溶解，绝大部分是吸热反应，故其溶解度一般随温度的升高而增大。其增大程度各不相同。如与 25 ℃相比，100℃时的溶解度，AgCl 增加了 10 倍以上，而 BaSO$_4$ 则连 2 倍都不到。

（2）氢离子浓度及络合剂的影响

氢离子浓度对沉淀的溶解度有不同的影响。对于许多由弱酸盐形成的沉淀，尤其是由有机试剂生成的沉淀，溶液的氢离子浓度[H$^+$]有很大的影响。对于强酸盐沉淀，如 BaSO$_4$、AgCl 等，溶液的酸度对其溶解度影响不大。

在含有难溶盐的溶液中，加入能与被测定的离子生成络合物的络合剂时，沉淀的溶解度随着络合剂添加量的增大而显著增大，甚至不产生沉淀。例如，在含有 AgCl 沉淀的溶剂中，加入氨水，破坏了 AgCl 的沉淀平衡，使 AgCl 溶解度增大，甚至完全溶解。络合剂的浓度越大，生成的络合物越稳定，沉淀就越容易溶解。

（3）盐效应

当溶液中有与构成沉淀的离子不同的离子存在时，沉淀的溶解度增大，这种现象叫做盐效应。其实质是大量的无关离子存在时,溶液的离子强度增大,离子的活度系数相应减少,使原来饱和的难溶盐溶液变为不饱和,因此沉淀的溶解度增大。

（4）同离子效应

沉淀的溶解度因其共同离子的一种过量存在而减少的现象,叫做同离子效应。为使沉淀完全,加入适当过量的沉淀剂是有效的,但超过必要量时,会因络离子的形成及盐效应等的影响反而使溶解度增大。同离子效应在洗涤沉淀时也可利用,如用纯水洗涤时,有部分沉淀被溶出,而用含有同离子的洗涤液时,溶解量会减少。

（5）有机溶剂的影响

于水中加入乙醇、丙酮等有机溶剂,无机盐的溶解度一般会减少。这是由于离子在这些溶剂中的溶剂化作用一般较小和介电常数较低。较低的介电常数增大了正、负离子间的吸引力,减小了电离作用。为了沉淀完全,加入有机溶剂往往有效。

2. 无机沉淀剂沉淀分离方法

在考虑一特定的沉淀反应能否作为某种分离分析方法的基础时,所关注的主要因素是所生成沉淀的溶解度、化学纯度及稳定性,特别是与溶解度有关的化学和物理因素。基于无机沉淀剂的沉淀分离方法种类繁多,在重量分析中常采用的碳酸盐、草酸盐、硫酸盐、磷酸盐等成盐沉淀反应,及与本节介绍的氢氧化物沉淀分离法和硫化物沉淀分离法均属此类。

（1）氢氧化物沉淀分离法

常见的沉淀剂有 $NaOH$、NH_4OH 等。不同的离子能否用该方法进行分离,取决于它们溶解度的相对大小。溶液的酸度对沉淀能否完成影响最大,一些常见金属氢氧化物开始沉淀和沉淀完成时的 pH 如表 8-3 所示。

表 8-3　一些金属氢氧化物开始沉淀和完全沉淀时的 pH

氢氧化物	溶度积 K_{sp}	开始沉淀时的 pH 假定 $[M]=0.01\ mol\cdot L^{-1}$	完全沉淀时的 pH 假定 $[M]=10^{-4}\ mol\cdot L^{-1}$
$Sn(OH)_4$	1×10^{-57}	0.5	1.3
$TiO(OH)_2$	1×10^{-29}	0.5	2.0
$Sn(OH)_2$	3×10^{-27}	1.7	3.7
$Fe(OH)_3$	3.5×10^{-38}	2.2	3.5
$Al(OH)_3$	2×10^{-32}	4.1	5.4
$Cr(OH)_3$	5.4×10^{-31}	4.6	5.9
$Zn(OH)_2$	1.2×10^{-37}	6.5	8.5
$Fe(OH)_2$	1×10^{-15}	7.5	9.5
$Ni(OH)_2$	6.5×10^{-18}	6.4	8.4
$Mn(OH)_2$	4.5×10^{-13}	8.8	10.8
$Mg(OH)_2$	1.8×10^{-11}	9.6	11.6

表 8-3 所列的 pH 数值只能供参考,在工作中应根据实际情况,选择适当的沉淀条件并严

格控制沉淀反应系统的 pH。

氢氧化物沉淀分离时常用的控制 pH 试剂有：

①氨-氯化铵缓冲溶液，用于控制 pH≈9 的沉淀分离反应，常用来沉淀那些不与 NH_3 形成络合离子的许多金属离子，也可用于两性金属离子的沉淀分离。

②NaOH 溶液，常用于控制 pH＞12 的沉淀分离反应，适用于两性金属离子与非两性金属离子的分离。

③其他缓冲溶液，如醋酸-醋酸盐、六次甲基四胺-六次甲基四胺盐酸盐等弱酸(碱)及其共轭碱(酸)所组成的缓冲体系。这些均可在沉淀分离中用来控制所需要的溶液 pH。

（2）硫化物沉淀分离法

H_2S 是一种二元弱酸，在溶液中存在下列平衡：

$$H_2S \cdot HS^- + H^+$$
$$HS^- \cdot S^{2-} + H^+$$

S^{2-} 是生成金属硫化物沉淀的有效形式，而溶液中的 $[S^{2-}]$ 与溶液的酸度有关，控制沉淀反应的酸度就可控制 $[S^{2-}]$，控制金属硫化物沉淀的生成。目前，能形成硫化物沉淀的金属离子有 40 余种，由于硫化物的溶度积相差比较大，通过控制溶液的酸度来控制硫离子浓度，还可使金属离子被分批沉淀出来，实现金属硫化物的分步沉淀分离。

3. 有机沉淀剂沉淀分离方法

有机试剂与金属离子能发生反应，并形成配合物沉淀。这些试剂与金属离子的反应具有很高的灵敏度和选择性，在分离分析中应用得较为普遍。有机沉淀剂与金属离子形成的沉淀有三种类型：缔合物沉淀、螯合物沉淀和三元配合物沉淀。

四苯基硼化物如 $Na^+B(C_6H_5)_4^-$ 是 K^+ 的一个重要的离子缔合型沉淀剂，其钾盐的溶度积为 2.25×10^{-8}。一种有机缔合型沉淀剂母核上含不同的官能团就能与不同的金属离子选择性地产生沉淀而得到分离。

8-羟基喹啉与 Mg^{2+} 形成六元环结构的螯合物沉淀，在氨缓冲溶液中，利用这一沉淀反应可以把镁与碱金属及碱土金属分离。

形成三元配合物沉淀是泛指被沉淀的组分与两种不同的配体形成三元混配络合物和三元离子缔合物。例如，在 HF 溶液中，硼与 F^- 和二安替比林甲烷及其衍生物所形成的三元离子缔合物就属于这一类。形成的这种三元配合物沉淀不仅选择性好、灵敏度高，而且生成的沉淀组成稳定，相对分子质量大，因而近年来应用发展较快。

4. 其他沉淀法

（1）等电点沉淀法

等电点沉淀法是利用两性电解质分子在电中性时溶解度最低、不同的两性电解质分子具有不同的等电点而进行分离的方法。氨基酸、核苷酸和许多同时具有酸性和碱性基团的生物小分子以及蛋白质、核酸等生物大分子都是一些两性电解质，在处于等电点时的 pH 再加上其他沉淀因素，这些生物大分子很容易沉淀析出。但分离许多等电点十分接近的蛋白质时，单独运用盐析法分离的选择性较差。因此，等电点沉淀法常与盐析法、有机沉淀剂沉淀法和其他沉淀剂沉淀法一起使用,以提高其选择性分离的能力。

(2)盐析法

在溶液中加入中性盐使固体溶质生成沉淀而析出的过程称为盐析。特别是在生物物质的制备分离中,许多物质都可以用盐析法进行沉淀分离,如蛋白质、多肽、多糖、核酸等,但盐析法应用得最广的还是在蛋白质领域中。盐析法由于共沉淀的影响,并不是一种高分辨率的方法,但其具有成本低、操作简单安全、对许多生物活性物质有稳定作用的优点,因而在生化分离技术高度发展的今天仍然是一种十分常用的分离纯化方法。用于盐析的中性盐有硫酸盐、磷酸盐、氯化物等多种,但以硫酸铵、硫酸钠应用得最多,尤其适用于蛋白质的盐析。

盐析条件的选择途径有两条,一是固定 pH 和温度,改变离子强度(盐的浓度);另一是固定离子强度,改变 pH 和温度。

8.1.4　电泳分离法

1. 电泳分离的原理

电泳是指带电粒子在电场力的作用下,向着与其电性相反的电极方向移动的现象。带电球粒子在电场中的电泳迁移率,即粒子在电场单位($1\ V\cdot cm^{-1}$)下的泳动速度 μ 为

$$\mu=\frac{\upsilon}{E}=\frac{Q}{6\pi\eta r}$$

式中,η 为介质粘度;υ 为粒子运动的强度;E 为电场强度;Q 为粒子的净电荷;r 为粒子半径。

另外,根据离子迁移率的定义,泳动速度 μ 也可以写成

$$\mu=\frac{\upsilon}{E}=\frac{s/t}{V/L}=\frac{sL}{Vt}$$

式中,V 为外加电压;L 为两电极间距离;t 为电泳的时间;s 为带电质点在此时间内迁移的距离。

设 A、B 两种带电粒子的迁移率分别为 μ_A 和 μ_B,在电场的作用下,经过时间 t 后,它们的迁移距离为

$$s_A=\mu_A t\frac{V}{L}$$

$$s_B=\mu_B t\frac{V}{L}$$

两种粒子迁移的距离差为

$$\Delta s=s_A-s_B=(\mu_A-\mu_B)t\frac{V}{L}=\Delta\mu\frac{V}{L}$$

可见,$\mu_A-\mu_B$、t、V/L 三者的值愈大,Δs 愈大,A、B 两个粒子之间分离愈完全。由上述一些公式,影响带电粒子分离都的因素分别是:

(1)电解质溶液的组成

电解质溶液是进行电泳分离的必不可少的介质,其组成不同,则溶液的黏度不同,从而导致粒子迁移率的不同。电解质的组成不同,有时也会改变测定物的电荷及半径,有可能将中性分子转变为离子,也可能改变离子的电荷符号。如,在对金属离子进行电泳分离时,可在电解质溶液中加入配位试剂而形成带不同电荷的粒子,达到分离的目的。

另外,溶液的 pH 及离子强度对电泳也有较强的影响。溶液的 pH 会影响待分离物质的

解离程度,从而对其带电性质产生影响。为了保持电泳过程中待分离物质的电荷以及溶液 pH 的稳定性,通常要使用缓冲溶液,并保持其离子强度在 $0.02 \sim 0.2 \ mol \cdot L^{-1}$ 之间。

(2)带电粒子的迁移率

在一定电场和介质条件下,带电粒子的迁移率与其所带的电荷成正比,而与其离子半径成反比。因此,可根据不同粒子所带净电荷的种类和大小以及粒子体积的差异而产生不同的电泳速度,从而达到分离的目的。一般来说,由于阳离子与阴离子的迁移方向相反,因此最容易分离;当其他条件相同时,二价离子的迁移率为一价离子的二倍。

(3)电泳时间

通常情况下,电泳时间越长,离子迁移距离越大,对分离越有利。但是,电泳时间延长将引起待分离物质产生扩散效应,进而电泳带的宽度也会增加,对分离造成不利的影响。因此,在电泳分离性质相似的元素时,单靠增加电泳时间,对提高分离效果收效不大。

(4)外加电位梯度

电位梯度是每厘米的电位降,也是影响电泳分离的重要因素。在 L 一定时,加在两电极间的电压越高,分离所需时间越短,分离也越完全。但增大电压会引起通过介质的电流强度增大,导致电泳分离过程中产生焦耳热增大,进而引起介质温度升高,这会造成很多不良影响,如试样和缓冲离子扩散速度增加,引起分离带的增宽等等。所以电泳实验中要选择适当的外加电位,既保证分离时间又达到满意的分离效果。

2. 电泳分离的种类

电泳法种类很多,通常按电泳中的某一特征命名,例如:

(1)按电泳的支持物形状区分

包括 U 形管电泳、柱状电泳、平板电泳、垂直电泳和毛细管电泳等。

图 8-1 是一种以醋酸纤维素作支持体的电泳装置。

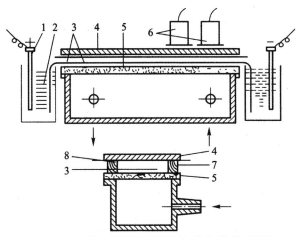

图 8-1 醋酸纤维素的倒转式电泳分离器

1—铂电极;2—电解液;3—醋酸纤维和色谱纸;4—带有孔或缝的铅板;5—玻璃板;

6—G—M 计数管;7—绝缘材料;8—密封滤纸的盖(以免水蒸发掉)

（2）按有无固体支持物区分

自由溶液电泳：指无支持体的溶液自由进行的电泳。包括显微镜电泳、移界、电泳、柱电泳、自由流动幕电泳等。

有支持物的电泳：指在一个支持体上进行的电泳，在实际中应用较为广泛。包括聚丙烯酰胺电泳、纸电泳、琼脂糖凝胶电泳、醋酸纤维素膜电泳。

3. 电泳分离的应用

电泳分离法在分离科学中应用非常广泛。以聚丙烯酰胺凝胶为支持介质的电泳是目前分离生物大分子的常用方法之一。其分离的机理是以待分离物质的物理差别即分子大小和净电荷为基础，即分离除了利用物质所带电位的差别外，还利用了凝胶所具有的对待分离物质的特殊筛分作用，这种性质可分开电泳率很近的大分子的简单而有效的方法。该法用途很广，可对蛋白质、核酸等生物大分子进行分离、定性、定量、制备和相对分子质量的测定等。

8.1.5　离子交换分离法

1. 离子交换分离方式

根据树脂的离子交换基进行分类，大致分为阳离子交换树脂、阴离子交换树脂、螯合型离子交换树脂和其他特种树脂四大类。

（1）阳离子交换树脂

这类树脂的交换基是酸性基团，它的 H^+ 可被阳离子交换。根据交换基团酸性的强弱，可分为强酸性、弱酸性两类。强酸性树脂含有磺酸基（$-SO_3H$）；弱酸性树脂含有羧基（$-COOH$）或酚羟基（$-OH$）。

（2）阴离子交换树脂

这类树脂的交换基是碱性基团，只与溶液中阴离子进行交换。根据碱性基团的强弱，可分为强碱性和弱碱性两类。强碱性树脂含有季铵基［$-N(CH_3)_3$］，弱碱性树脂含有伯、仲、叔氨基（$-NH_2$、$-NHR$、$-NR_2$）等。

若一种树脂内既含有阳离子交换基，又含有阴离子交换基，此类树脂称为两性树脂，如含有氨基和羧酸基的两性树脂，其他结构类似胺羧络合剂，性质上与胺羧络合剂相似。

（3）螯合型离子交换树脂

螯合树脂按其含有的官能团区分，大致分为亚氨二乙酸型树脂，偶氮、偶氮肿、8-羟基喹啉类树脂、水杨酸树脂、葡萄糖型树脂等。

2. 离子交换的方法

离子交换分离一般分为动态法和静态法两种。

（1）动态法

动态法又称柱滤法，可以将交换柱比作过滤器，试样溶液流经交换柱中的树脂层时，从上到下一层层地发生交换过程。用这种离子交换分离法分离不同电荷的离子是十分方便的。一般要求欲分离的两元素的分配系数有一定差别（$D_1 > D_2$），分离因子 $a \geqslant 3$ 才能进行分离。对于两种以上元素的分离，可用连续洗提、分步洗提与梯度洗提等方式进行分离。

（2）静态法

静态法又称平衡法，其操作步骤是将离子交换树脂置于含有欲分离元素的溶液中，经不断搅拌或连续振荡，经过一定时间后，使之达到交换平衡，将离子交换树脂滤出后使两相分开，并用少量溶液洗涤，这样可使某些元素达到部分分离或几乎完全分离。静态法多用于分配系数的测量。

3. 离子交换分离的应用

（1）痕量组分的富集

痕量组分的富集包括痕量元素的选择吸附与基体分离，基体元素的选择保留与待测痕量元素分离两种情况。

①痕量元素的选择吸附。只要痕量元素的分配系数足够大，而主体成分的分配系数接近于零，便能够使痕量元素保留在交换柱上而主体元素不被吸附，而通过柱流出。

②主体元素的吸附保留。离子交换剂将主体元素保留在柱上，而待测的痕量元素通过柱直接流出。

（2）螯合树脂分离富集

螯合树脂及负载螯合树脂以其高选择性和稳定性在痕量分析方面具有独特作用。常用于贵金属的分离富集。大孔聚甲基丙烯酸酯树脂、大孔聚三烯丙氰尿酸酯树脂、酰胺—磷酸酯树脂、含烷基吡啶基聚苯乙烯树脂、大孔咪唑螯合树脂和含聚硫醚主链多乙烯多胺型树脂，对 Au、Ag、Pt、Pd 的吸附性能较强。

8.1.6 蒸馏与挥发

一般来说，在一定温度和压力下，当待测痕量组分或基体中某一种组分的挥发性和蒸气压足够大，而另一种小到可以忽略时，就可进行选择性挥发，达到定量分离的目的。

1. 蒸馏

蒸馏是基于汽—液平衡的原理将物质的组分分离，蒸气相的富集程度随二组分的相对蒸气压的大小而定。蒸馏技术在实验室中应用很普遍，例如无机酸（氢氟酸、盐酸、氢溴酸、硝酸、高氯酸等），氨水以及有机溶剂等的提纯就常用蒸馏法。如实验室中常用普通蒸馏法提纯盐酸、硝酸、氢溴酸、氢碘酸和硫酸等；常用亚沸蒸馏法提纯水、盐酸、硝酸、高氯酸以及氢氟酸等。

2. 挥发分离

挥发分离技术基本上可以分为直接蒸馏挥发一种或一种以上的组分，主要用于挥发性相差悬殊的组分；与用氟、氯、溴或者卤化氢等试剂将各组分转化为具有不同挥发性的化合物进行分离两大类。

（1）主要组成的挥发

当基体的挥发性高于待测痕量组分时，挥发分离基体是可行的，但高温挥发会造成痕量组分的损失，特别是像 As、B、Cr、Ge、Hg、Os、Re、Ru、Sb、Se、Sn 等易挥发元素。此外基体元素在挥发过程中也可能发生氧化态的变化，从而改变其挥发性。低温挥发需要耗费很长时间，而且只有少数挥发性大的基体如碘、汞以及某些化合物如三氯氢硅、四氯化锗等容易实现。因此，通常采用真空蒸馏、惰性气流载带或通过化学反应，使基体转变成更具挥发性的形态。

（2）痕量组分的挥发

痕量组分的挥发主要介绍溶液中痕量组分的挥发和固体以及熔融体中痕量组分的挥发两种。

①溶液中痕量组分的挥发。在液体样品（或者通常把固体溶解成溶液）中，使痕量组分定量挥发，常用的有气流载带法、热挥发法和化学反应等方法。挥发出来的元素或化合物，用适当的溶液吸收、冷凝或用其他捕集方法进行富集，然后进行测定。

②固体和熔融体中痕量组分的挥发。大约在 1000℃ 或更高温度下，于真空状态、惰性保护气或活性气体中，各种痕量元素可以在固体或熔融体样品中进行选择性挥发，挥发的化合物收集到吸收剂、冷阱或冷凝器中。固体样品中痕量元素挥发法。

8.1.7 膜分离法

膜分离是以选择性透过膜为分离介质，在膜两侧一定推动力的作用下，使原料中的某组分选择性地透过膜，从而使混合物得以分离，从而达到浓缩、提纯等目的的分离过程。

膜分离所用的膜可以是固相的、液相的，也可以是气相的，在大规模工业应用中多数为固体膜。膜分离过程的推动力可以是膜两侧的压力差、浓度差、电位差和温度差等，因此各种膜的分离机理也并不相同。依据推动力不同，膜分离又分为多种过程。膜分离过程可以概述为以下三种形式：

1. 过滤式膜分离

该方法的特点是溶液或混合气体置于固体膜的一侧，在压力差的作用下，溶剂及小分子通过膜，而盐、大分子、微粒等被截留，其截留程度取决于膜结构。由于组分分子的大小和性质不同，透过膜的速率也不同，因而透过部分与留下部分的组成不同，即实现了组分的分离。属于过滤式膜分离的操作有超滤、微滤、反渗透和气体渗透等。

2. 渗透式膜分离

料液中的某些溶质或离子在浓度差、电位差的推动下，透过膜进入接受液中，从而被分离出去。该方法的特点是被处理的溶液置于固体膜的一侧，置于膜另一侧的接受液是接纳渗析组分的溶剂或溶液。属于渗透式膜分离的操作有渗析和电渗析等。

透析是典型的以浓度差为推动力的膜分离技术。透过机理是溶质依靠其在膜两侧液体中的浓度差与膜的孔径大小，从膜的进料侧通过透析膜流向透析液侧的过程。料液中不可透析的大分子被截留于膜内，可透析的小分子经扩散作用不断透出膜外，直到膜内外两边浓度达到平衡。透析法多用于制备及提纯生物大分子时除去或更换小分子物质、脱盐和改变溶剂成分。用于透析分离的半透膜必须在溶剂中能膨胀形成分子筛状多孔薄膜,只允许小分子溶质和溶剂通过而阻止大分子(如蛋白质)通过;具有化学惰性,不具有可以和溶质起作用的基团,在水、盐溶液、稀碱或稀酸中不溶解;有一定的机械强度和良好的再生性能。

透析的装置和方法较简单,如图 8-2 所示。将已处理及检漏合格的透析袋用绒线或尼龙丝扎紧底端,然后将待透析液从管口倒入袋内。但不能装满,常留一半左右空间,以防膜外溶剂因浓度差大量渗入袋内时将袋胀裂或因透析袋过度膨胀而引起膜的孔径大小改变。装完透析液后即扎紧袋口,悬于装有大量纯净溶剂(水或缓冲溶液)的大容器内(量筒或玻璃缸)进行透析。小分子可从透析膜内透出,直到膜内外浓度相等。若加上搅拌装置及定期或连续地换上新鲜溶剂均可提高透析速率,增强透析效果。

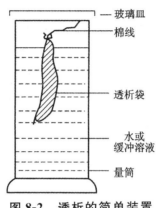

图 8-2　透析的简单装置

3. 液膜分离

特点是该过程中的膜是由液相组成的,即液膜。液膜分离机理与半透膜的分离机理截然不同,可以看成是萃取与反萃取两者的结合。

由于膜分离法具有能耗少、化学品消耗少、操作方便等优点,因而近年来发展迅速,应用广泛。

8.2　复杂物质分析思路及示例

8.2.1　复杂样品的分析思路

1. 无机成分的分析

对于样品中的无机成分分析,相对来说比较简单。一般将样品直接或经过必要的预处理后,采用一般原子发射光谱法(或等离子体原子发射光谱法)和原子吸收光谱法或 X 射线荧光光谱法等,分别对无机元素进行定性和定量分析。若原样品中的含量过低,或方法本身的灵敏度达不到要求,则应采取分离、预浓集等手段,以达到分析方法的检测限以上。如果样品是一种复合材料,需对无机成分进行微区分布分析,则可采用扫描电镜—X 射线能谱法。如需进一步了解各种无机元素所处的价态、结合形式以及在表面的分布状况时,可以采用各种电子和离子光谱法。

2. 有机成分的分析

样品中有机成分分析比无机成分分析困难得多,是由于有机化合物的组成元素虽然简单,但结构千变万化,同一化学式可以有多种不同的分子结构。若有些是异构体,性质极为相似,给分离带来困难。有的样品的成分本身就很复杂,要将这些成分分离就不是一件易事,而且还要制备纯品、鉴定纯度、确定成分结构以及分析各个成分含量都有相当难度,因此通常所说的剖析,主要是对复杂的有机样品而言。

对有机样品的剖析来说,分离是关键的一步,最常用的分离方法是色谱法。由于更换固定相和流动相方便,经典柱色谱法和薄层色谱法仍然是分离和提纯样品的常用方法。高效液相色谱法的分离效率很高,对复杂样品的组成分析容易进行,利用它可对复杂混合物进行系统分离分析,获悉基本组成及组分之间的比例关系。利用制备型高效液相色谱仪,可以在较短时间里得到各种纯样品。

在最后的结构确证时,紫外光谱、红外光谱、质谱和核磁共振波谱是最强有力的工具。紫外光谱在结构分析中的地位不如其他三谱,因为它适用的样品范围窄,主要用于含共轭双键的分子的鉴别。红外光谱法适用的样品范围广,所需样品量少,给出的分子结构信息丰富,因此红外光谱仪是不可缺少的剖析工具。从红外光谱图可为剖析提供以下重要信息:

①从原始样品的红外光谱图可大致判断可能存在的功能团,因为它是多种纯组分红外光谱图的叠加。

②从离析出的纯组分光谱图中,检查是否有异常峰存在,若能在分离过程中,用红外光谱分析跟踪监视,直至无异常峰存在,谱图稳定不变时,此组分可视为"光谱纯"。

③从在分离和纯化过程中得到的光谱图中,可以分析有关组分的去向,监视某些组分的"丢失"。

④从纯组分的光谱图可推测出存在的特征功能团、分子骨架等主要信息。

⑤从模拟结构合成出的纯样的红外光谱图可验证模拟结构是否确证无疑。

核磁共振波谱法是结构分析中最强有力的手段。由于它能给出化学位移、自旋-自旋偶合裂分模式以及积分线高度等信息,因此由核磁共振波谱图给出的结构信息的准确性高、预见性好。

8.2.2　复杂样品的分析示例

1. 水中有机物的分析

由于环境水源中存在着大量的有机污染物,在江河、湖泊的水质中已鉴定出 1000 多种有机物。研究水源污染物的产生、迁移规律以及对生物和人类的影响,有着极其重要的意义。对水源污染物的分析,最强有力的工具就是开管柱气相色谱-质谱联用技术。但是在进行色谱-

质谱联用分析之前,须进行预处理和浓集,通过控制酸度进行溶剂萃取。例如将水样调节成酸性,用 CH_2Cl_2 萃取,则有机酸及中性物进入有机相,有机碱及水溶物进入水相。因此控制酸度可以调节被萃取对象。还可以采用活性炭吸附、溶剂萃取以及离子交换树脂浓集等方法。对于水样中挥发性有机物可以采集水平面上部的蒸气,并进行浓集后进行分析。

2. 土壤中常量、微量元素及有机成分的研究

土壤中的无机元素的定性及定量测定比较简单。对于常量和微量元素的测定,可以用原子吸收光谱法以及电感耦合等离子体发射光谱法。采用电感耦合等离子体直读光谱仪可以同时分析 Si,Fe,Mg,Ca,Na,K,Ti,Mn 及 P 等多种元素,分析时间不到 1 min,且精密度好。对土壤中有机成分的分析比较复杂一些,例如研究不同土壤中的腐殖酸的化学结构。这些结构各不相同的有机化合物,虽然用红外光谱法、气相色谱-质谱联用等可以得到很好解决,但分离仍是关键的一步,其复杂性也就体现于此。研究土壤组成的常用分离方法有溶剂萃取、薄层色谱、制备气相色谱等,为了获得满意的分离,必要时还须进行化学衍生化。为了使不同极性的有机化合物不漏检,因此预先用不同极性的溶剂萃取。萃取残留物一般可用衍生化的方法使某些组分转变成甲基酯类或醚类,然后再进行分离。通过以上的分离与鉴定,了解到土壤中有 100 多种有机化合物,主要是烷烃(C_{14}~C_{18})、正构脂肪酸、酚酸、苯羧酸及邻苯二酸二烷基酯等。

3. 植物、粮食及其他生物试样中砷、硒等的测定

对植物、粮食及其他生物试样中砷、硒等元素的测定,采用原子吸收光谱法比较简单易行。动植物组织、血液和尿等试样,除极少数可直接进样外,一般都须预处理。让样品风干或烘干,剖碎过筛后称样,将样品灰化,使有机物质分解,而被测元素转入溶液之中。常用方法为干法灰化后,用硝酸或盐酸溶解灰分;或用强酸消化,使有机物分解,通常采用混合酸破坏有机物更有效或用合适试剂浸提被测元素,等等。

4. 彩色胶片组成的剖析

彩色胶片的组成极为复杂,含有几十种结构很复杂的有机化合物,因此必须采用多种分离手段以及多种结构鉴定技术的联用,才能逐一地确定其结构。一般的实验过程大致如下:首先用水浸泡胶片,然后将浸提液与胶片分离。水溶液内的成分可以通过色谱分离技术一一分离获得纯物质后,再用紫外吸收光谱、红外吸收光谱、核磁共振波谱及质谱法来鉴定它们的结构。也可以直接采用各种联用技术进行鉴定。可以确定溶于水的组分主要有杀菌剂、表面活性剂、水溶性染料等。

对于胶片中的非水溶性部分,通过银的分离后再经酶解,分离成溶液与片基两部分。溶液部分经丁醇溶剂萃取后获得有机相和水相。有机相部分经减压蒸馏,除去萃取溶剂后,用色谱分离技术及结构鉴定技术,可以确定其主要成分。它们是各种颜色的增感剂及成色剂、防污染剂、稳定剂等。水相部分如前所述进行鉴定。对未被酶分解的片基可以用红外吸收光谱进行分析,知道其成分为三乙酸纤维。

当胶片中各种成分确定之后,则通过合成来进一步确证是否有误,然后进行胶片生产。对试生产的胶片的性能再进行测试,从而进一步验证整个剖析结果的可靠性。

第9章 质谱分析技术的原理与应用

9.1 质谱分析的原理及表示方法

质谱分析技术(MS)是通过对样品离子的质量和强度的测定来进行定性定量及结构分析的一种分析方法。它以一定能量的电子流轰击或用其他适当方法打掉气态分子(M)的一个电子,形成带正电荷的离子,这些正离子在电场和磁场的共同作用下,按离子的质量与所带电荷比值(m/z,即质荷比)的大小排列成谱,对离子进行分离和检测的一种分析方法。质谱不同于UV、IR 和 NMR,从本质上看,质谱不是光谱,而是带电粒子的质量谱。

9.1.1 质谱分析的原理

质谱分析的基本原理很简单,即使被研究的物质形成离子,然后使离子按质荷比进行分离。下面以单聚焦质谱仪为例说明其基本原理。物质的分子在气态被电离,所生成的离子在高压电场中加速,在磁场中偏转,然后到达收集器,产生信号,其强度与到达的离子数目成正比,所记录的信号构成质谱。

当具有一定能量的电子轰击物质的分子或原子时,使其丢失一个外层价电子,则获得带有一个正电荷的离子(偶尔也可丢掉一个以上的电子)。若正离子的生存时间大于 10^{-6} s,就能受到加速板上电压 U 的作用加速到速度为 v,其动能为 $\frac{1}{2}mv^2$,而在加速电场中所获得的势能为 zU,加速后离子的势能转换为动能,两者相等,即

$$zU = \frac{1}{2}mv^2 \tag{9-1}$$

式中,m 为离子的质量;v 为离子的速度;z 为离子电荷;U 为加速电压。

正离子在电场中的运动轨道是直线的,进入磁场后,在磁场强度为 H 的磁场作用下,使正离子的轨道发生偏转,进入半径为 R 的径向轨道(图 9-1),这时离子所受到的向心力为 Hzv,离心力为 mv^2/R,要保持离子在半径为 R 的径向轨道上运动的必要条件是向心力等于离心力,即

$$Hzv = \frac{mv^2}{R} \tag{9-2}$$

由式(9-1)和式(9-2)可以计算出半径 R 的大小与离子质荷比的关系为

$$\frac{m}{z} = \frac{H^2R^2}{2U} \tag{9-3}$$

式中,m/z 为质荷比,当离子带一个正电荷时,它的质荷比就是它的质量数。

式(9-3)为磁场质谱仪的基本方程,由此可知,要将各种 m/z 的离子分开,可以采用以下两种方式。

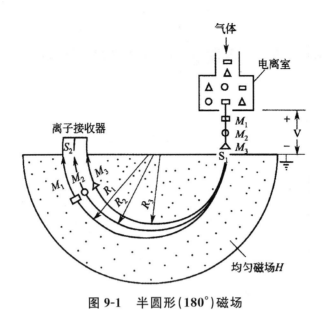

图 9-1　半圆形(180°)磁场

R_1、R_2、R_3 为不同质量离子的运动轨道曲率半径；M_1、M_2、M_3 为不同质量的离子；
S_1、S_2 分别为进口狭缝和出口狭缝

(1)固定 H 和 U,改变 R

固定磁场强度 H 和加速电压 U,由式(9-3)可知,不同$\frac{m_i}{z}$将有不同的 R_i 与 i 离子对应,这时移动检测器狭缝的位置,就能收集到不同 R_i 的离子流。但这种方法在实验上不易实现,常常是直接用感光板照相法记录各种不同离子的$\frac{m_i}{z}$。

(2)固定 R,连续改变 H 或 U

在电场扫描法中,固定 R 和 H,连续改变 U,由式(9-3)可知,通过狭缝的离子$\frac{m_i}{z}$与 U 成反比。当加速电压逐渐增加,先被收集到的是质量大的离子。

在磁场扫描法中,固定 R 和 V,连续改变 H,由式(9-3)可知,$\frac{m_i}{z}$正比于 H^2,当 H 增加时,先收集到的是质量小的离子。

9.1.2 质谱的表示方法

质谱的常见表示方法有质谱图、质谱表和元素图表。

质谱图是记录质荷比及质谱峰强度的图谱。由质谱仪直接记录下来的图是一个个尖锐密集的峰,但在文献中多采用如图 9-2 所示的棒图。

在棒图中,横坐标表示离子的质荷比(m/z),纵坐标代表离子的相对丰度(或相对强度)。质谱峰愈高,丰度越大,说明该峰所对应的正离子的稳定性越好、数量越多。谱图中的最强峰叫基峰,其丰度为 100,其余各峰的高度占基峰高度的百分数即为其相对丰度。从质谱图上可以看到许多质谱峰,这些峰包括分子离子峰、碎片离子峰、同位素离子峰、亚稳离子峰、多电荷

离子峰等。对它们所包含的结构信息加以分析和提取便是质谱解析过程。

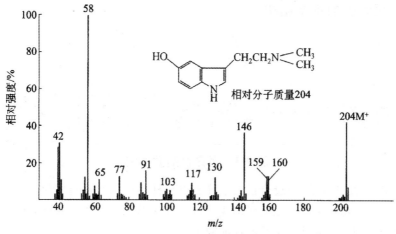

图 9-2　蟾毒色胺质谱图

质谱表是一种记录正离子的质荷比和峰强度的表格，它简单方便，但不如质谱图直观。元素图除给出正离子的质量数和峰强度外，还给出各个正离子的元素组成，因此有利于结构的推导。

9.2　质谱仪

从第一台质谱仪的出现，至今已有近百年的历史。早期的质谱主要用于测定原子量、同位素的相对丰度，以及研究电子碰撞过程等物理领域。20 世纪 50 年代末，Beynon 和 Mclaffer-ty 等提出了官能团对分子化学键的断裂有引导作用之后，质谱法在测定有机物结构的重要性才确立起来。至今质谱仪和质谱技术得到飞速发展，质谱仪汇集了当代先进的电子技术、高真空技术和计算机技术，已经制造出高分辨率和高灵敏度的仪器。气相色谱-质谱联用（GC-MS）、高效液相色谱-质谱联用（HPLC-MS）、喷雾 LC-MS、动态快原子轰击 LC-MS、ICP-MS 以及其他新技术的发展和应用，如串联质谱（常简称 MS/MS）、二次离子质谱（SIMS）、热电离同位素质谱、加速器质谱、激光共振电离飞行时间质谱（LRIS-TOF）、时间分辨光电离质谱（TPIMS）、傅里叶变换回旋共振质谱、火花源质谱与辉光放电质谱等，大大扩展了质谱的应用范围。为了弥补电子轰击（EI）和化学电离（CI）离子源的不足，到目前为止，已发展了多种软电离技术，其中应用最广的是 1981 年 Barber 创立的快原子轰击（FAB），此外还有场解吸电离（FD）、等离子解吸（PD）、激光解吸（LD）、电喷雾电离（ESI）和热喷雾（TSI）等。随着电离技术和质谱仪器的不断改进和日渐成熟，质谱已成为原子能、石油化工、电子、冶金、医药、食品、地学、材料科学、环境科学及生命科学领域中不可缺少的近代分析仪器之一，正在发挥着越来越重要的作用。

质谱仪通常由真空系统、进样系统、离子源、质量分析器、检测器等几部分组成，现代质谱仪还包括计算机控制及数据处理系统。

按其用途，质谱仪可分为有机质谱仪、无机质谱仪、同位素质谱仪等。它们的基本部分组成相似,但在仪器原理和应用上却有很大差异。

9.2.1 质谱仪的基本结构

质谱仪是能产生离子、并将这些离子按其质荷比进行分离记录的仪器,它由五大部分组成,即进样系统、离子源、质量分析器、离子检测器及真空系统,见图 9-3。

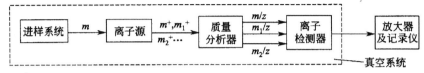

图 9-3 质谱仪的方框图

质谱分析的一般过程是:通过合适的进样装置将样品引入并进行气化,气化后的样品进入离子源进行电离,电离后的离子经适当加速后进入质量分析器,按不同的质荷比进行分离,然后到达检测记录系统,将生成的离子流变成放大的电信号,并按对应的质荷比记录下来而得质谱图。

1. 真空系统

质谱仪的离子源、质量分析器及检测系统都必须处于高度真空状态,否则无法正常工作。常用机械真空泵、扩散真空泵组合抽真空。

2. 进样系统

对于气体及易挥发的液体试样,可用微量注射器注入,在储样器内气化为蒸气,然后通过漏孔以分子流形式渗透进离子源中;对于高沸点的液体、固体,可以用探针杆直接进样,调节加热温度,使试样气化;对于有机混合物样品则可采用色-质联用法进样。

3. 离子源

离子源的作用是将进样系统引入的气态样品分子转化成离子。由于离子化所需要的能量随分子不同差异很大,因此,对于不同的分子应选择不同的离解方法。通常能给样品较大能量的电离方法称为硬电离方法,而给样品较小能量的电离方法称为软电离方法,后一种方法适用于易破裂或易电离的样品。

使分子电离的手段很多,因此有各种各样的离子源,表 9-1 列出了一些常见离子源的基本特征。

表 9-1 质谱研究中的常见离子源

名称	简称	类型	离子化试剂	应用年代
电子轰击离子化	EI	气相	高能电子	1920
化学电离	CI	气相	试剂离子	1965
场电离	FI	气相	高电势电极	1970

续表

名称	简称	类型	离子化试剂	应用年代
场解吸	FD	解吸	高电势电极	1969
快原子轰击	FAB	解吸	高能电子	1981
二次离子质谱	SIMS	解吸	高能离子	1977
激光解吸	LD	解吸	激光束	1978
电流体效应离子化(离子喷雾)	EH	解吸附	高场	1978
热喷雾离子化	ES	—	荷电微粒能量	1985
电喷雾电离	ESI	解吸	高电场	1984
基质辅助激光解吸电离	MALDI	解吸	激光束	1988

（1）电子轰击源（EI）

电子轰击源的构造如图 9-4 所示。

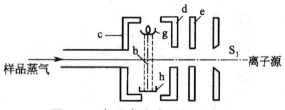

图 9-4　电子轰击离子源示意图

当样品蒸气进入离子源后，受到由灯丝 g 发射的电子 b 的轰击，生成正离子。在离子源的后墙 c 和第一加速极 d 之间有一个低正电位，将正离子排斥到加速区，正离子被 d 和 e 之间的加速电压加速，通过狭缝 S_1 射向质量分析器。

电子 b 的能量可以通过调节灯丝 g 和正极 h 间的电压来控制，这个电压称为电离电压。对有机化合物常选用 $70\sim80$ eV，有时为了减少碎片离子峰，简化质谱图，也采用 $10\sim20$ eV 的电子能量。

电子轰击源是应用最广泛的一种离子源，其优点是结构简单，易于操作，电离效率高，谱线多，信息量大，再现性好；缺点是某些化合物的分子离子峰很弱，甚至观察不到。

（2）化学电离源（CI）

化学电离源是通过分子—离子反应使样品电离，因此化学电离源需要使用反应气体，常用的反应气体有甲烷、氢、氦、CO 和 NO 等。假设样品是 M，反应气体是 CH_4，将两者混合后送入电离源，先用能量大于 50 eV 的电子使反应气体 CH_4 电离，发生一级离子反应

$$CH_4 + e^- \longrightarrow CH_4^+ + CH_3^+ + CH_2^+ + C^+ + H_2^+ + H^+ + ne^-$$

生成的 CH_4^+ 和 CH_3^+ 约占全部离子的 90%。

电离生成的 CH_4^+ 和 CH_3^+ 很快与大量存在的 CH_4 作用，发生二级离子反应

$$CH_4^+ + CH_4 \longrightarrow CH_5^+ + CH_3$$

$$CH_3^+ + CH_4 \longrightarrow C_2H_5^+ + CH_2$$

生成的 CH_5^+ 和 $C_2H_5^+$ 活性离子与样品分子 M 进行分子—离子反应生成准分子离子。准分子离子是指获得或失掉一个 H 的分子离子

$$M+CH_5^+ \longrightarrow [M+1]^+ +CH_4$$

$$M+C_2H_5^+ \longrightarrow [M+1]^+ +C_2H_4$$

此外,下列反应也存在

$$M+C_2H_5^+ \longrightarrow [M+29]^+$$

$$M+C_3H_5^+ \longrightarrow [M+41]^+$$

在生成的这些离子中,以 $[M+1]^+$ 或 $[M-1]^+$ 的丰度为最大,成为主要的质谱峰,且通常为基峰。

化学电离源适于高相对分子质量及不稳定化合物的分析,它具有谱图简单、灵敏度高等特点;缺点是碎片少,可提供的结构信息少。

(3)快原子轰击源(FAB)

FAB 的工作原理如图 9-5 所示。

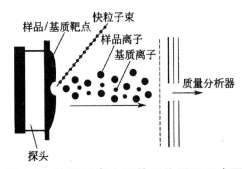

图 9-5 快原子轰击源的工作原理示意图

氙气或氩气在电离室依靠放电产生离子,离子通过电场加速并与热的气体原子碰撞,发生电荷和能量转移,得到高能原子束(或离子束),该高能粒子打在涂有非挥发性底物(如甘油等)和样品分子的靶上使样品分子电离,产生的样品离子在电场作用下进入质量分析器。FAB 与 EI 源得到的质谱图是有区别的,一是相对分子质量的获得不是靠分子离子峰 M^+,而是靠 $[M+H]^+$ 或 $[M+Na]^+$ 等准分子离子峰;二是碎片峰比 EI 谱要少。FAB 适合于强极性、相对分子质量大、难挥发或热稳定性差的样品分析,如肽类、低聚糖、天然抗生素和有机金属络合物等。

(4)电喷雾电离源(ESI)

ESI 是一种软电离方式,常作为四极滤质器、飞行时间质谱仪的离子源,主要用于液相色谱-质谱联用仪(既是液相色谱和质谱仪之间的接口装置,又是电离装置)。电喷雾电离源的示意图如图 9-6 所示。

ESI 有一个多层套管组成的电喷雾喷针。最内层是液相色谱流出物,外层是喷射气,喷射气采用大流量的氮气,其作用是使喷出的液体容易分散成微小液滴。在喷嘴的斜前方有一个辅助气喷口,在加热辅助气的作用下,喷射出的带电液滴随溶剂的蒸发而逐渐缩小,液滴表面电荷密度不断增加。当达到瑞利极限,即电荷间的库仑排斥力大于液滴的表面张力时,会发生库仑爆炸,形成更小的带电雾滴。此过程不断重复直至液滴变得足够小、表面电荷形成的电场足够强,最终使样品离子解吸出来。离子产生后,借助于喷嘴与锥孔之间的电压,穿过采样孔

进入质量分析器(离子化机理见图 9-7)。ESI 特别适合于分析极性强、热稳定性差的有机大分子,如蛋白质、多肽、糖类等。

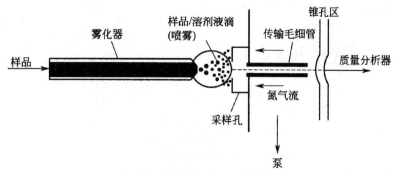

图 9-6 电喷雾电离源的示意图

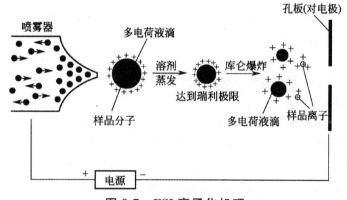

图 9-7 ESI 离子化机理

(5)大气压化学电离源(APCI)

APCI 属于软电离方式,产生的主要是准分子离子,碎片离子很少。APCI 与 ESI 类似(图 9-8),不同之处在于 APCI 喷嘴的下游放置一个针电极,通过放电电极的高压放电,使空气中某些中性分子电离,产生 H_3O^+、N_2^+、O_2^+ 和 O^+ 等离子,溶剂分子也会被电离。这些离子与样品分子发生离子—分子反应,使样品分子离子化(图 9-9)。APCI 主要用来分析中等极性的化合物。

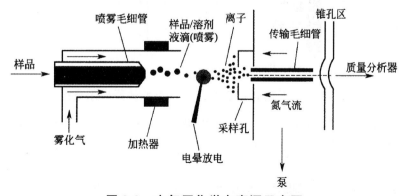

图 9-8 大气压化学电离源示意图

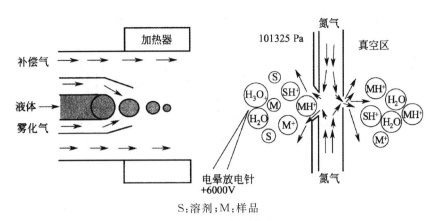

S:溶剂；M:样品

图 9-9　APCI 离子化机理

（6）大气压光致电离源（APPI）

APPI 与 APCI 相似，采用标准的加热喷雾器，用氢灯代替电晕放电针。当样品进入 APPI 源后，加热蒸发，分析物在 UV 光源（如 Kr 灯）辐射的光子作用下产生光离子化。加入合适的掺杂剂可提高离子化效率。APPI 多用于弱极性及非极性化合物的分析，如多环芳烃、甾族化合物和类黄酮等。APPI 源也用于液相色谱—质谱联用仪。

（7）激光解吸源（LD）

LD 源是利用一定波长的脉冲式激光照射样品，使样品发生电离。将样品置于涂有基质的样品靶上，激光照射到样品靶上，基质分子吸收激光能量，与样品分子一起蒸发到气相，并使样品分子电离。LD 源需要有合适的基质才能获得较好的离子化效率，因此，常称其为基质辅助激光解吸电离源（MALDI）。MALDI 的电离原理如图 9-10 所示。

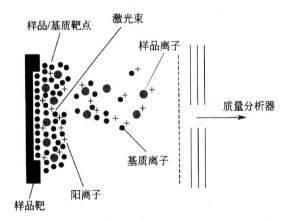

图 9-10　基质辅助激光解吸电离源的原理示意图

MALDI 属于软电离技术，主要用于分析生物大分子及高聚物，得到的多是分子离子、准分子离子，碎片离子和多电荷离子较少。

（8）场致电离源（FI）

应用强电场可以诱发样品电离。场致电离源由电压梯度约为 $10^7 \sim 10^8$ V/cm 的两个尖细电极组成。流经电极之间的样品分子由于价电子的量子隧道效应而发生电离，电离后被阳极排斥出离子室并加速经过狭缝进入质量分析器。

场致电离源形成的离子主要是分子离子,碎片离子少,可提供的信息少,通常将其与电子轰击源配合使用。

(9)场解吸电离源(FD)

场解吸电离源的作用原理与场致电离源相似,不同的是进样方式,在这种方法中,分析样品溶于溶剂,滴在场发射丝上,或将发射丝浸入溶液中,待溶剂挥发后,将场发射丝插入离子源,在强电场作用下样品不经气化即被电离。场解吸电离源适用于不挥发和热不稳定化合物的相对分子质量的测定。

(10)火花源

对于金属合金或离子型残渣之类的非挥发性无机试样,必须使用不同于上述离子源的火花源。火花源类似于发射光谱中的激发源,向一对电极施加约 30 kV 脉冲射频电压,电极在高压火花作用下产生局部高热,使试样仅靠蒸发作用产生原子或简单的离子,经适当加速后进行质量分析。火花源对几乎所有元素的灵敏度都较高,可达 10^{-9},可以对极复杂样品进行元素分析,但由于仪器设备价格昂贵,操作复杂,限制了使用范围。

4. 质量分析器

质量分析器的作用是将离子源中形成的离子按质荷比的大小分开。质量分析器可分为静态和动态两类。

静态分析器采用稳定不变的电磁场,按照空间位置把不同质荷比的离子分开,单聚焦和双聚焦磁场分析器属于这一类。

动态分析器采用变化的电磁场,按照时间或空间来区分质量不同的离子,属于这一类的有飞行时间质谱仪、四极滤质器等。

(1)单聚焦质量分析器

单聚焦质量分析器由电磁铁组成,两个磁极由铁芯弯曲而成,磁极间隙尽量减小,磁极面一般呈半圆形(图 9-11)或扇形(图 9-12)。

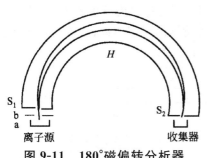

图 9-11 180°磁偏转分析器

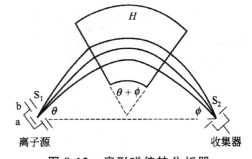

图 9-12 扇形磁偏转分析器

在离子源 a 中产生的离子被施于 b 板上的可变电位所加速,经由狭缝 S_1 进入磁场的磁极间隙,受到磁场 H 的作用而作弧形运动,各种离子运动的半径与离子的质量有关,因此磁场即把不同质量的离子按 m/z 值的大小顺序分成不同的离子束,这就是磁场引起的质量色散作用。同时磁场对能量、质量相同而进入磁场时方向不同的离子还起着方向聚焦的作用,但不能对不同能量的离子实现聚焦,因而这种仪器称作单聚焦仪器。

(2)双聚焦质量分析器

双聚焦质量分析器在离子源和磁场之间加入一个静电场(称静电分析器),如图 9-13 所示。

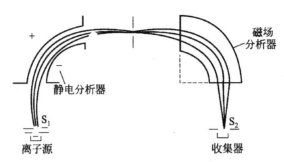

图 9-13　双聚焦质量分析器示意图

令加速后的正离子先进入静电场 E,这时带电离子受电场作用发生偏转,要保持离子在半径为 R 的径向轨道中运动的必要条件是偏转产生的离心力等于静电力,即

$$zE = \frac{mv^2}{R} \qquad (9\text{-}4)$$

所以

$$R = \frac{m}{z} \cdot \frac{v^2}{E} = \frac{2}{z \cdot E} \cdot \frac{1}{2}mv^2 \qquad (9\text{-}5)$$

当固定 E,由式(9-5)可知,只有动能相同的离子才能具有相同的 R,因此静电分析器只允许符合上式的一定动能的离子通过。即挑出了一束由不同的 m 和 v 组成,但具有相同动能的离子(这就叫能量聚焦),再将这束动能相同的离子送入磁场分析器实现质量色散,这样就解决了单聚焦仪器所不能解决的能量聚焦问题。

具有这类质量分析器的质谱仪可同时实现方向聚焦和能量聚焦,故称为双聚焦质谱仪,它具有较高的分辨率。

(3)飞行时间质谱仪

飞行时间质谱仪的质量分析器的工作原理是:获得相同能量的离子在无场的空间漂移,不同质量的离子,其速度不同,行经同一距离之后到达收集器的时间不同,从而可以得到分离。仪器的构造见图 9-14。

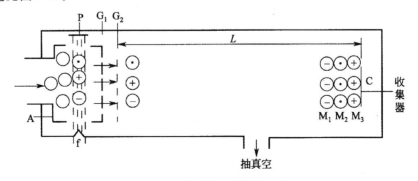

图 9-14　飞行时间质谱仪示意图

由阴极 f 发射的电子,受到电离室 A 上正电位的加速,进入并通过 A 到达电子收集极 P,电子在运动过程中撞击 A 中的气体分子并使之电离,在栅极 G_1 上施加一个不大的负脉冲(-270 V),把正离子引出电离室 A,然后在栅极 G_2 上施加直流负高压 U(-2.8 kV),使离子加速而获得动能 E。

$$E = \frac{1}{2} m v^2 = zU \tag{9-6}$$

由式(9-6)可得离子的速度 v 为

$$v = \sqrt{\frac{2zU}{m}} \tag{9-7}$$

离子以速度 v 飞行长度为 L 的既无电场又无磁场的漂移空间,最后到达离子接收器 C,所需的时间 t 为

$$t = \frac{L}{v} \tag{9-8}$$

由式(9-7)和式(9-8)得

$$t = L \sqrt{\frac{m}{2zU}} \tag{9-9}$$

当 L、z、v 等参数不变的情况下,离子的质荷比与离子飞行时间的平方成正比,因此,该种类型的质谱仪可以按照时间实现质量分离,其最大特点是既不需要磁场又不需要电场,只需要直线漂移空间,因此仪器的结构简单,分析速度快,缺点是仪器分辨率低。

(4)四极滤质器

这种分析器由四个筒形电极组成,对角电极相连接构成两组,如图 9-15 所示。

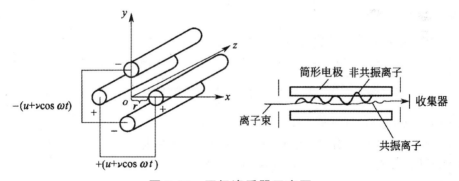

图 9-15　四极滤质器示意图

z 轴通过原点 o 垂直于纸平面,原点 o(场中心点)至极面的最小距离称为场半径 r。在 x 方向的一组电极上施加 $+(u + v\cos\omega t)$ 的射频电压,在 y 方向的另组电极上施加 $-(u + v\cos\omega t)$ 的射频电压,式中 u 是直流电压,v 是交流电压幅值,ω 是角频率,t 是时间。

如果有一个质量为 m,电荷为 z,速度为 v 的离子从 z 方向射入四极场中,由于在 z 和 y 方向存在交变电场,离子要进行振荡运动。当 ω、u 和 v 为某一特定值时,只有具有一定质荷比的离子能沿着 z 轴方向通过四极场到达接收器,这样的离子称为共振离子,质荷比为其他值的离子,因其振荡幅度大,撞在电极上而被真空泵抽出系统,这些离子称为非共振离子。

当 r 和 z 一定时,通过四极场的正离子质量是由 u、v 和 ω 决定,改变这些参数就能使离子

按质荷比大小顺序依次通过射频四极场,实现质量分离。

四极滤质器由于利用四极杆代替了笨重的电磁铁,故体积小、重量轻、价格较廉,加上具有较高的灵敏度和较好的分辨率,因而它成为近年来发展最快的质谱仪器。

5. 离子检测器

离子检测器的作用是将从质量分析器出来的只有 $10^{-9} \sim 10^{-12}$ A 的微小离子流加以接收、放大,以便记录。最常用的离子检测器有法拉第杯、电子倍增器及照相底片等。

法拉第杯是加有一定电压的筒状或平板状金属电极,离子流通过出口狭缝落在电极上,产生的电流经转换成电压后进行放大记录。法拉第杯的优点是简单可靠,配以合适的放大器可以检测约 10^{-15} A 的离子流。

电子倍增器的种类很多,其工作原理与光电倍增管十分相似。这种检测器可检测出由单个离子直到大约 10^{-9} A 的离子流,可实现高灵敏、快速测定。

近代质谱仪中常采用隧道电子倍增器,其工作原理与电子倍增器相似,因为体积较小,多个隧道电子倍增器可以串联起来,可同时检测多个质荷比不同的离子,从而大大提高了分析效率。

照相检测主要用于火花源双聚焦质谱仪,其优点是无需记录总离子流强度,也不需要整套的电子线路,且灵敏度可以满足一般分析要求,但其操作麻烦,效率不高。

现代质谱仪一般都采用较高性能的计算机对产生的信号进行快速接收与处理,同时通过计算机可以对仪器条件等进行严格监控,从而使精密度和灵敏度都有一定程度的提高。

9.2.2　质谱仪的主要性能指标

1. 分辨率 R

质谱仪的分辨率 R 是指质谱仪分离质量数为 m_1 和 m_2 的两相邻质谱峰的能力。若强度近似相等的质量分别为 m_1 和 m_2 的两相邻峰正好分开,则质谱仪的分辨率为:

$$R = \frac{m}{\Delta m} \qquad (9\text{-}10)$$

式中,$m = (m_1 + m_2)/2$,$\Delta m = m_2 - m_1$。

目前国际上规定"正好分开"的 10% 谷(或 50% 谷)的定义为:若两等高峰重叠后形成的谷高为峰高的 10%(或 50%),则认为两峰完全分开。但在实际测量中,很难找到两个等高、并且重叠后的谷高正好为峰高的 10%(或 50%)的峰。为此,可在质谱图中选择两个相邻峰(图 9-16),然后按下式计算分辨率:

$$R = \frac{am}{b\Delta m} \qquad (9\text{-}11)$$

式中,a 为两峰之间的水平距离;b 为其中一峰在峰高 5% 处的峰宽。一般分辨率在 10^3 以下的为低分辨率质谱仪,它只能分辨质量数相差为 1 的峰。分辨率在 10^4 以上的为高分辨率质谱仪,它能精确测定离子质量到几位小数。

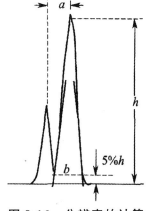

图 9-16　分辨率的计算

2. 质量范围

质量范围指仪器能够测量的样品的相对原子(或分子)质量的范围。一般用原子质量单位 u 表示,亦可用道尔顿 D 表示。不同规格型号的质谱仪有不同的质量范围,例如测气体的质谱仪为 2~100 D,有机质谱仪可达 3000 D,飞行时间质谱仪则高达 10^5 D 级。同时适当降低加速电压,可扩大质量范围。

3. 灵敏度

绝对灵敏度是指仪器能检测到的最低样品质量。相对灵敏度是指仪器能同时检测到的大组分与小组分的含量之比。分析灵敏度是指仪器输出的信号与输入仪器的样品量之比。

4. 质量精度

质量精度是质谱分析的重要依据。高分辨率质谱要求获得质谱中碎片离子和分子离子的精确质量,精度一般为 1~10 ppm。

9.3　离子的类型及开裂方式

9.3.1　离子的主要类型

1. 分子离子

一个分子不论通过何种电离方法,使其失去一个外层价电子而形成带正电荷的离子,称为分子离子或母离子,质谱中相应的峰称为分子离子峰或母离子峰。通式为

$$M + e \longrightarrow M^+ + 2e$$

式中,M^+ 表示分子离子。

分子离子峰一般位于质荷比最高位置,它的质量数即是化合物的相对分子质量。质谱法是目前测定相对分子质量最准确而又用样最少的方法。

在质谱中,用"+"表示正电荷,前者表示分子中有偶数个电子,后者表示有奇数个电子。正电荷位置要尽可能在化学式中明确表示,这有利于判断以后的开裂。正电荷一般都在杂原子上、不饱和键的 π 电子系统和苯环上。当正电荷位置不明确时可用 [ ]$^+$ 表示。若化合物结构复杂,可在化学式的右上角标出 ᵀ。

若有机化合物产生的分子离子足够稳定,质谱中位于质荷比最高位置的峰就是分子离子峰,但有时因分子离子不稳定,或与其他离子或分子碰撞产生质量数更高的离子等原因,给分子离子峰的识别造成困难,此时可根据下述方法来辨认分子离子峰。

①从化合物结构来判断分子离子峰的强度。分子离子峰的强弱甚至消失,主要决定于分子离子的稳定性,而稳定性又与化合物的结构类型有关,各类化合物的分子离子稳定性次序如下。

芳香族>共轭链烯>脂环化合物>烯烃>直链烷烃>硫醇>酮>胺>酯>醚>酸>支链烷烃>腈>伯醇>叔醇>缩醛

若已知化合物的类型,根据预见的强度和观察到的强度是否基本一致来判断分子离子峰。

②有机化合物通常由 C、H、O、N、S 和卤素等原子组成,其相对分子质量应符合氮规则,即分子中含有偶数氮原子或不含氮原子时,其相对分子质量应为偶数;含有奇数氮原子时,相对分子质量应为奇数。如不符合上述规律,则必然不是分子离子峰。

③判断最高质量峰与其他碎片离子峰之间的质量差是否合理。以下质量差不可能出现:3~14,19~25(含氟化合物例外),37、38、50~53、65、66。如果出现这些质量差,最高质量峰就不是分子离子峰。

④根据断裂方式来判断分子离子峰。如醇的质谱经常看到最高质量处有相差三个质量单位的两峰,这两峰分别由 M—CH_3 和 M—H_2O 产生。假设这两峰的 m/z 分别为 m_1 和 m_2,则该化合物的相对分子质量为 m_1+15 或 m_2+18。

⑤醚、酯、胺、酰胺、腈、氨基酸酯和胺醇等 $M+1$ 峰显著,而醛、醇或含氮化合物 $M-1$ 峰较大。

⑥改变实验条件检验分子离子峰。

· 在采用电子轰击源时,降低电子流的电压,增加分子离子峰的相对强度。

· 采用化学电离源、场解吸电离源等其他电离方法。

· 把样品制备成适当的衍生物,再予以测定。

2. 同位素离子

组成有机化合物的一些主要元素,如 C、H、O、N、S、Cl 和 Br 等都具有同位素,它们的天然丰度如表 9-2 所示。

表 9-2　常见元素的天然同位素丰度

同位素	天然丰度/%	丰度比×100%
^1H	99.985	$^2H/^1H=0.015$
^2H	0.015	
^{12}C	98.9	$^{13}C/^{12}C=1.12$
^{13}C	1.11	
^{14}N	99.63	$^{15}N/^{14}N=0.37$
^{15}N	0.37	
^{16}O	99.76	$^{17}O/^{16}O=0.37$
^{17}O	0.037	$^{18}O/^{16}O=0.20$
^{18}O	0.204	
^{32}S	95.00	$^{33}S/^{32}S=0.80$
^{33}S	0.76	$^{34}S/^{32}S=4.44$
^{34}S	4.22	
^{35}Cl	75.5	$^{37}Cl/^{35}Cl=32.4$
^{37}Cl	24.5	
^{79}Br	50.5	$^{81}Br/^{79}Br=98.0$
^{81}Br	49.5	

分子离子峰是由丰度最大的轻同位素组成,用 M 表示。在质谱图中,会出现由不同质量同位素组成的峰,称为同位素离子峰。例如,分子离子峰 M 的右侧往往还有 $M+1$ 峰和 $M+2$ 峰,即为同位素峰。

同位素离子峰在质谱中的主要应用是根据同位素峰的相对强度确定分子式,有时还可以推定碎片离子的元素组成。

同位素离子峰的相对强度可用下述方法计算:

(1)由 C、H、O、N 组成的化合物

根据化合物的分子式,由表 9-2 可得

$$(M+1)\% = 1.12n_C + 0.016n_H + 0.38n_N + 0.04n_O \tag{9-12}$$

$$(M+2)\% = (1.1n_C)^2/200 + 0.20n_O \tag{9-13}$$

式中,n_C、n_H、n_N 及 n_O 分别表示分子式中所含 C、H、N 及 O 的原子数目。

(2)含 Cl、Br、S、Si 的化合物

分子中含有以上四种元素之一时,各同位素相对强度的比值等于式 $(a+b)^n$ 展开后得到的各项数值之比,即

$$(a+b)^n = a^n + na^{n-1}b + \frac{n(n-1)}{2!}a^{n-2}b^2 + \frac{n(n-1)(n-2)}{3!}a^{n-3}b^3 + \cdots + b^n \tag{9-14}$$

式中,a 为轻同位素的相对丰度;b 为重同位素的相对丰度;n 为分子中含同位素原子的个数。

3. 碎片离子

由于分子离子具有过剩的能量,其中一部分会进一步发生键的断裂,产生质量较低的离子,这就是碎片离子。在一张质谱图上看到的峰大部分是碎片离子峰。碎片离子的形成受化学结构的支配,了解碎片形成规律,即可根据碎片把分子结构"拼凑"起来。

4. 亚稳离子

质谱中的离子峰不管是强还是弱,一般都是很尖锐的,但有时会出现一些矮而宽,呈土包形的峰,质荷比通常不是整数,这种峰被称为亚稳离子峰。

亚稳离子的产生要从离子本身的寿命来考虑,若某一离子的平均寿命小于 5×10^{-6} s 时,它在脱离电离室后,在向质量分析器飞行的过程中会发生开裂形成亚稳离子。

在电离室内形成的碎片离子称为正常离子,假设正常离子和亚稳离子都是由 m_1^+ 开裂形成的,则可表示为

正常离子　$m_1^+ = m_2^+ + $ 中性碎片$(m_1 - m_2)$

亚稳离子　$m_1^+ = m^* + $ 中性碎片$(m_1 - m_2)$

在质量上 $m^* = m_2^+$,但二者的运动速度不相等,m_2^+ 的运动速度由 $m_2^+ v_2^2/2 = zU$ 给出,而 m^* 的速度却等于 m_1^+ 的速度,即由 $m_1^+ v_1^2/2 = zU$ 给出。由此看来,生成的亚稳离子 m^* 运动速度与 m_1^+ 相同,而在质量分析器中按优手发生偏转,因而在质谱中记录的位置既不在 m_1^+ 也不在 m_2^+,而在 m^* 处,亚稳离子的表观质量 m^* 与其真实质量 m_2^+ 和原离子质量 m_1^+ 间的关系为

$$m^* = m_2^2 m_1 \tag{9-15}$$

已知 m_2^+ 和 m_2^+,就可计算出 m^*。如果能找到 m^*,就可以确证有 $m_2^+ \longrightarrow m_1^+$ 的开裂,这对解析质谱,推测分子结构很有帮助。

5. 多电荷离子

在电离过程中,分子或其碎片失去两个或两个以上电子形成 m/2z、m/3z 等多电荷离子,在质谱中可能出现在非整数位置上,芳香族化合物、有机金属化合物或含共轭体系化合物易产生多电荷离子,如苯的质谱图中 m/z=37.5 和 38.5 就是双电荷离子峰。

9.3.2 离子的开裂方式

离子裂解伴随电子转移,研究裂解过程,自然要研究电子转移过程,为了说明电子转移方向和电子转移数,常将一个电子转移用单箭头"⌒",两个电子转移用"⌒"表示。

裂解方式可分为单纯裂解和重排裂解两大类。断一个键而形成离子的过程称为单纯裂解或简单裂解。对于单纯裂解,根据键断裂以后,电子的分配方式,可分为均裂、异裂及半异裂三种。根据键断裂的部位,又可分为 α、β、γ 裂解等种类。在质谱法中,以官能团为基点,与官能团相邻的碳称为 α 碳,与 α 碳相连的为 β 碳,依此类推。官能团与 α 碳之间化学键的断裂叫 α 裂解。α 碳与 β 碳之间化学键的断裂叫 β 裂解。依此类推,还有 γ 解等。

1. 单纯裂解

(1)均裂
两个电子构成的 σ 键开裂后,每个碎片各留有一个电子。用单钩箭头 ⌒ 表示一个电子的转移。

$$X \frown Y \longrightarrow X \cdot + Y \cdot$$

(2)异裂
σ 键上的两个电子,开裂后都留在其中的一个碎片上。用双钩箭头 ⌒ 表示两个电子的转移。

$$X \frown Y \longrightarrow X^+ + Y^-$$

(3)半异裂已离子化的 σ 键的开裂

$$X + \cdot \frown Y \longrightarrow X^+ + Y \cdot$$

2. 重排裂解

重排裂解是指引起两个或两个以上键断裂的过程。
(1)麦氏重排
含 γ-氢的离子可以经过六元环过渡态,向具有 π 键缺电子官能团转移,而引起的重排裂解反应,称为麦氏重排。一般裂解掉含有偶数个电子的中性分子。麦氏重排前后,离子具有电荷数的偶、奇数和离子质量数的偶、奇数不变。通常醛、酮、烯、酰胺及腈易发生麦氏重排。

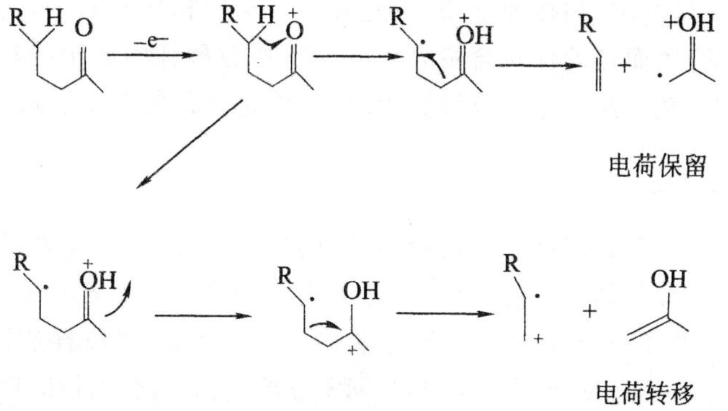

电荷保留

电荷转移

同种化合物是电荷保留的产物丰度大，还是电荷转移产物的丰度大，是由裂解前后化合物的结构和产物离子结构稳定性决定的，有时可同时观察到两个丰度不同的产物，有时只能观察到其中一种产物。

（2）逆 Diels-Alder 重排

在有机反应中，Diels-Alder 反应为 1,3-丁二烯与乙烯缩合生成六元环烯化合物的反应。在质谱中出现逆 Diels-Alder 反应，即六元环烯裂解为一个双烯和一个单烯。这一裂解普遍存在于具有环烯结构单元的化合物中。

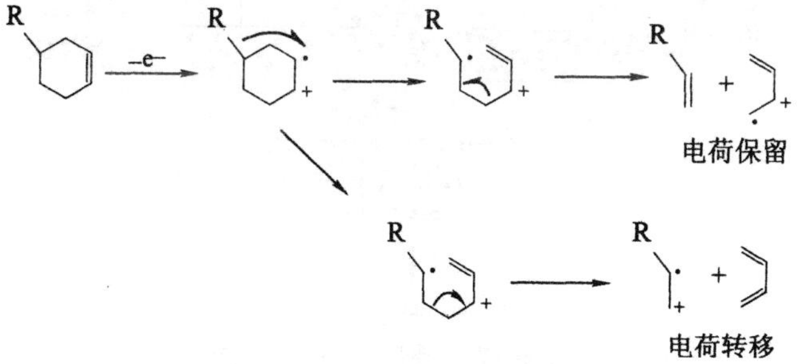

电荷保留

电荷转移

9.4　色谱-质谱联用技术

随着现代科学技术的发展，样品的复杂性、测量难度以及对响应速度的要求在不断提高，采用单一的分析技术已不可能解决复杂未知样品的快速定性、定量、价态及形态分析的难题。由两种或多种分析仪器组合成统一完整的新型仪器，它能吸收各种分析技术之特长，弥补彼此间的不足。联用技术指两种或两种以上的分析技术结合起来，重新组合成一种以实现更快速、更有效地分离和分析的技术。

联用技术增加了获得数据的维数，数据的多维性提供了比单独一种分离技术或光谱技术更多的信息。

9.4.1　气相色谱联用技术

1. 气相色谱-质谱仪

气相色谱-质谱联用仪（GC-MS）是分析仪器中较早实现联用技术的仪器。

由于质谱法的灵敏度高,扫描速度快,因此极适合与气相色谱联用,为柱后流出组分的结构鉴定提供确证的信息,而且即使对含量处于 ng 级,在数秒钟内流出的物质也可以鉴别。采用气相色谱填充柱时,载气流量达每分钟数十毫升,因此与高真空离子源极不匹配。为了解决此问题,必须采用接口,即分子分离器。

(1)气相色谱-质谱联用仪的分类

GC-MS 联用仪的分类有多种方法,按照仪器的机械尺寸,可以粗略地分为大型、中型、小型三类气质联用仪;按照仪器的性能,粗略地分为高档、中档、低档三类气质联用仪或研究级和常规检测级两类。按照质谱技术,GC-MS 通常是指气相色谱-四极杆质谱或磁质谱,GC-IT-MS 通常是指气相色谱-离子阱质谱,GC-TOFMS 是指气相色谱-飞行时间质谱等。按照质谱仪的分辨率,又可以分为高分辨、中分辨、低分辨气质联用仪。小型台式四极杆质谱检测器(MSD)的质量范围一般低于 10000。四级杆质谱由于其本身固有的限制,一般 GC-MS 分辨率在 2000 以下。和气相色谱联用的高分辨磁质谱一般最高分辨率可达 60000 以上,和气相色谱联用的飞行时间质谱(TOFMS),其分辨率可达 5000 左右。

(2)基本结构

气相色谱-质谱仪的结构如图 9-17 所示。

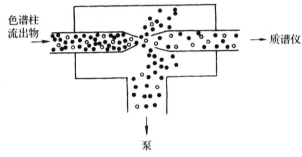

图 9-17　喷嘴分子分离器

气相色谱仪由进样器、色谱柱、检测器(GC-MS 联用时质谱仪为检测器)及控制色谱条件的微处理机组成。与气相色谱联用的质谱仪类型多种多样,主要体现在分析器的不同,有四极杆质谱仪、磁质谱仪、离子阱质谱仪及飞行时间质谱仪等。四极质谱仪的扫描速度高,但分辨率及灵敏度要差一些。最理想的是傅里叶变换离子回旋共振质谱仪。

(3)工作原理

GC-MS 的工作原理如图 9-18 所示。当一个混合样品用微量注射器注入气相色谱仪的进样器后,样品在进样器中被加热气化。由载气载着样品气通过色谱柱,色谱柱内填有某种固定相,不同分析对象应选择不同的固定相。色谱柱分为填充柱和毛细管柱。由于气相色谱仪独特的分离能力,在一定的操作条件下,每种组分离开色谱柱出口的时间不同。从进样时算起至某组分的区域中心离开色谱柱出口的时间是这个组分的保留时间。

当有某种器件装在色谱柱出口时,能使到达柱出口的某组分转化为电信号。这个信号经放大器放大后可在记录仪上得到色谱峰的图形。上述器件在色谱仪中称为检测器,如热导池、氢火焰和电子俘获检测器等。在 GC-MS 中不使用这些检测器,而是用离子源中的一个总离子检测极代替它。在色谱仪出口,载气已完成它的历史使命,需设法筛去,保留组分的分子进入质谱仪的离子源中。分子分离器的作用就是尽可能地把载气筛去,只让组分的分子通过。因为这时组分的量非常少,进入质谱仪时,不至于严重破坏质谱仪的真空。

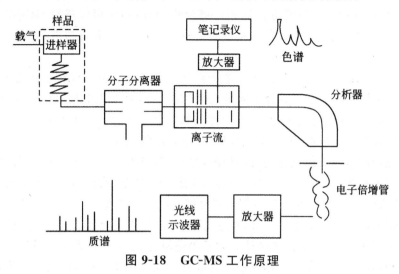

图 9-18　GC-MS 工作原理

样品的中性分子进入质谱仪的离子源后将会被电离为带电离子。另外,还会有一部分载气进入离子源,它们和质谱仪内残余气体分子同时被电离为离子并构成本底。样品离子和本底离子一起被离子源的加速电压加速,射向质谱仪的分析器中,在进入分析器前,设计好的总离子检测极,收集总离子流的一部分。总离子检测极收集的离子流经过放大器放大并记录下来,在记录纸上得到的图形实际上就是该组分的色谱峰。总离子色谱峰由底到峰顶再下降的过程,就是某组分出现在离子源的过程。

在进行 GC-MS 操作时,从进样起,质谱仪开始在预定的质谱范围内,磁场作自动循环扫描,每次扫描给出一组质谱,存入计算机,计算机算出每组质谱的全部峰强总和,作为再现色谱峰的纵坐标。每次扫描的起始时间作为横坐标。这样每次扫描给出一个点,连接这些点会再现一个色谱峰。它和总离子色谱峰相似。数据系统可给出每个再现色谱峰峰顶所对应的时间,即保留时间。

利用再现的色谱峰,可任意调出色谱上任何一点所对应的一组质谱。色谱峰顶处可获得无畸变的质谱。另外,还可利用再现的色谱峰来计算峰面积进行定量分析。

(4)样品导入和接口

GC 柱上的流出物通过接口逐一进入质谱仪并被鉴定。用于 GC-MS 联用的色谱柱在柱流失方面有较高的要求,这是因为质谱仪对柱流出物有较大的响应。选用低流失的色谱柱对 GC-MS 联用至关重要。

实现 GC-MS 联用,需要解决的一个重要问题是气相色谱仪的出口大气压工作条件和质谱仪的真空操作条件相匹配。质谱仪必须在高真空条件下工作,否则,电子能量将大部分消耗在大量的氮气和氧气分子的电离上。离子源的适宜真空度约为 10^{-3} Pa,而色谱柱出口压力约为 10^5 Pa,这高达 8 个数量级的压差是联用时必须考虑的问题。也就是说,要有一个适当的方法来解决两者间压差较大的问题。接口用来降低压力,以满足质谱仪的要求;二是减少流量,排除过量的载气。

(5)操作条件的优化

①色谱操作条件的选择。在 GC-MS 中,气相色谱单元的功能是将混合物的多组分化合物分离成单组分化合物。凡是能进行气相色谱分析的样品,都可以进行 GC-MS 检测。但是由于和质谱仪相联用,因此在兼顾色谱系统的某些要求后,对被分析物质的相对分子质量都有了限制。

用于 GC-MS 的载气,主要考虑其相对分子质量和电离电位。气相色谱常用的载气为氮气、氢气和氦气,由于氮气的相对分子质量较大(28.14),会干扰低相对分子质量组分的质谱图,不宜采用;而氦气的电离电位(24.6 eV)比氢气(15.4 eV)的大,不易被电离形成大量的本底电流,利于质谱检测。因此,氦气是最理想的、最常用的载气。

在柱型的选择上,应根据具体的分析情况决定。若分离效率是次要的,且样品中大部分为溶剂,则可选用内径为 2 mm 的填充柱;若样品组成十分复杂,或样品总量不足几微克,则采用毛细管柱是合适的。对于常用的 MS,都采用毛细管柱。由于受质谱仪离子源真空度的限制,最常用的是内径为 0.25 mm、0.32 mm 的色谱柱。只有使用能除去溶剂的开口分流接口装置,才能使用内径为 0.53 mm 的色谱柱。对于固定液,除了考虑色谱分离效率外,还必须兼顾其流失问题,否则会造成复杂的质谱本底。交联柱的耐温能力比普通柱高,且耐溶剂冲洗,柱效率高,柱寿命长,很适合 GC-MS 分析。

此外,还要选择好影响气相色谱分离的各种条件。载气流量和线速度应选取在 GC-MS 仪接口允许的范围内。为减少载气总量,常采用较低的流量和较高的柱温。对于内径为 0.25 mm、0.5 mm 的毛细管柱,实用体积流量应分别为 1 mL·min^{-1}、5 mL·min^{-1} 左右。载气的线速度应等于或略高于最佳线速度。

最大样品量应以不使色谱柱分离度严重下降为宜,但是在进行痕量组分分析时,要使用超过极限的最大样品量。假若按最小色谱峰估算,样品总量仍不足时,则应进行样品预富集。

②防止离子源的污染和退化。色谱柱老化时不能接质谱仪(离子源),老化温度应高于使用温度。另外,所有的注射口(如隔垫、内衬管、界面)都必须保持干净,不能使手指汗渍、外来污染物玷污它们,否则会引起新的质量碎片峰。

③合理设置各温度带区的温度。必须维持色谱柱、分离器和质谱仪入口整个通路的温度恒定,或者自一端至另一端的温度逐渐下降幅度很小。务必避免通路中有冷却点存在,否则会使一些高沸点流出物在中途冷凝而影响质谱定量结果。例如,接口的温度过高或过低,常引起联机分析失败。一般来说,其温度可略低于柱温,每 100℃柱温,接口温度可低 15～20℃。任何时候均应避免在接口(包括连接管线)的任何部分出现冷却点。

④综合考虑质谱仪的操作参数。按分析要求和仪器能达到的性能来综合考虑质量色谱图的质量范围、分辨率和扫描速度。在选定气相色谱柱型和分离条件下,可知气相色谱峰的宽度,然后以 1/10 气相色谱峰宽来初定扫描周期。由所需谱图的质量范围、分辨率和扫描周期初定扫描速度,再实际测定,直至仪器性能满足要求为止。

总之,一次成功的联机分析要求色谱、接口及质谱部分均工作在良好状态。为此,常应在联机分析前先进行色谱单机实验,以了解样品量、溶剂以及是否需对所有色谱峰进行质谱分析等情况,从而选取最佳的联机条件。

2. 气相色谱-傅里叶变换红外光谱

与色散型红外光谱仪相比,傅里叶变换红外光谱仪光通量大,检测灵敏度高,能够检测微量组分,而且由于多路传输,可同时获取全频域光谱信息,其扫描速度快,可同步跟踪扫描气相色谱馏分,微机的引入使其功能更加强大。随着近年来研究工作的深入,窄带汞镉碲(MCT)检测器代替了硫酸三苷肽(TGS)热释电检测器,内壁镀金硼硅玻璃光管取代了早期的不锈钢光管,这两项关键技术使 GC-FTIR 进入了实用阶段,最终实现了 GC 与 FTIR 的在线联机检测。随着接口技术的不断创新与完善,GC-FTIR 联用技术也随之不断发展。早期商品仪器为填充柱 GC-FTIR 系统,后来出现了商用毛细管 GC-FTIR 仪,随后逐渐取代了早期的填充柱 GC-FTIR 仪器。毛细管 GC-FTIR 以其优越的分离检测特性被广泛用于科研、化工、环保、医药等领域,成为有机混合物分析的重要手段之一。

GC-FTIR 联用系统的组成单元为:

①气相色谱单元,对试样进行气相色谱分离。

②联机接口,GC 馏分在此检测。

③傅里叶变换红外光谱仪,同步跟踪扫描、检测 GC 各馏分。

④计算机数据系统,控制联机运行及采集、处理数据。

其联用系统的结构示意如图 9-19 所示。

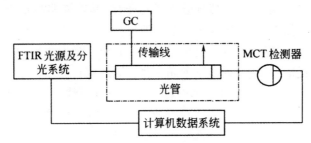

图 9-19　GC-FTIR 联用系统结构示意

由图 9-19 可以看出,GC-FTIR 联用是通过一个接口来实现的,它是由一个光管、高灵敏的 MCT 检测器、传输线和反射镜组成。在整个接口装置中,光管的作用最重要,它的优劣直接影响着 GC-FTIR 联机的质量好坏。工作时,从色谱柱分离的组分经传输线输入光管中。

另外,来自主光学台的入射干涉光束经椭球镜聚焦后射向光管窗口,在光管中被分离组分吸收,并作多次反射,再经椭球镜—平面镜组反射至检测器进行检测。为避免色谱馏分冷凝,光管和传输线皆缠绕电炉丝保温。整个操作可通过专用控制器自动进行,若使输入端和色谱放大器输出端相接,则利用程序就可以在色谱的输出信号大于阈值电压时,触发 FTIR 的数据系统,收集干涉图。

当一个色谱峰出完后,信号低于阈值,数据收集也就停止。当下一个色谱峰馏出时,色谱信号又大于设定的阈值,控制器再进行触发收集数据。由于 FTIR 的扫描速度快,对每个色谱峰都可作多次扫描,然后把同一色谱峰的多次扫描累加起来再平均,并以色谱的出峰先后次序编号,以干涉图形式存储起来,经计算机处理后就可以得到重建色谱图。利用重建色谱图,可将有研究价值的干涉图文件选择出来,取出相应馏分的存储数据,变换为红外光谱进行进一步分析,同时也可得到色谱分离组分的流出示意图,连续显示得实时控制的三维谱图。

3. 气相色谱-原子发射光谱联用

气相色谱-原子发射光谱(GC-AED)以微波诱导 He 等离子体中被激发的元素发射为基础,提供的是元素特效检测,而不是分子特效检测。因此,它可看作是对这些检测器的理想补充。

原子发射检测器是基于这样的事实,即将色谱流出物引入惰性气体维持的等离子体中进行完全原子化,形成的原子和离子在等离子体中进一步被激发并发射出光。不同类型的等离子体被用作激发光源,且取得了不同程度的成功,如用氨和氩维持的微波诱导等离子体(MIP)、直流等离子体(DCP)、电感耦合等离子体(ICP)、电容耦合等离子体(CCP)和稳定化的电容等离子体(SCP)等。

微波诱导氦等离子体已经被广泛接受,这是因为:

①等离子体在常压下工作,与 GC 的接口非常简单。

②气体流速比较低。

③用 He 作载气,作为等离子体气体比较方便。

④He 具有简单的光谱背景,激发能明显高于氩,即使是对非金属元素,也能进行有效的激发。

将 2.45 GHz 60 W 的射频发生器耦合入等离子体,其功率明显低于 ICP,因此等离子体的温度较低。只要小心操作,不让等离子体过载即可。

为了解释等离子体中激发、复合的电离—激发或碎裂—激发机理,并考虑到在复合激发过程中特别有效的大量低能电子,已提出了下述一些不同反应:

$$e^- + He + A \rightarrow He + A^* + h\nu (连续)$$

或

$$e^- + A^+ \rightarrow A^* + h\nu (连续)$$

式中 A 是待测原子。

高能、快速的电子按下式维持此等离子体:

$$e^- + He \rightarrow He^+ + 2e^-$$

但也直接涉及激发过程:

$$e^- + A \rightarrow A^* + e^-$$
$$e^- + A^+ \rightarrow A^{+*} + e^-$$

等离子体中的离子和亚稳态可将待测物激发:

$$A + He^+ \rightarrow A^{+*} + He$$
$$A + He_m \rightarrow A^* + He + e^- \tag{9-16}$$
$$A^+ + He_m \rightarrow A^{2+} + He + e^- \tag{9-17}$$
$$A + He_m \rightarrow A^* + He$$
$$A^+ + He_m \rightarrow A^{+*} + He$$

反应(9-16)式和(9-17)式为著名的彭宁离子化过程。

在等离子体中,离解激发反应也非常重要,图 9-20 所示为一种商业品化的 GC-AED 装置。从 GC 色谱柱洗脱出来的待测物通过出口被直接引入等离子体的放电管中。

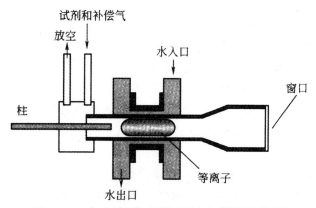

图 9-20　气相色谱-原子发射光谱联用装置

为维持等离子体的稳定工作和对不同元素灵敏度和选择性检测的要求,需使用额外的 He 辅助气。为了提高灵敏度并防止在放电管内壁形成碳沉积,在进入等离子体之前还要加入试剂气和清洗气。由于等离子体无法承受大量碳化合物的引入,在进入等离子体之前需用一个阀将溶剂排出。将低功率微波发生器产生的等离子体维持在位于微波腔中心直径 1 mm 的石英放电管中,在等离子体温度高于 3000 K 时,待测物将完全原子化、激发并发射出特征的电磁辐射,然后从放电管的开口端进行观测,并通过光学元件传送至可使多色光色散的全息光栅。沿光栅的焦面放置一个可移动的二极管阵列检测器,对元素的特效发射进行检测,二极管阵列检测器只能覆盖整个可用光谱的约 25 nm,可同时检测发射线靠得比较近的元素。由于上述原因及使用不同净化气所产生的限制,只有有限数目的元素可被同时检测。GC-AED 的运行结果是产生一个三维数据矩阵,其发射强度作为保留时间和波长的函数而被记录下来。采用专用算法,可实时地由这些数据矩阵计算出元素的特效色谱图,该算法已校正了背景发射和光谱干扰。

GC-AED 的成功主要由于以下三个事实。

①若不能获得待测物的可信标准,可在定量分析中采用与化合物无关的校准。通过分子结构中元素响应的独立性计算出待测物的元素组成。虽然测定的准确度不能与传统的微量元素分析相比,但在样品量小于 6 个数量级的情况下仍可直接从色谱峰中获得结果。

②能检测可被 He 激发的所有元素以及某些稳定同位素。当分子发射的光谱谱带与最大丰度同位素相比稍有位移时,也有可能被检测。

③GC-AED 有独特的选择性。杂元素对碳的选择性通常等于或超过 1000,而用其他的元素特效检测器则很难达到。另外,可通过比较所研究化合物的发射光谱来确证待测元素的存在。

9.4.2　液相色谱联用技术

液相色谱高效、快速、灵敏,适用于相对分子质量大、难挥发或热敏感化合物及离子型化合物的分离分析。将液相色谱与光波谱技术联用能够同时发挥两者的优势,快速、有效地进行复杂样品的在线分析。LC-MS、LC-NMR、LC-IR、LC-NMR-MS 等技术的成熟及商品化使有机分析的应用领域大大拓展了,并为生物大分子和药物代谢产物的分析鉴定提供了有效的方法。

1. 液相色谱-质谱联用

液相色谱-质谱联用(LC-MS)必须通过一个特殊的接口,在样品进入质谱前将 LC 流动相中的大量溶剂除去,并使分离出的样品离子化,这样才能有效地将色谱分离和质谱检测相结合。因此,可以说液质联用技术的发展就是接口技术的发展。

在热喷雾接口出现之前,LC-MS 主要采用移动带接口和连续流 FAB 接口,但这并不是真正意义上的液质联用。直到大气压离子化技术(API)的出现才使液相色谱-质谱联用技术有了突破性进展,API 接口的商品化使得 LC-MS 成为真正的联用技术。

(1)工作原理

液相色谱是高压-液相-分子体系,而质谱是高真空-气相-离子体系。传统 HPLC 分离时用的高流速和质谱仪要求的高真空之间存在着难以协调的矛盾。HPLC-MS 接口设计是要把尽可能多的 LC 流出物引入 MS,以获得最大的灵敏度;并使待分析样品在接口处获得有效的浓缩,而 MS 的差速真空系统仅可容许引入约 50 nl·s^{-1} 的液体流动相。

为克服以上限制采用了这几种方法:

①扩大 MS 真空系统的抽气容量。

②引入真空系统前先除去溶剂。

③牺牲灵敏度,分流流出物。

④使用可在较低流量下有效工作的微型 LC 柱。将这些手段用于 LC-MS 接口技术中,可以解决真空匹配问题。

(2)LC-MS 方法的建立

近年来发展起来的 ESI、APCI、APPI 等多种接口技术已成为 LC-MS 最常用的接口,均为在大气压条件下同时完成溶剂的去除和样品的电离。

下面介绍 API-LC-MS 方法建立的一些规律。

①选择合适的离子化模式。作为 API-MS 的接口,ESI、APCI 和 APPI 各有所长,应根据样品的性质及色谱分离模式来择合适的离子源,如图 9-21 所示。ESI 适合分析中等极性到强极性化合物,而 APCI 则适于分析非极性到中等极性、相对分子质量小于 1000 的热稳定性化合物,APPI 适于分析非极性化合物。相比而言,ESI 适合与反相色谱、体积排阻色谱及亲和色谱联机;而 APCI 和 APPI 则适合与正相色谱和大多数反相色谱联机。

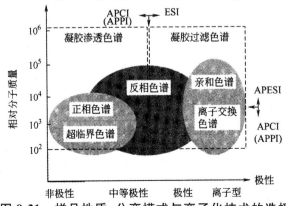

图 9-21 样品性质、分离模式与离子化技术的选择

②柱后修饰技术。通常情况下,对已有的色谱分离方法进行优化后不能得到较为满意的联机效果,这时,需采用柱后修饰技术加以解决,其流程如图 9-22 所示。

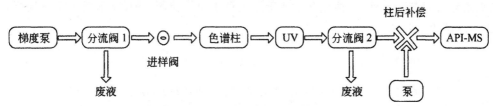

图 9-22　柱后修饰技术示意图

柱后修饰主要有以下几种。

·柱后添加挥发性的酸、碱溶液,调节流动相的 pH,如添加甲酸或乙酸的异丙醇溶液,降低流动相的 pH,可提高 ESI 正模式检测的灵敏度。反之,柱后添加 $NH_3 \cdot H_2O$,可提高流动相的 pH,有利于负模式检测。

·柱后添加有机溶剂以优化质谱性能,最合适的添加溶剂是异丙醇,能利于含水量较高的流动相去溶剂化,并可稀释离子型缓冲溶液。

·柱后分流,降低流速,通常用在大内径色谱柱分离上。

·柱后添加一定浓度的碱金属离子,使分子中缺少或不含可质子化位点的化合物阳离子化。

·柱后添加可与被分析物形成弱离子对的添加物来代替形成强离子对的添加物,提高 ESI 的灵敏度,这种柱后修饰技术称为"TFA-fix"。当流动相中含有三氟乙酸或七氟丁酸时,可在柱后添加弱酸来取代这些低沸点的强酸,如选用丙酸的异丙醇溶液。

·柱后衍生化以形成具有电喷雾活性的衍生物,可以检测出 ESI 条件下难离子化的样品。

③将 LC 方法转换为 LC-MS。进行方法转换时,要尽量选择与液质联机系统相匹配的色谱条件,应注意以下几点。

·使用挥发性的添加物,如甲酸、乙酸、TFA、$NH_3 \cdot H_2O$ 等来调节流动相的 pH。

·选用可挥发性缓冲盐代替不挥发性缓冲盐,或尽量采用低浓度的缓冲液。

·采用挥发性的离子对试剂,或尽量选择分子量较小的离子对试剂,避免产生较强的本底干扰。

·尽量采用色谱纯的有机溶剂,以减少噪声信号。

·由于长期使用缓冲液的色谱柱上可能残留有大量的 Na^+、K^+ 离子,因此应避免使用这样的色谱柱进行 LC-MS 分析。

·应根据不同情况选择合适的柱内径、流速。

·进行 HPLC-MS 分析时,要求样品尽量不含可能会引起 ESI 信号干扰的基质,且样品黏度不宜过大,以免堵塞喷口及毛细管入口。

因此,进行 HPLC-MS 联机前必须根据样品的具体情况选择合适的处理方法。

④选择合适的质谱检测模式。应根据样品的性质及流动相的组成来选择质谱检测模式,对碱性样品可优先考虑使用正离子模式,对酸性样品可使用负离子模式检测,当化合物的酸碱

性不明确时可优先选择 APCI 正模式检测。

通常情况下,碱性化合物适于用正离子模式检测,测试溶液的 pH 应较低,可用乙酸、甲酸、三氟乙酸来调节。另外,酸性化合物适于用负离子模式检测,测试溶液的 pH 应较高,可用氨水或三乙胺等进行调节。

2. LC-MS/MS 联用

新药的发现和开发过程需要评价大批先导化合物的吸收、分布、代谢和排泄(ADME)性质。高通量 ADME 分析法直接加快了优化先导化合物的过程,并使开发新药所需的总时间缩短。MS 技术固有的高灵敏度、选择性和快速等特点被证明是药物代谢和药物动力学研究的最佳手段之一。目前,大多数体外样品以及随后的动物体内实验样品,均普遍采用 LC-MS 及 LC-MS/MS 进行定性和定量分析,该类方法快速、灵敏、易于自动化,无论在药物动力学生物样品定量分析中,还是在药物代谢产物结构鉴定中,均发挥着主导作用。

(1)生物样品的定量分析

经过多年发展,LC-MS/MS 迅速成为药物代谢和药物动力学研究的主要分析技术,使相关的实验研究得到新的突破,满足了新药研制和制药业不断增长的需求。随着 MS 灵敏度的不断提高,采血量会更少,样品预处理会更简便;而且其性能和分析方法的不断改善,检测范围不断扩大。

大多数药物的血浆的浓度与它们的药理活性及副作用相关。跟踪血浆中原形药物和代谢产物浓度的定量分析,称为药物动力学分析。现代药物作用强、剂量低,在血浆中的浓度一般在 ng·ml^{-1} 级别。由于血浆成分复杂,因而建立可靠的血浆样品定量分析方法是药物动力学研究的关键步骤。生物样品分析方法的基本要求包括选择性强、灵敏度高、重现性好和线性范围宽等。在过去,药物动力学定量分析主要依赖于 HPLC 法,该法专属性差,灵敏度较低,耗时长。以四极杆质量分析器为基础的 LC-MS/MS 技术大大提高了选择性和灵敏度,已经成为候选药物及其代谢物定量分析的首选方法。

LC-MS/MS 定量分析采用选择反应监测(SRM)方式,选择性明显增大,样品预处理得到简化,分离时间大幅减少。在血浆样品定量分析中,LC-MS/MS 检测碱性药物的灵敏度可达到 0.01 ng·ml^{-1},酸性和中性药物多数可达到 0.1 ng·ml^{-1} 水平,这些结果比 HPLC-UV 检测的灵敏度提高了 2～3 个数量级。LC-MS/MS 方法适用于多种类型药物或代谢产物,对于某些药物仍需要通过衍生化方法改善其离子化行为。为了改善 HPLC 以缩短分析时间和提高样品通量,引入了超高效液相色谱系统,这极大提高了色谱的分辨率及分离能力,并改善了分析的灵敏度。

反相 HPLC 分离机理对强极性化合物的保留性差,新出现的亲水相互作用液相色谱(HILIC)有助于解决这个问题。它的极性固定相是硅胶,主要用于保留强极性分析物,并保持高的 LC-MS 灵敏度。目前,建立严格的生物样品定量分析方法一般包括质谱条件优化、色谱条件优化和样品预处理条件优化的循环过程。

色谱共流出组分对分析物的 MS 信号的抑制或增强是 LC-MS/MS 定量分析的一个主要问题,被称为基质效应,它能减少线性和分析结果的重现性。因此,在定量方法确证和应用之前,必须解决基质效应问题。近年来,推荐采用稳定同位素内标进行生物样品 LC-MS/MS 定量分析,它与分析物色谱保留时间相同或相近,离子化程度及质谱裂解方式一致,有利于克服基质效应的影响,能有效避免重现性。

（2）药物代谢产物的结构鉴定

为了在药物临床实验中保证人体安全性,通常要求对代谢物进行鉴定。药物代谢途径包括一相代谢反应(包括氧化、还原和水解复用)和二相代谢反应(较大的内源性强极性分子与官能团发生的结合反应)。

HPLC-UV、GC-MS、FAB-MS 等为传统的鉴定代谢物结构的分析技术,LC-MS/MS 技术是目前用于生物样品中药物代谢物研究的最有效的分析手段,能够获得色谱保留时间、分子质量等多种信息。采用的 MS/MS 仪主要包括:三重四极杆、离子阱、飞行时间、轨道阱和离子回旋共振等。ESI-MS 谱可以直接检测极性代谢物,如葡萄糖醛酸结合物、硫酸结合物和谷胱甘肽结合物等。为了能全面表征代谢物结构,LC-MS 方法经常与其他分析方法联用,有时需要获得其对照品和 NMR 谱数据来最终确定代谢物结构。

高分辨 MS 技术具有更高的准确度和专属性,它缩小了观测离子的范围。质荷比测量的有效误差限使相符的分子式目标范围缩小。

鉴定代谢物结构常用的 MS/MS 扫描及过滤技术主要包括产物离子扫描、前体离子扫描、中性丢失扫描、数据依赖扫描和质量缺失过滤等。另外,进行质谱解析的各种软件也不断得到强化,而且代谢物预测软件也被整合到 LC-MS 中,可加速代谢物的检测和结构鉴定。

3. 液相色谱-核磁共振波谱

液相色谱-核磁共振波谱(LCN-MR)联用技术的难度非常大,这是因为核磁共振波谱法灵敏度不高,测试的样品量须达微克级,溶剂的信号必须得到有效的抑制。研制一个性能优良的接口可以使其具有核磁共振信号的最大灵敏度和满意的分辨率。

联用装置示意图如图 9-23 所示,分离体系需离磁体约 2 m,紫外吸收检测器出口通过毛细管连接到安装在探头底部的切换阀上。

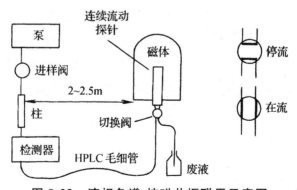

图 9-23　液相色谱-核磁共振联用示意图

调节切换阀可以采用连续流动方式或停流方式来获得光谱图。而探头是由非旋转的玻璃流通池组成,射频线圈直接固定在上面。色谱柱后的流出物直接进入流通池,而此流通池探头置于强磁场中,流动探头的设计极为关键,不但要设法达到最高灵敏度,而又要保持色谱分离度。因此必须选择合适的参数。被分析样品在磁场中应有合适的时间,以使核极化。由于核在流通池中停留时间有限,与通常的核磁共振测试相比,纵向与横向弛豫时间都减少了。这导致信号强度随流速而增加,但是在较高流速下,核磁共振谱线的宽度却增加了,因而必须寻找合适的条件来解决这对矛盾。在联用时,色谱流动相必须使用氘代或非质子溶剂。氘代由于太昂贵而使用不多,故常采用质子化溶剂,且在采用质子化溶剂时必须采用溶剂信号抑制技术。

4. 液相色谱-傅里叶变换红外光谱

液相色谱-傅里叶变换红外光谱(LC-FTIR)可以得到分子中功能团的信息。但它又受到所用流动相性质的影响,使联用又比 GC-FTIR 复杂,这是由于流动相在中红外区域有强烈吸收,给在溶剂吸收带范围内检测被分析物带来困难。特别是在痕量分析物洗脱只引起吸收值很小变化的这种情况下,几乎不可能检测出被分析物。为了防止溶剂带的全吸收,其流通池接口的光路长度要求非常短,因此灵敏度将会很低,检测限约在 $0.1\sim1~\mu g$ 范围。

为了提高灵敏度,可以采用溶剂消除接口。它比采用流通池接口的优越之处在于能得到被分析物的全程光谱信息;对溶剂组成及分离模式选择的限制较少。然而,使用这种接口就要求溶剂比被分析物的挥发度要大得多。在操作时,使柱后流出物滴至 KCl 粉末上,在氮气流驱赶下溶剂蒸发,然后将沉积有被分析物的 KCl 粉末推进至光路中,记录红外光谱。如果采用窄径柱,峰浓度更相对集中,检测限更低,溶剂的消除更容易。

9.4.3 毛细管电泳-质谱联用

毛细管电泳技术(CE)是一类以毛细管为分离通道、以高压电场为驱动力的液相分离分析新技术。毛细管电泳具有高效分离、快速分析和微量进样的特点。CE 的高效分离与 MS 的高鉴定能力结合,成为微量生物样品,尤其是多肽、蛋白质分离分析的强有力工具,可以用来分析天然大分子。

图 9-24 所示为 CE-MS 联用,毛细管两端间施加电压为 $30\sim50~kV$,而毛细管末端则施加 5 kV 的电压。

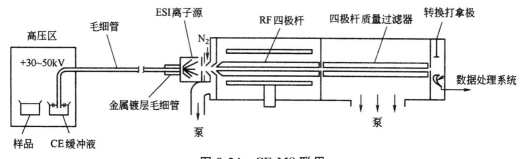

图 9-24 CE-MS 联用

薄层色谱(TLC)与 MS 和 FTIR 的联用已有了成功的接口,但没有得到广泛的应用,这大概是由于把分析实验中最简单、最便宜的分离技术与最复杂、最昂贵的检测技术相联接的缘故。但是,绝不能低估现代高效薄层色谱的分离能力及其通用性。超临界流体色谱(SFC)也已成功地与质谱、FTIR 和原子发射检测技术联用。根据 SFC 中所使用流动相的性质,对接口的要求也介于气相和液相色谱的接口之间。因此,现有的 GC 和 LC 接口只需稍加改动便可与各种类型的光谱检测器成功地联用。

这些发展背后的推动力是各种分离技术均需要高度灵敏和专属的检测器,使之能够解决日益复杂的分析问题。接口技术的成功与否将最终取决于是否能满足这些联机的要求,展望联用技术的未来,不难预测新颖的联用技术很可能就会出现。其中,毛细管电泳(CE)与 FT-IR、原子发射、质谱检测技术联用等接口的研究已具有了一定的成熟性。

9.5　质谱法的应用

9.5.1　定量分析

用电子倍增器来检测离子是极其灵敏的,少至 20 个离子仍能得到有用信号。为了提高灵敏度,可以通过只监测丰度最高的一种离子或几种离子来改进信噪比。前者称为单离子监测,后者称为多离子监测。单离子监测可以通过重复扫描来改进信噪比,但信息量减少。多离子监测可对来自每个组分中几个丰度较高的特征离子的信息,记录在多通道记录器中的各自通道中。这种监测技术专一性强、灵敏度高,能检测至 10^{-12} g 数量级。定量常采用内标方法,以消除样品预处理及操作条件改变而引起离子化产率的波动。内标的物理化学性质应类似于被测物,且不存在于样品中,这只有用同位素标记的化合物才能满足这种要求。质谱法能区分天然的与标记的化合物。在色谱-质谱联用时,若化合物中有甲基,则内标物可以变成氘代甲基,这种氘代的内标物,其保留时间通常较短,可以从它们的相对信号大小可进行定量。

9.5.2　有机化合物结构的鉴定

若实验条件恒定,每个分子都有自己的特征裂解模式。根据质谱图所提供的分子离子峰,同位素峰以及碎片质量的信息,可以推断出化合物的结构。如果从单一质谱提供的信息不能推断或需要进一步确证,则可借助于红外光谱和核磁共振波谱等手段得到最后的证实。

从未知化合物的质谱图进行推断,其步骤大致如下。

①确证分子离子峰。当分子离子峰确认之后,从强度可以大致知道属某类化合物。知道了相对分子质量,便可查阅 Beymn 表。另外,将离子峰的强度与同位素峰强度比较,可判断可能存在的同位素。

②利用同位素峰信息。应用同位素丰度数据,可以确定化学式,这可查阅 Beynon"质量和同位素丰度表"。

③利用化学式计算不饱和度。

④充分利用主要碎片离子的信息,推断未知物结构。

⑤综合以上信息或联合使用其他手段最后确证结构式。

根据已获得的质谱图,能够利用文献提供的图谱进行比较、检索。从测得的质谱图的信息中,提取出几个最重要峰的信息,并与标准图谱进行比较后由操作者作出鉴定。当然,由不同电离源得到的同一化合物的图谱不相同,因此所谓的"通用"图谱是不存在的。由于电子电离源质谱图的重现性好,且这种源的图谱库内存丰富,因此利用在线的计算机检索成了结构阐述的强有力的工具。计算机只是对准实验中获得的谱图,从谱库中迅速检索出与之相匹配的质谱图。最后还须由操作者对谱图的认同作出判断。

9.5.3 相对分子质量及分子式的测定

用质谱法测定化合物的相对分子质量快速而精确,采用双聚焦质谱仪可精确到万分之一原子质量单位。利用高分辨率质谱仪可以区分标称相对分子质量相同,而非整数部分质量不相同的化合物。例如四氮杂茚,$C_5H_4N_4$(120.044),苯甲脒,$C_7H_8N_2$(120.069);乙基甲苯,C_9H_{12}(120.094)和乙酰苯,C_8H_8O(120.157)。当测得其化合物的分子离子峰质量为 120.069 时,则此化合物是苯甲脒。

用质谱法测定一个化合物的质量时,应对研灰轴进行校正。校正时须采用一种参比化合物,它的 $\frac{m}{z}$ 值已知,且在所要测定的质量范围之内。对电子电离源和化学电离源,最常用的参比化合物是全氟煤油(PFK,$CF_3\text{-}(CF_2)_n\text{-}CF_3$)和全氟三丁基氨[PFTBA,$(C_4F_9)_3N$]。对于这种校准化合物,在电离条件下及所要测量的 $\frac{m}{z}$ 范围内能得到一系列强度足够的质谱峰。在高分辨率测量中,更要仔细校准质量标尺。

第 10 章　分析化学应用的新进展

10.1　酶法分析

除具有酶活性的核糖核酸外,其他的酶类都是生物体内产生的、具有催化功能的蛋白质。酶催化的反应不像化学催化剂那样往往要求高温、高压,而是在较温和的条件下进行催化反应,如常温、常压和中性的 pH 环境;酶的催化效率一般要比化学催化剂高得多;酶所催化的反应还具有高度的特异性,酶对其催化的对象有高度的选择性,也即酶对底物的专一性。通常将被酶作用的物质称为该酶的底物,一种酶只作用于一种或一类底物,酶催化反应几乎没有副产物,这就是酶的特异性或专一性。分析化学家注意到了酶的这些特性,特别是利用了酶促反应的高度专一性和放大效应与分析化学的研究思路相结合,建立起很有特色的酶分析法,并得到广泛应用。

10.1.1　酶催化反应的动力学

由于酶反应的专一性和放大效应,酶在分析化学中有很大的应用潜力。多年来,酶动力学方法已用于测定底物、酶、激活剂和抑制剂。如果将酶作为标记物,与各种结合反应相结合,则其应用范围会更广泛。无论是哪种分析体系,掌握酶反应的动力学理论是非常重要的。

根据质量作用定律,化学反应的速率与反应试剂浓度的乘积呈正比。这表明对单一组分参加的反应,其反应速率直接与反应试剂的浓度呈正比,而对二组分反应,反应速率与两种反应试剂浓度的乘积呈正比。这种关系可以表示为

$$速率 \propto k[试剂] \qquad 单一试剂反应$$
$$速率 \propto k[试剂_1][试剂_2] \qquad 两种试剂参加的反应$$

式中,k 为反应速率常数,两个反应分别为一级和二级反应。

对于酶反应,其反应动力学的预测是非常复杂的。但在研究底物浓度[S]对反应速率 v 的影响时,总是得到如图 10-1 所示的实验结果。当底物浓度升高时,最初底物的浓度与反应速率呈正比,这属于一级反应;当底物的浓度升高到一定的程度时,反应速率不再随底物浓度的增加而增大,这时变成零级反应。对这一实验事实给出最为合理的解释是酶催化反应速率依赖于酶(E)—底物(S)复合物(ES)分解形成产物 P 的速率,即

$$E + S \underset{k_2}{\overset{k_1}{\rightleftharpoons}} ES \underset{k_4}{\overset{k_3}{\rightleftharpoons}} E + P \tag{10-1}$$

由此可以看出,反应产物的形成只包含一个组分,即 ES 复合物(中间产物),此中间产物可看做相对稳定的过渡态物质,它进一步分解为产物 P 和游离态酶 E。当底物浓度较低时,反应速率与底物浓度呈正比,因而反应表现为一级反应。而高浓度的底物会饱和所有酶的活性位点,使 ES 复合物的浓度为最大,因而表现出最大的反应速率 v_{max}。底物浓度再增加时,并不

能提高 ES 复合物的浓度,因而反应速率将保持不变,此即零级反应。

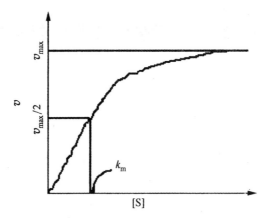

图 10-1　反应速率 v 随底物浓度[S]的变化曲线

1. 米凯利斯—门顿动力学方程式

1913 年,L. Leonor Michaelis(米凯利斯)和 M. Maud Menten(门顿)提出了一个简单的模型来说明这些动力学性质。他们在处理这个问题中的关键是认为催化过程中一个专一的 ES 复合物是必需的中间产物。在 Michaelis 和 Menten 之后也有一些学者做了进一步有关反应动力学及机理的研究,但都肯定了他们所提出的基本概念。米氏模型能说明许多酶催化反应的动力学性质,该模型如式(10-1)所示。包含 ES 复合物的这样一个复杂的平衡系统的解离常数就称为米氏常数 k_m,米氏方程如下

$$v=\frac{v_{\max}\times[S]}{k_m+[S]}\qquad(10\text{-}2)$$

式中 v,$v_{\max}$,[S]分别代表反应速率、最大反应速率和底物的浓度。这个方程式概括了图 10-1 给出的动力学特征。当底物浓度低时,[S]比 k_m 小得多,$v=\dfrac{v_{\max}[S]}{k_m}$,即反应的速率与底物的浓度呈正比;而当底物浓度很高时,[S]比 k_m 大得多,所以 $v=v_{\max}$,即反应速率已达到最大值,不再随底物的浓度变化;当然,当[S]适中时,反应表现为混合型,即介于零级与一级反应之间,从图 10-1 可以清楚地看到这一点。

2. 米氏常数的测定

在固定酶的量的情况下,改变底物的浓度便可以得到如图 10-1 所示的典型曲线。当酶促反应速率 $v=\dfrac{v_{\max}}{2}$ 时,代入式(10-2),即可看出底物的浓度在数值上等于米氏常数:

$$\frac{v_{\max}}{2}=\frac{v_{\max}\times[S]}{k_m+[S]}\qquad(10\text{-}3)$$

$$[S]=k_m$$

尽管这个方法很简单,但是在实验上一般误差较大。原因是上述关系是双曲线型的,根据曲线确定 $v_{\max}$ 有很大的困难。实际上,即使使用很大的底物浓度,也只能得到 $v_{\max}$ 的趋近值,

而得不到真正的 v_{max}，而对 v_{max} 推测值的任何误差都会反映在由此确定的 k_m 值上。

为了能得到准确的 k_m 值，可将米氏方程变换成直线方程。这只需在式（10-2）的两边取倒数就可以做到，这就是 Lineweave-Burk 方程：

$$\frac{1}{v} = \frac{k_m}{v_{max}} \frac{1}{[S]} + \frac{1}{v_{max}}$$

实验时，选择不同的底物浓度 [S] 测定相应的反应速率 v，然后以 $\frac{1}{v}$ 对 $\frac{1}{[S]}$ 作图得一条直线，外推至与横轴相交。该直线的斜率为 $\frac{k_m}{v_{max}}$，$\frac{1}{v}$ 坐标轴上的截距为 $\frac{1}{v_{max}}$，而在 $\frac{1}{[S]}$ 坐标轴上的截距为 $-\frac{1}{k_m}$，由此便可以求得 k_m。

10.1.2　影响酶催化反应的因素

影响酶催化反应的因素很多，除了酶和底物的性质，还应考虑酶的浓度、底物的浓度、激活剂与抑制剂、温度、酸度等。在讨论影响酶促反应的因素时，有两个前提：一是采取单因子研究法，即固定其他因素不变；二是讨论酶促反应的初速率，因为此时的反应速率与酶的活性呈正比。

酶催化反应温度的提高将会增加酶的变性。对一个特定的反应，在选择最佳温度时常常既要考虑短时间反应的最大活性，同时也要考虑反应长时间以后由于酶的变性使其活性的降低。反应温度较高时可能最初的反应速率较快，但由于酶易变性，其活性很快会降低。温度对酶催化反应影响的一般规律是随着温度的提高反应速率也提高，但由于酶变性的增加，活性酶的量会降低。这两种作用的综合结果就形成了特征的酶反应的适宜温度曲线，即随温度的升高酶活性先提高，然后降低。

酶催化反应对介质的 pH 是非常敏感的，适宜的酶促反应 pH 范围都较窄。pH 主要影响酶的氨基酸侧链的解离状态及底物分子解离状态，使底物与酶的结合效率发生变化。特定的氨基酸残基常以广义酸碱的角色参与酶催化反应，它们所带电荷的变化会严重地影响催化反应的速率。在比较窄的 pH 范围内，这些作用是可逆的，但酸性或碱性过强会影响酶的构象，甚至使酶蛋白永久变性。

底物浓度的影响前面已有叙述。关于酶浓度的影响，正像米氏方程式所预期的那样，酶催化反应的初速率与酶的初始量呈正比。从理论上讲，随着酶的量的增加，反应速率可以无限地增大，但实际上，当酶量太大时，反应速率的增大会偏离线性关系。另有一些酶体系，就是在酶量不大时，反应速率与酶量之间也不具有线性关系，而是出现向酶量轴弯曲的现象，这可能是由于酶制剂中存在激活剂或抑制剂的缘故。在绝大多数情况下，初速率与酶量之间应具有严格的正比关系，并在大多数动力学分析中总是假定这种关系是成立的。当然，酶的量与反应初速率之间的线性关系可以通过实验来证明。

10.1.3　酶法分析的检测技术

在酶法分析中，凡是可以影响酶催化反应的各种物质都有可能被分析。根据被分析对象是对反应速率的影响，还是对反应平衡的影响，其分析方法也有所不同。

常用的分析方法包括初速率法、固定时间分析法、固定变化量分析法及平衡分析法等。

1. 酶活性的测定

因为酶活性代表的是其催化反应的能力,所以根据所催化反应的速率便可以得到酶的活性。测定单位时间内产物的增加量或底物的减少量的方法很多,常用的有分光光度法、滴定法、电化学分析法、荧光光度法、比旋光度法等。通常多选用测定产物的增加量,因为产物浓度由低向高变化,比较容易测定。因为酶的活性是测定条件依赖性的,所以测定时或者在标准条件下测定,或者利用已知活性标准酶进行校准。否则,应明确标出各种测试的具体条件。

(1)初速率法

酶促反应的初速率最大,但其恒定的时间一般很有限。初速率的测定必须在此时间范围内进行。但不是所有的酶反应的初速率都与酶的活性呈正比。为了确定这一点,一般可以取3个酶浓度测定反应的初速率,如果测定的初速率与酶的溶度之间具有线性关系,则表明所选择的条件是合适的。否则,应降低酶的溶度或者寻找其他原因。

在实际测定时,为了真实反映酶的活性,通常要采用过量的底物,使所有酶的活性位电都饱和。这样反应对底物来说为零级反应,而对酶来说为一级反应,因而测定的反应初速率能很好地反映酶的活性。在底物过量的情况下,仍然有一个底物浓度选择的问题,如果酶反应的动力学是符合米氏方程的,则测定酶的活性时,所选用底物的浓度至少应是 k_m 的 10 倍,在这种情况下,酶反应速率是其最大反应速率的 90% 以上,底物浓度的微小变化对反应速率的影响就比较小。

例如,D-氨基酸氧化酶活性的动力学法测定。D-氨基酸氧化酶催化水中的溶解氧氧化 D-丙氨酸为 α-酮基丙酸,并产生等摩尔的过氧化氢和氨:

$$CH_3CHNH_2COOH + O_2 \longrightarrow CH_3COCOOH + H_2O_2 + NH_3$$

上一反应所产生的氨气参与谷氨酸脱氢酶催化的下一反应:

$$NH_3 + HOOCCH_2CH_2COCOOH + NADH \longrightarrow HOOCCH_2CH_2CHNH_2COOH + NAD^+$$

该反应使还原型烟酰胺腺嘌呤二核苷酸(NADH)转化为烟酰胺腺嘌呤二核苷酸(NAD$^+$)。在 340 nm 处(图 10-2)连续检测到 NADH 吸收的减小,其初速率与体系中存在的氨的浓度成正比。而氨的浓度与 D-氨基酸氧化酶的活性成正比。

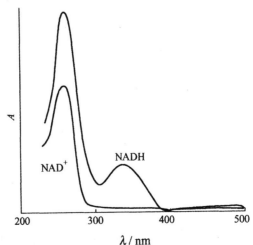

图 10-2 NADH 和 NAD$^+$ 的吸收光谱

（2）固定变化分析法

这种方法与固定时间法的原理相同，但把酶活性与要产生一定的反应量所需的时间关联起来，即酶的活性与产生一定的底物转化量所需的时间呈反比。这种方法对于反应中产生 pH 变化的体系非常有用，因为这可以通过电位法方便地进行测定。同样，在所选定的底物变化量范围内反应的速率或酶的活性应该基本保持不变。

（3）固定时间分析法

这种方法是间隔一定的时间，分几次取出一定体积的反应液，终止酶反应，然后分析产物的生成量或底物的消耗量。这是最经典的方法，至今仍很常用，一般采用强酸、强碱、三氯乙酸、过氯酸或十二烷基硫酸钠使酶失活，也可以通过快速加热使酶变性等。但是，在所选定的时间范围内反应的速率或酶的活性是不变的。

2. 底物的测定

底物浓度的测定一般采取反应平衡法。即将所有的底物都转变为产物，然后测定产物生成的量，这种方法又称为"终点法"。底物有时也可以采用酶循环法或动力学方法进行测定。

（1）酶循环法

有些酶反应待测底物的浓度非常低，采用一般的方法很难检测到产物的量。但可以采用酶循环法使偶联反应中的一种产物积累放大，当反应进行到一定的时间时，设法终止反应，并测定积累的产物，其量的大小直接与主反应中底物的量呈正比。例如，还原型辅酶Ⅱ（NADPH）的定量分析如下所示：

$$NADPH + 氧代戊二酸 + NH_3 \xrightarrow{\text{谷氨酸脱氢酶}} NADP^+ + L\text{-}谷氨酸$$

$$NADP^+ + 葡萄糖\text{-}6\text{-}磷酸 \xrightarrow{\text{葡萄糖-6-磷酸}} NADPH + 6\text{-}磷酸葡萄糖酸$$

微量的 NADPH 在谷氨酸脱氢酶的存在下与氧代戊二酸和氨反应生成 NADP$^+$ 和 L-谷氨酸，所生成的 NADP$^+$ 参与葡萄糖-6-磷酸脱氢酶催化的第二个反应（欧联反应），并使第一个反应所消耗的底物 NADPH 得到返回，这样便完成了第一个循环反应。经过多次循环反应后，产物 6-磷酸葡萄糖酸便积累放大，最后测定一定时间内所形成的该产物的量，便可间接的获得 NADPH 量的信息。

（2）底物的动力学测定法

根据米氏方程可知，底物在一定的浓度范围内是可以用动力学方法来测定的，但当底物的浓度很低时，反应速率很快就会变小，采用一般的方法很难测定反应的初速率。但采用一些特殊的偶联反应可以使得反应速率保持，从而可以获得精确的反应初速率的数据。这样一种设计的原理是通过循环过程使底物的浓度保持恒定，因而指示反应的速率也保持恒定，该速率与第一个反应中底物的浓度呈正比。例如，微量辅酶Ⅰ（NAD$^+$）的分析：

$$NAD^+ + CH_3CH_2OH \xrightarrow{\text{醇脱氢酶}} CH_3CHO + NADH$$

$$NADH + 细胞色素\ C^{3+} \xrightarrow{\text{细胞色素 c 还原酶}} 细胞色素\ C^{2+} + NAD^+$$

NAD$^+$ 在醇脱氢酶的存在下与乙醇反应生成乙醛和 NADH，所生成的 NADH 又参与下一个反应，并使底物 NAD$^+$ 复原，保证了底物 NAD$^+$ 的浓度恒定不变，从而可以很方便地测定第一个或第二个反应的初速率，该速率与底物 NAD$^+$ 的浓度呈正比。

10.2 药物分析

10.2.1 新药研究中的分析化学

新药研究是对科学与智慧的挑战,是一个耗资巨大并且十分漫长的过程,渗透化学、生物化学、分子生物学、药理学、毒理学,以及化学信息学和生物信息学等多个领域。在药物研究历史中,分析化学一直扮演着非常重要的角色。对具有生理活性的天然产物的分离纯化曾一度成为药物研究的主要技术手段。近年来,随着分析仪器的不断进步和以基因组学、蛋白质组学、代谢组学、糖组学为标志的生物分析的迅速兴起,分析化学在新药研究中发挥着越来越重要的作用。分析化学参与了从靶标鉴定、活性化合物筛选、先导化合物优化、药物 ADMET 评价和质量控制等各个环节,覆盖了药物研究的整个过程。虽然大多数的分析化学家并没有直接参与新药的研发工作,但是他们发展的分析化学的各种检测原理、仪器、技术和方法被直接或间接地应用于药物的发现与发展过程,并且为解决药物研发过程中遇到的各种各样的科学问题起到了非常关键的作用。

1. 分析化学在药物靶标鉴定中起的作用

鉴定治疗性药物靶标蛋白是药物研发的前提和关键步骤。一旦能够确定药物的靶标蛋白,就能够预测可能出现的副作用;就可以通过构效关系精确地优化药物的结构,提高药效;也能大大降低新药开发的风险。尽管许多药物的治疗效果早在临床实验前期和临床实验中就得到证实,但人们对大多数药物的确切作用机理和靶标蛋白的知识还相当匮乏。靶标鉴定是从复杂生物体系中识别出小分子与生物大分子之间的相互作用,是一项难度很大的工作。

近年来,蛋白激酶抑制剂选择性和作用靶标鉴定的研究受到广泛关注。蛋白激酶在细胞的生理过程中起到非常关键的调控作用。蛋白激酶的失调常与肿瘤、炎症、糖尿病等疾病密切相关。蛋白激酶已经成为继 G 蛋白偶联受体之后第二类最重要的药物靶标。目前已经有多种蛋白激酶抑制剂类的抗肿瘤药物上市,但这些药物的疗效也会出现显著的毒副作用,这是因为大多数的蛋白激酶抑制剂都是与相对保守的 ATP 结合位点发生相互作用,所以这些蛋白激酶靶向药物很有可能同时与其他激酶发生相互作用。了解蛋白激酶抑制剂真实的作用靶标对于解释其生物活性和优化抑制剂结构至关重要。为此,Knockaert 研究组最先提出了用蛋白质组学的方法鉴定蛋白激酶抑制剂在细胞内的靶标蛋白,结果还鉴定其他几个未知的靶标蛋白。相比于天然产物,大多数合成的小分子化合物与靶标蛋白的亲和力要小得多。这使得区分小分子化合物与靶标蛋白的特异性作用和非特异性吸附作用变得很困难。为此,Oda 等人提出了将 AC 与定量蛋白质组学相结合的药物靶标鉴定方法,试图采用定量蛋白质组学的方法区分 AC 富集的特异性结合蛋白和非特异性吸附的蛋白质。

目前,还没有一种完美的靶标鉴定技术。在所有的方法中,亲和纯化技术结合定量蛋白质组学技术还是表现出更多的优势,特别是能够在更接近生理的条件下直接鉴定与小分子药物同时发生相互作用的多个靶标蛋白。因此,这一技术受到了重视,将有望成为药物靶标鉴定的有力工具。

2. 药物与靶点相互作用分析

药物靶点指体内存在的能与药物相互作用并赋予药效的特定分子结合位点。靶-药相互作用分共价作用和非共价作用两类,并以非共价作用为主,因其有利于药物的代谢和排泄。靶-药相互作用分析有助于深入认识药物的作用过程、机制和不良反应,对于新药研发和中药现代化具有重大意义。

用于靶-药相互作用研究的分析方法很多,包括电化学、光谱、波谱、声波、色谱、量热、磁学、表面分析和扫描探针等仪器分析法,以及分子模拟和理论计算方法,可获取靶-药相互作用动力学、热力学和靶-药结合物的分子结构等多种信息。通常,对于特定药物与其靶标的相互作用研究,会联合使用多种方法,以从不同角度获取多种信息进行综合分析。

靶-药相互作用的基本实验模式大致可分为传感界面上的靶-药相互作用分析模式和均相靶-药相互作用分析模式两种。两种实验模式各有特色,前者的突出特点是药靶的低消耗和快速实时分析,而后者更易于保持药靶的生物活性且可避免界面固定所带来的空间位阻问题。靶-药相互作用分析模式指将靶-药作用的一方固定于传感器的固态敏感基质表面上,而另一方置于流动或搅拌的溶液中,靶-药相互作用过程引起传感界面上光学、电学、质量等参数的改变而给出动态信号,借助有关热力学和动力学模型可快速获得作用信息和参数。该模式易实现相互作用过程的实时监测,常用于电化学、石英晶体微天平、表面等离子体共振、生物芯片等传感技术。均相靶-药相互作用分析模式是指靶-药相互作用发生在均相溶液中,采用色谱、质谱、光谱、量热等分析手段检测指定成分的浓度变化或体系的实时物理信号,以获取靶-药相互作用和靶-药结合物的信息。

3. 药物高通量和超高通量筛选中的分析化学

分子生物学、人类基因组和功能基因组学的发展提供了大量用于治疗干预的靶标;另外,从天然产物提取纯化加上由组合化学合成的化合物数量的快速累积,可以构建起数以百万计的化合物库。在尽可能短的时间内完成如此大数量的化合物的筛选,从而使高通量和超高通量的筛选技术的发展非常迅速。

高通量的药物筛选非常需要能够提供准确、快速、微型化和无标记的分析化学方法作检测。微型化的主要动力来自于制药企业大幅降低筛选费用的要求。微型化不仅仅是测试体积上的微缩,其意义在于实现了在最短的时间内以最低的价格做最多的测试的新理念。近年来,分析化学的发展极大地推动了药物筛选技术的发展。

目前,在制药企业最受欢迎的药物高通量筛选技术是均相时间分辨荧光(HTRF);此外,其他一些技术如荧光偏振(FP)、荧光共振能量转移(FRET)、荧光相关光谱(FCS)和化学发光技术也逐步应用到药物的高通量筛选。由于荧光检测技术具有很高的灵敏度,因而大大减少了生化试剂的用量,从而缩短了制备靶标蛋白所耗费的时间。但是,荧光检测法有时会受到荧光猝灭或样品组分自荧光而导致检测信号受到干扰,需要对底物或靶标蛋白进行荧光标记,有时需要价格昂贵的抗体,所以其应用也受到限制。

作为与均相荧光互补的技术中的一些新技术,如前沿亲和色谱(FAC)或体积排阻色谱(SEC)与 MS 联用、亲和选择性 MS、毛细管电泳(CE)及芯片实验室,引起了广泛的关注。

10.2.2　药物质量控制

1. 核酸类药物定量分析方法

核酸类药物是指利用 DNA 和 RNA 片段发挥治疗作用的一类新型药物,主要包括反义核酸药物、RNA 干扰药物和适体药物等。反义核酸药物是人工合成的比较短的 DNA 或 RNA 片段,它通过碱基互补原则与靶标 DNA 或 RNA 反应影响靶标 DNA 或 RNA 的正常生物功能,从而起到治疗作用,其发展主要经历了三代。第一代反义核酸药物主要是寡核苷酸磷酸骨架上的氧原子被磷原子取代形成的治疗性药物,代表药物有福米韦生、奥利默森钠、GTI－2040 和 LErafAON。第二代反义核酸药物主要是寡核苷酸五元环的 2 位氢原子被甲氧基或乙氧基取代形成的治疗性药物,主要代表药物是 OGX－011,它可抑制丛生蛋白的表达,从而增加药物对癌症的治疗效果。第三代反义核酸药物主要是寡核苷酸的五元环被改造而形成的治疗性药物,主要代表是 AVI－4126,它对肺癌和前列腺癌显示出一定的治疗作用。

分析核酸药物常用的分析方法有放射性核素标记法、CE、杂交技术、ELISA 和 LC。放射性核素标记法的缺点是灵敏度有限、选择性低,且放射性元素对人体有害,成本也比较高。CE 可以分离药物本身及其代谢物,但由于一些内源性干扰物的存在,其稳定性和重复性不好;杂交技术、ELISA 的灵敏度较高,可以实现通量化检测,已广泛应用于药物的定性分析及药物毒性及药代动力学评价,但不能区分全长寡核苷酸与普通的代谢物,可能引起交叉杂交。LC 在核酸药物的检测上应用广泛,但灵敏度不高,分辨率低,很难区分药物本身及其代谢物。

定量分析方法的建立对于药物的质量监控至关重要。一套好的分析方法可以保证药品在研制、生产、经营和临床使用中的安全性和有效性,从而保证广大患者使用质量好、安全有效的药品。所以,核酸类药物的定量分析方法的建立具有非常现实的意义。

2. 生物药物分析

生物药物是指运用物理学、化学、生物化学、生物技术和药学等学科的原理和方法,利用生物体、生物组织、细胞和体液等制造的一类用于诊断、预防和治疗的生物制品,包括生物技术药物和原生物制药。随着基因工程技术的迅速发展,基于重组 DNA 技术、细胞和发酵技术基础上的生物技术药物制造业已经取得了巨大进步,并正在成为当今药物领域发展的前沿。

基因工程技术目前是实现生物药物制备的主要途径,采用基因工程技术生产的生物药物包括有重组蛋白质类药物、单克隆抗体、疫苗和治疗基因等,除疫苗和治疗基因外,其余生物药物均属于生物大分子药物,也是目前分析化学研究的主要领域之一。

与化学药物相比,蛋白质多肽类等药物具有相对分子质量大、结构复杂、稳定性差等特点,使得这类生物药物分子的分析面临着诸多挑战。以蛋白质、多肽及单抗类药物为代表的生物大分子药物的分离和检测正在成为分析化学发展的前沿领域之一。

(1)免疫分析法

与化学药物不同,蛋白质多肽类药物的生物活性不仅取决于分子的一级结构,而且与其高级结构密切相关。利用免疫分析方法或受体配体结合方法可实现定量测定蛋白质多肽药物的生物活性,常用的免疫分析方法有放射免疫测定(RIA)法和 ELISA 法。

（2）体内药物示踪法

①同位素示踪法。同位素示踪法是通过将放射性同位素标记在外源性蛋白多肽药物分子上而达到区分内源性物质，实现示踪检测的目的，是研究活性蛋白多肽药代动力学的主要手段之一。

标记法有体外化学连接法和体内掺入法。体外化学连接法使用放射性高、制备简单、半衰期短的 ^{135}I。随着标记药物在生物体内的吸收、分布和排泄，通过液闪仪等放射性探测设备监测同位素的存在情况可了解生物大分子药物的组织分布状况，并进一步推断标记药物的血药浓度。体内掺入法是指将标记有 ^3H、^{14}C 或 ^{35}S 等同位素的氨基酸加入到生长细胞的体系中，使表达的蛋白质多肽分子带有这些同位素标记。

但是，由于蛋白质多肽类药物进入体内会被降解代谢，降解的标记氨基酸可再参与其他蛋白质的合成或与其他蛋白质结合，所以总的放射性强度并不能代表生物大分子药物在体内的浓度，需和其他分离方法联合使用。另外，同位素示踪法常对实验人体造成辐射伤害，所以需寻找更为安全和有效的小分子探针。

②示踪成像新技术。近年来，近红外（NIR）光谱已经用于蛋白质多肽类药物在动物体内的代谢动力学研究。因为近红外光在生物组织中具有较小的吸收背景，能穿透深度达几厘米的组织且无副作用，所以能用于研究示踪标记的蛋白质多肽药物在体内的传输途径与机制。

目前，近红外光谱成像技术面临的挑战包括研制水溶性好且荧光效率高的近红外染料以增加荧光染料的灵敏度；研究解决荧光染料易于光漂白的现象，实现对动物组织的实时、连续监测；研究荧光探针随动物组织深度、类型不同引起的荧光强度的变化，实现对不同组织、不同深度内标记药物的定量与半定量监测的目的。

（3）色谱及质谱联用法

色谱法在蛋白质多肽类药物的应用领域包括分离纯化、定量监测和药物代谢动力学研究等三个方面。

基因工程技术药物中蛋白质或多肽的提纯和分离是药物生产过程中的重要环节，研制高效、稳定的色谱填料是实现有效分离的核心与关键。实现分离、收集的全自动化是提升技术的重要步骤。

与多种检测器可联用的色谱法是鉴别和测定混合物中蛋白质多肽含量的有效工具。采用LC进行基因重组药物肽图分析是评价基因重组制品和天然蛋白质同一性、细胞遗传稳定性等的有效手段，如对重组人肿瘤坏死因子、重组人脑利钠肽、重组人生长激素、重组人红细胞生成素和重组人粒细胞集落刺激因子等的测定。

LC-MS、LC-MS/MS 成为药物体内动力学研究分析的重要手段之一，其具有灵敏度高、专属性强、分析速度快、能同时获取生物样本中多种成分可靠的定性和定量数据的特点，从而解决以往蛋白质多肽类药物在体内含量低、体液中存在的相似成分多、基质复杂等问题，目前已经成为体内生物药物代谢动力学研究非常重要的手段。

3. 纳米药物的质量控制

在药学领域，纳米药物的粒径界定为 $1 \sim 1000$ nm。纳米药物可以分成纳米载体给药系统和药物纳米颗粒两大类。纳米载体给药系统是指溶解或分散有药物的各种纳米粒子递送系统,如聚合物纳米粒、固体脂质纳米粒、磁性纳米粒、脂质体、微乳以及聚合物胶束等。药物纳米颗粒则是直接将原料药物加工成的纳米粒。纳米科技的迅速发展,将带动纳米药物研究和开发的快速发展。由于尺度效应的原因,纳米药物的粒径及粒度分布、生物学特性和体内过程等都与普通药物有显著差异,并且会对药物的疗效及安全性产生明显的影响,所以其质量控制是非常必要的。

与传统分子药物相比,纳米药物由于纳米颗粒的小尺寸效应,容易进入细胞而实现高疗效;比表面积大、偶联或修饰的功能基团或活性中心多,可以实现治疗与疗效跟踪同步化;具有多孔、中空、多层等结构特性,易于药物缓释控制等。因此,在保证药效的前提下,由于药物用量减少,可以减轻药物的毒副作用,比较容易实现低毒性。

4. 手性药物分析

手性异构体的存在是自然界的一种普遍现象,在药物化学领域尤为突出。药物对映体往往具有不同的药理功能、毒性作用和药代动力学行为,使用消旋体药物可能导致错误的药代动力学行为和作用模式。建立和发展高效、快速和准确的药物对映体分析方法,对药物开发和临床用药指导具有重要意义。近年来,手性分析技术发展迅速,LC 和 CE 仍是最重要的手性分析技术。

10.2.3 药物代谢分析

药学与生物医学的迅速发展对分析化学提出了巨大挑战,现代药物分析迫切需要发展各种新的分析方法、仪器和策略,以获得药物在生物体系有关时空方面组成、性质和形态信息,以阐述相关药物作用机理而不仅是对生物样品中药物浓度的简单测量。药物代谢与药代动力学主要探讨机体对药物分子的吸收、分布、代谢和排泄的质与量处置规律,以及多参量表征药物及其代谢物浓度随时间的动态变化过程。开展生物样品药物及代谢物分析的意义还在于它为药物分析学在分析化学、药物学和生物医学等多学科前沿交叉融合中获得新的生命力提拱了内在的契机。

1. 生物样品药物分析的特点

生物样品药物分析的最大挑战还是复杂物质体系的多组分分析。生命体系药物分析的主要特征是:

①化学结构复杂且多含未知组分。
②样品量小但数量多。
③样品基质复杂、内源性杂质干扰大。
④分析物组分含量低微且浓度相差悬殊。
⑤药物在复杂生物介质的存在状态和空间分布表征。
⑥药物的体内动态变化及其与生物体系相互作用的时程时效分析。

基于以上生物样品药物分析的特点,就迫切要求药物分析学以体内过程及药效机制为出发点,发展满足当代药学发展需求的超高灵敏度、选择性、高通量和实时动态响应等特性的分析技术和方法。

2. 生物样品药物分析

(1)药物及其代谢物浓度的测量

在常规剂量下,许多药物在体液或组织中的浓度比较低,且与大量内源性基质成分共存。药代动力学研究的首先要建立一种高度灵敏、可靠、专一和快速的复杂生物样品痕量药物及其代谢产物的分析方法。生物样品分析方法要求要尽量达到药物实践有用性三个方面的要求,即质量上有效性、数量上可靠性和通量上高效性。

近年来,色谱-波谱联用技术尤其是 LC-MS/MS 仍是体内药物定量中必用的分析手段,对于微量给药系统中超低浓度药物或内源性活性物质,已有人采用 CE 在线富集或运用超高灵敏的加速器 MS 进行含量分析。快速超滤结合 LC-MS/MS 能够直接测定体液游离药物及其代谢物"活性浓度",为体内药代动力学和药效相关性研究提供一种新方法。进一步提高 LC-MS 分析通量可以缩短色谱分离,简化样品预处理时间和实现在线预处理—分离—检测过程的自动化。

(2)药物代谢及降解产物分析基础

药物分子经过复杂的体内转化会生成一系列类似母核结构的代谢产物,而活性代谢物呈现与母体药物相一致或不同的药理效应;反应性代谢物可与细胞内大分子共价结合,造成药物诱导的器官损伤。代谢物的定性定量和代谢通路的鉴定有助于理解体液浓度与效应之间的矛盾和结构—代谢—数量—活性间的相关性;药物的安全性需进一步对其主要代谢产物、活(毒)性代谢物和反应性代谢物进行安全性试验。

面对复杂生物样品中代谢产物混合体系的分析,可进行组分分离、特定标记和代谢物组全分析。面对复杂基质中含量低微的未知代谢物筛查、鉴定和反应性代谢物分析的难点,目前尚无分析方法能够单独实现对药物的所有代谢物进行全面分析,只能发展面向复杂样品全分析的新方法学原理和技术或进行技术联用和方法组合。

常见的新型分离材料、分离原理及技术有微柱 LC 或微升/纳升级 LC,它们能进行高效快速分离,适合于超痕量药物分离分析,在新型色谱填料和整体柱、亲水性色谱柱制备方面获得很好进展。

常见的多维分离系统和装置通过分离机制互补将不同分离模式的色谱或 CE 组合起来,以明显提高复杂样品分析的峰容量和分辨率,从而实现在线富集和前处理自动化。

(3)体内药物转运及转化分析

活体微型采样技术。微透析取样具有活体、实时、原位、便捷、微损、微型化和可直接定量等优点,特别适合于机体各种靶组织和器官中药物的动态分布、代谢及药动/药效相关性研究。微透析技术与高灵敏度检测器的在线联用技术在组织液游离药物及其代谢物的实时监测中更加重要。

实时分子成像和可视化技术。迅速发展的分子影像学、质谱成像和光声成像等活体可视化新型技术与方法,能在分子水平上实现生物体药物转运与转化的实时、在体、原位及无创的多维成像,为体内药物分析迈向分子水平上的动态研究阶段带来了突破性的变革。常见的分子成像技术有超声成像、X 射线计算机断层成像(CT)、磁共振成像(MRI)、核素成像和可见光成像。当前,光、声、热、磁、核等技术呈现多模态融合的趋势。

微型全分析系统或芯片实验室。基于流动注射和 CE 高效分离,通过微/纳机电加工技术实现传统化学分析系统从样品预处理、进样、分离到检测的全线集成和多功能模块缩微化。微流控芯片技术为灵活快捷地在线分析代谢物、实时监测活体细胞生长提供了新的方法。利用固定化肝微粒体和细胞多层集成化微流控芯片,能够同时完成药物代谢物检测和细胞毒性评价,展示了微流控芯片研究药物代谢及毒性等复杂过程的能力。

10.3 免疫分析

免疫分析是指利用抗原与抗体之间高特异性的反应(即免疫反应)实现对抗体、抗原或相关物质进行检测的分析方法。免疫分析是生化分析的主要内容之一,它在医药、临床及环境分析等方面有非常广泛的用途。

10.3.1 免疫分析的理论基础

质量作用定律也是免疫分析的基础,抗体(Ab)和抗原(Ag)结合时的结合作用可表示为

$$k_{eq} = \frac{[Ab-Ag]}{[Ab][Ag]}$$

式中,k_{eq} 为平衡常数,Ab－Ag 为抗体和抗原的复合物。k_{eq} 值的大小在 $10^6 \sim 10^{12}$ L·mol^{-1} 之间,但只有当 k_{eq} 的值在 10^8 以上时,才具有用于免疫分析的价值。被分析的对象可以是抗原,也可以是抗体。对抗原与抗体间的反应进行直接检测的灵敏度一般都很低,通常在体系中要引入一种标记的抗原或抗体,通过标记的抗原或抗体及设计适当的免疫分析模式达到间接分析的目的,这就是所谓的标记免疫分析。现代免疫分析绝大多数采用的都是标记免疫分析。

1. 竞争免疫分析模式

该模式的做法是让标记的抗原和待分析样品中的抗原竞争性地与有限量的固相抗体结合,如图 10-3 所示。洗除非特异性结合的两种抗原,通过对固相标记抗原的检测确定待测抗原的浓度。显然,所检测到的标记抗原的浓度与待测抗原的浓度呈反比,并且当抗体和标记抗原的浓度减小时,可获得更高的分析灵敏度。但抗体的浓度不能太小,以保证有足够强的检测信号。

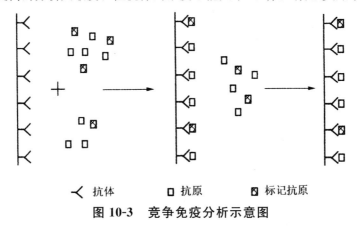

<| 抗体   □ 抗原   ◪ 标记抗原

图 10-3 竞争免疫分析示意图

2. 非竞争免疫分析模式

非竞争免疫分析模式种类很多,这里仅介绍其中一种:夹心式免疫分析模式。一般抗原具有多个在空间上分离的抗体的结合位点,据此可设计出夹心式的分析模式:被分析的抗原首先被第一种过量的固相化抗体所捕获,并与游离的样品抗原分离。被捕获抗原的另一个抗原决定簇再选择性地与过量的标记的抗体反应,如图 10-4 所示。结合的标记抗体(一般与固相化的抗体不同)的量与样品中抗原的量呈正比。

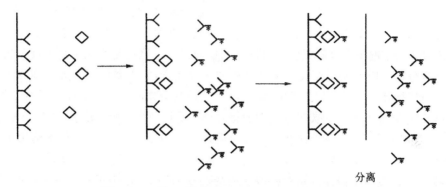

分离

图 10-4　抗原的非竞争夹心免疫分析原理

以上介绍的仅仅是两种设计模式,从理论上讲免疫分析模式的设计是无限制的,最终都可达到确定被分析对象浓度的目的。经典免疫分析的共同特点是:它们都是通过一个标记的抗原或抗体来间接地确定分析物的浓度。由于标记物以结合和游离两种形式存在,所以它们的分离非常重要。

10.3.2　免疫分析方法

现代免疫分析方法的设计都包含一种标记物,因为标记物的不同就出现了不同的分析检测系统。标记免疫分析根据反应完成后是否需要分离,可分为非均相免疫分析和均相免疫分析法;根据分析模式的设计,还可分为竞争或非竞争免疫分析两大类。标记免疫分析法所涉及的检测方法包括显色法、荧光法、化学发光、浊度分析、放射性同位素测定、中子活化、电子自旋共振、极谱法、原子吸收、电化学传感器及光传感器等。检测方法远不止上述列举的。从理论上讲,几乎任何一种分析检测技术都有可能用于免疫分析。所以,免疫分析方法种类繁多,许多相同的分析模式因分类出发点的不同而具有不同的名称。下面介绍两种比较重要的免疫分析方法。

1. 酶免疫分析(EIA)

酶免疫分析是以酶作为标记物,根据酶-底物反应产生有色的、发光的或荧光的产物对被分析对象进行定量。根据酶的放大效应可以建立多种灵敏的分析方法。例如,利用肉眼可作定性的观测或测定终点产物的吸光度作定量分析。

多相酶免疫分析是在固相载体表面进行免疫反应,使用较多,测定之前需要固-液两相的分离。酶联免疫吸附分析(ELISA)是采用酶标试剂中应用最为广泛的一种,但它主要用于描述非竞争固相免疫分析,结合相酶标试剂的活性直接正比于抗原的浓度。固相试剂用来分离游离的和结合的酶标记物,同时也加速每一步骤后过量试剂的去除。图 10-4 所示的分析模式可以看成是这种方法中的一个类型,其中的标记物可看成是一种酶。根据分离后酶活性的测定就可以确定夹在两种抗体中间的抗原(被分析的对象)的量。

2. 荧光免疫分析(FIA)

将荧光法引入免疫分析主要是因为它与分光光度法相比具有更高的灵敏度。另外,荧光测定可以把荧光激发波长、发射波长、寿命或偏振等参数同时结合起来,形成特异而花样繁多的分析系统。荧光化合物对微环境的敏感性使得直接研究一些分子过程成为可能。例如,在结合相和游离相不分离的情况下可以研究抗原与抗体的反应过程。这也是均相荧光免疫分析的基础。荧光偏振免疫分析(FPIA)是均相荧光免疫分析的一个例子,它主要用于小分子药物的分析,在临床化学中应用极其广泛。实际分析中,样品小分子及其荧光团标记的样品标样竞争性地与一定量的抗体反应,由于小分子的荧光标记物的相对分子质量和体积相对较小,其荧光偏振值也很小;但当其与高相对分子质量的抗体蛋白质反应后,由于分子体积很大,荧光偏振值加大,在不需要分离的情况下可以直接测定反应液的荧光偏振值,其大小与样品的浓度呈反比关系。

这一技术主要被用于治疗药物的监测及违禁药物的筛选,也用于一些激素(如甲状腺素、皮质醇等)的检测。FPIA 的主要问题是标记试剂与血清蛋白的结合会使样品的背景信号增大。同时,该方法适用的动态范围一般比较窄,其灵敏度局限于 μ mol·L^{-1} 到 n mol·L^{-1} 级。

由于许多分析样品中总是存在一些高背景的荧光物质,使得常规荧光免疫分析的灵敏度受到了很大的限制。事实上,常规荧光免疫分析在一般情况下的灵敏度局限于 n mol·L^{-1} 浓度范围。时间分辨荧光免疫分析高灵敏度的实质是消除常规荧光测定中的高背景,从而提高了信噪比。为了达到这一目的,常采用长寿命荧光标记物,其寿命要比散射光及来自样品、样品管、滤光片等的背景荧光的寿命长很多。例如,长寿命的镧系螯合物的荧光寿命在 $10\sim1000$ μs 范围内,所以适合于微秒级时间分辨荧光测定。应用比较广泛的是解离增强镧系荧光免疫分析系统(DELFIA)。它采用氨基多羧络合物 N-(p-异硫氰基苯基)二乙二三胺四乙酸连接镧系发光离子,如 Eu^{3+},如图 10-5 所示。

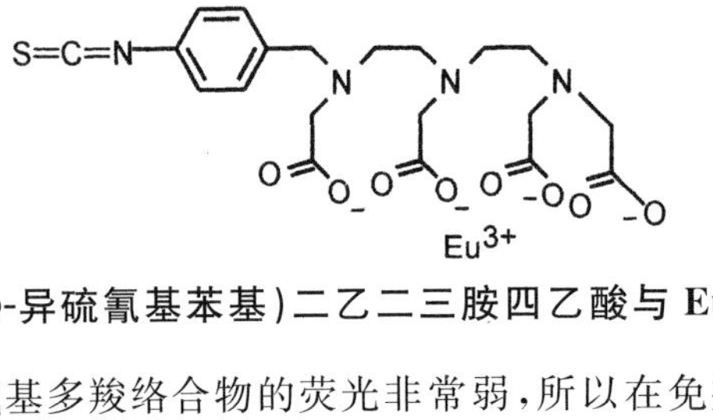

图 10-5　N-(p-异硫氰基苯基)二乙二三胺四乙酸与 Eu^{3+} 的络合物

铕或其他镧系离子的氨基多羧络合物的荧光非常弱,所以在免疫反应和结合相与游离相标记物被分离之后要加入增强液,这样可以使 Eu^{3+} 的络合解离,同时增强液中还含有 2-萘三氟乙酰丙酮(NTA),它可以与 Eu^{3+} 形成强荧光络合物,增强液中还加有三正辛基氧化磷(TO-PO)以保护络合物的荧光不受水分子的猝灭。通过形成 TritonX-100 胶束可以增加络合物的溶解度,并使其荧光进一步增强,如图 10-6 所示。在优化条件下,利用时间分辨荧光技术可以对 Eu^{3+} 在 $5\times10^{-14}\sim10^{-7}$ mol·L^{-1} 范围内进行定量测定。

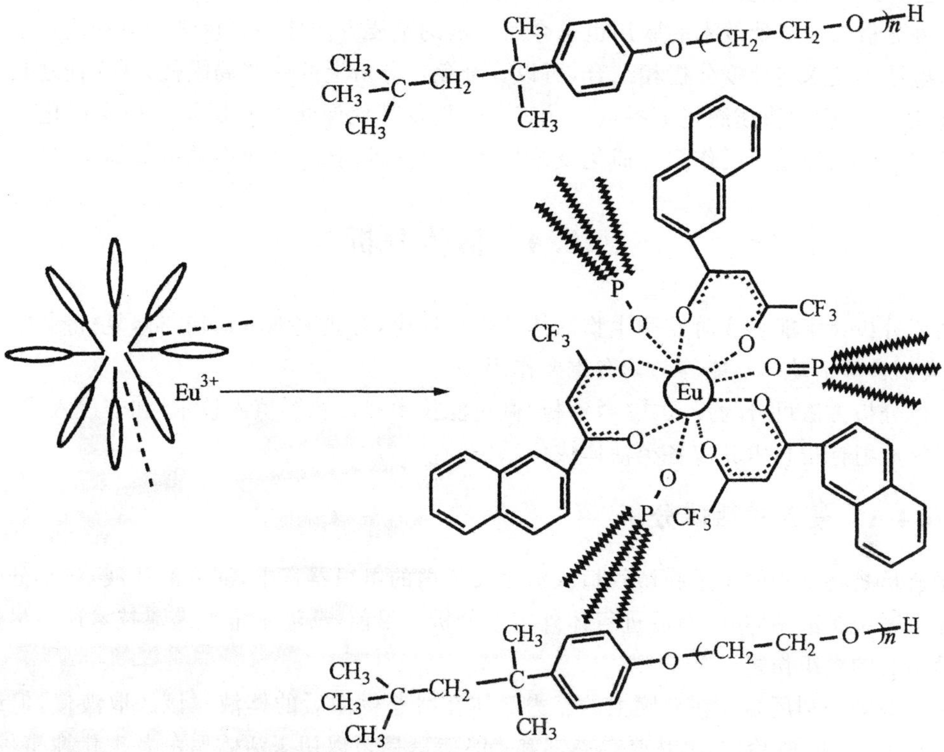

图 10-6　强荧光铕络合物的结构示意图

10.3.3　免疫分析发展趋势

在免疫分析的诸方法中,放射免疫分析由于具有准确、灵敏的特点,至今使用仍较多。但放射性污染的弊端也是同样明显的。酶联免疫分析是最先提出的非放射免疫方法,并在进入20世纪80年代后首次占据主导地位,酶免疫分析方法覆盖了一半以上的文献;荧光免疫分析在建立时间分辨荧光免疫分析后有了突跃性发展;而化学和生物发光免疫分析法,由于其高灵敏度和测定简便的特点使其在免疫分析中一直占有一定的位置。在今后比较长的一段时间内,酶免疫分析法将仍占主导地位,特别是在应用方面更将是如此。

自动化和实用的免疫分析法将是今后发展的重点。各种均相的免疫分析法由于不需要分离都可以用来设计制造自动化的免疫分析仪器,在80年代初,开始出现这种形式的商品仪器。其中 Abbott TDx 荧光偏振免疫分析(FPIA)仪已成为广泛应用于临床药物分析的自动化免疫分析仪。新型均相免疫分析体系的开发及非均相免疫分析自动化研究都具有很大的需求。免疫分析传感器具有简单的特点,但重复性和再生性是需要解决的关键性问题。其中石英压电晶体免疫传感器、平面波导荧光免疫传感器和标记物连续释放荧光免疫传感器是3种具有应用前景的传感器。

大众化免疫分析试剂的研究是另一重要方向,它要求简单而快速。试纸是其中最好的形式。目前市场上还只有采用胶体金标记的以检测人体绒毛膜促性腺激素(HcG)为主的定性的分析试剂盒及试纸。半定量乃至定量的商品试剂基本上还是空白,虽然已有一些雏形的方法,但是这方面仍有很多的工作等待研究工作者去完成。

免疫分析法与其他技术的联用也是今后发展的重要方向之一。色谱和流动注射法及高效毛细管电泳等技术与免疫分析相结合,可以弥补免疫分析上的一些局限性,从而使之具有更好的选择性、灵敏度和快速测定等特点。尤其在药物及其代谢物的分析及结构相近化合物的同时分析方面将发挥重要的作用。而免疫芯片将提供一种高效、全面而低价的临床诊断途径。

10.4 活体分析

活体分析技术能够实时监测生物活体的生化反应,对研究细胞损伤与修复机制、临床疾病监测、大脑神经活动与功能等都具有重要作用。

活体分析方法可分为侵入式(微透析/微过滤技术和传感器植入技术)和非侵入式(借助光学或者核放射标记技术获取各类活体成像)。

10.4.1 侵入式活体分析

微透析是将空心的半透膜微管植入活生命体内的组织器官中,灌入灌注液,将小分子溶液通过相关系统扩散到体外,然后进行体外定量分析。目前,低流量推挽灌流技术还可尽量减少高流速引起的组织伤害。

微过滤则是利用施加在滤膜上的压力活体在线获得滤后的体液。该法取液慢,但结果偏差小。与 LC、CE、酶检测、电化学传感器和 MS 等联用可以用于活体监测各类代谢事件,特别是研究神经紊乱时的代谢动力学过程。但是,该法受到研究目标的活动空间和分析时间的限制,时空分辨率均不够高。为解决这个问题,可将微传感器植入活体,以同时提高监测的时间和空间分辨率。常见的植入电极包括铂和碳纤维微电极。碳纤维微电极尺寸低于 10 μm,电化学性能优异,生物相容性较好,检测时对活体损伤少,可用于神经递质的检测。

近年来,活体分析多采用快速电化学技术,如用高速计时安培法和快速扫描循环伏安法(FSCV)来获取更高的采样速度,提高对不同神经递质的选择性。在研究动物行为引起的多巴胺瞬变时,用碳纤维电极进行检测,每 100 ms 观测一次,可以揭示其在药物成瘾中的实时调节作用。另外,微电极的表面处理和阵列化有利于改善其灵敏度和选择性。结合酶传感策略发展的陶瓷修饰铂微电极阵列能同时高灵敏测定胆碱和乙酰胆碱等分析物,能初步反映神经递质间的相互联系。

需要注意的是,侵入式研究的靶标分子多局限于神经递质。超微电极的出现,使分析化学及生物化学工作者有了很好的研究手段,可以将微电极直接插入各种生物体的组织中,而不损坏它们。很多组织导电性能十分优良,具备了电化学必要的辅助电解质的条件。1973 年,Adams 等首先将微电极直接插入大白鼠的大脑尾核部位,进行循环伏安扫描,获得了第一张活体循环伏安图,表明了神经递质多巴胺的存在并创建了活体伏安法这一富有创造性的方法。它与以往测试方法的不同之处,是不需要从被测物质里采集一定量的样品并将其处理后,再用有关的方法测定。

图 10-7(a)为一只老鼠脑内的现场活体伏安图,为研究证明该活体伏安图中 3 个还原峰对应的成分和浓度,当超微电极从鼠脑取出后,在 1×10^{-4} mol·L^{-1}维生素 C$+1\times10^{-6}$ mol·

L^{-1} 3,4-二羟基苯乙酸＋2.5×10^{-6} mol·L^{-1} 5-羟基吲哚乙酸标准溶液中进行相同实验的研究,其伏安图如图 10-7(b)所示。对照图 10-7 中的两条伏安曲线,可清楚获得老鼠脑内的一些神经递质的成分及其浓度,进而可现场研究在鼠体处于不同状态时,如果服药或受刺激后,这些神经递质浓度的变化情况,从而给一些神经类疾病的治疗及研究提供理论基础。

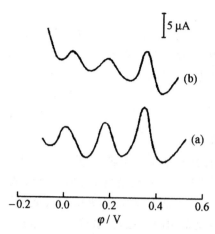

图 10-7　大鼠脑内活体伏安图

(a)脑内现场活体伏安图;(b)电极取出后,在 1×10^{-4} mol·L^{-1} 维生素 C＋1×10^{-6} mol·L^{-1} 3,4-二羟基苯乙酸＋2.5×10^{-6}mol·L^{-1} 5-羟基吲哚乙酸标准溶液中的伏安图

10.4.2　非侵入活体分析

为避免对活体造成损伤,于是出现各种非侵入的活体成像分析方法。如活体的荧光/生物发光成像,它可以通过标证肿瘤细胞、病毒和基因等,观察动物体内靶细胞的生长及其对环境的响应,探知靶标生物分子在体内的分布和代谢情况。常用的荧光成像标记物包括荧光蛋白、有机染料和量子点。

另外,酶催化代谢产生生物发光可以用来追踪细胞运动和定量评价基因表达。将鲁米诺氧化发光反应用于炎症小鼠内髓过氧化物酶(MPO)能活性监测,由于炎症条件下 MPO 催化氧化鲁米诺释放蓝光,于是可以定位炎症部位。其光强与 MPO 活性成正相关,意味着该方法在浅表部位的炎症组织临床诊断上有潜在应用。

除此之外,正电子发射成像(PET)和核磁共振成像(MRI)也可以作为主流医用分子和功能成像模式。PET 通过监测放射性核发射出的正电子衰减时产生的两个 511 keV 湮灭光子来研究活体内分子探针的分布,其本质是放射自显影术,由于空间分辨率低,于是需结合两个或两个以上的多模态成像来提供更全面的信息。MRI 以强磁场下活体不同组织间、正常组织与病变组织间氢核密度、弛豫时间 T_1、T_2 等参数的差异作为诊断依据。发展高效造影剂和靶向方法将有助于提高检测灵敏度,实现高时空分辨的 MRI 分子成像。

目前,非侵入模式的多模态成像技术在不断发展。MRI 能为 PET 提供大量辅助信息,增加临床检测的灵敏度和特异性,故 PET/MRI 联用具有重要作用和意义。其他光学手段,如红外、拉曼光谱,逐渐渗透到活体成像领域,也可能成为多模态研究中的重要技术。

总之,活体分析领域有着广阔的发展空间,同时也面临着巨大的挑战。

10.5　危险物品分析

10.5.1　毒物分析

毒物是指在一定条件下,较小剂量就能够对生物体产生损害作用或使生物体出现异常反应的外源化学物。毒物与机体接触或进入机体后,能与机体相互作用,发生物化反应,引起机体功能性的损害,甚至严重的甚至危及生命。

1. 重要无机毒性物质分析技术

(1)铅的测量与分析技术

铅中毒会影响人的大脑发育并造成人体缺钙,儿童对铅中毒反应特别敏感。通常用于分析测定铅离子总含量的主要方法有分光光度法、火焰原子吸收光谱(FAAS)法、ICP-OES 和 ICP-MS 等。这些方法中,分光光度法和 FAAS 灵敏度较低,干扰比较严重,无法满足复杂体系中微量铅的检测;ICP-OES 是常用的方法,灵敏度较高,重现性好,线性范围宽,可用于微量铅的测定;ICP-MS 的灵敏度高,稳定性好,抗基体干扰能力强,可以用于超微量铅的分析测定。

(2)汞的测量与分析技术

汞的蒸气具有很强的毒性,对于水体中的各种汞化合物和大气中的元素汞的测定都十分重要。通常用于汞测定的主要方法有氢化物原子吸收法、AFS 和 ICP-MS。这三种方法都拥有极高的灵敏度,可以用于测定超微量的汞,目前广泛应用于微量汞的测定中。但是,氢化物原子吸收法和 AFS 的稳定性相对比较差。当然,上述三种方法只能用于汞总量的测定,无法用于不同形态汞化合物的分析测定。目前,大气中的元素汞主要利用在线自动汞检测仪进行检测,此仪器的测定原理主要是利用微米金颗粒来捕获大气中的元素汞,然后通过加热释放出元素汞并通过氢化物原子吸收法或 AFS 进行测定。水中有机汞化合物的主要测定方法有 HPLC-AFS 联用法和 HPLC-ICP-MS 联用法,它们都可用于 ppb 级乃至 ppt 级的甲基汞或二甲基汞的测定,具有很好的可靠性。另外,CE-ICP-MS 联用技术也可以用于汞的形态分析,但是目前有关报道还不多。近年来,出现高灵敏、快速传感技术,这类传感技术主要利用 Hg^{2+} 和 DNA 中的 T 碱基结合原理,并利用电化学或光学技术检测技术来测定二价汞离子,但无法对水体中的主要汞化合物甲基汞和二甲基汞进行检测,且稳定性和抗基体干扰能力都有待于提高,目前还无法用于实际样品的分析检测。

(3)砷的测量与分析技术

砷为致癌强毒性元素,砷的主要测定方法有原子吸收光谱法(AAS)、原子荧光光谱法(AFS)、中子活化法(NAA)、电感耦合等离子体原子发射光谱(ICP-OES)法和电感耦合等离子体质谱(ICP-MS)法等。这些方法中,原子发射光谱法灵敏度较低,石墨炉原子吸收法稳定性较差,中子活化法分析时间长并涉及放射能,已经无法满足现代对砷分析的需要。氢化物原子吸收法、原子荧光法和 ICP-MS 具有很高的灵敏度和较好的稳定性,被广泛应用于环境和食品中微量砷的测定。

（4）镉的测量与分析技术

微量镉的测定方法主要有 FAAS，ICP-OES 和 ICP-MSE：

①FAAS 灵敏度较低，基体干扰比较严重。

②ICP-OES 灵敏度较高，抗干扰能力较强，通常用于土壤等盐离子浓度较高的样品中微量镉的测定。

③ICP-MS 灵敏度高，稳定性好，可用于超微量镉的测定。

近年来，人们利用各种联用技术建立了生物样品中各种镉螯合肽的分析方法，以帮助了解 Cd 和生物分子间的相互作用。这些联用技术包括 HPLC-ICP-MS 和 CE-ICP-MS。

（5）重金属元素的测量与分析技术发展

过去常用的分光光度法基本上满足不了现代分析检测的需要，目前用于微量重金属总含量检测的方法主要包括 AAS、AFS、ICP-OES 和 ICP-MS 等，ICP-MS 变得越来越流行。同时，近年来，许多研究已经表明毒性重金属离子在体内或环境中极易发生形态变化，形成毒性更强或毒性更弱的形态。

重金属元素形态的分析目前主要还是依赖于联用技术，主要包括：GC 和 AAS、AFS 以及 ICP-MS 联用；HPLC 和 AAS、AFS 以及 ICP-MS 联用；以及 CE 和 ICP-MS 联用方法。GC-AAS 和 HPLC-AAS 联用技术由于灵敏度较低，而 HPLC-ICP-MS 联用技术发展得比较成熟，已经有商品化仪器并应用于许多元素的形态分析。CE-ICP-MS 联用技术暂处于试验阶段。

2. 有机类毒物的分析与检测

（1）杀鼠剂检测与分离技术

除了无机强毒性重金属元素外，杀鼠剂也是易引发重大公共安全事件的强毒性物质。20世纪 90 年代，国内外对于鼠药的分析方法研究非常多，但常规分析方法灵敏度相对比较低只能测定含量较高的样品。现在，MS 联用技术被广泛应用于包括毒鼠强、氟乙酰胺、氟乙酸钠和甘氟等急性鼠药的检测，这些方法包括：GC-MS、GC-MS/MS、LC-MS 和 LC-MS/MS。这些方法不但灵敏度高，而且能够给出待测物质的分子质量和特征质量谱图等有关分子结构方面的信息，可以用于对样品中的鼠药进行快速的定性和定量分析。

另外，有关鼠药的各种预富集、预分离技术也得到充分研究，膜辅助溶剂萃取技术（MASE）、搅拌棒吸附萃取（SBSE）和 SPME 技术等已经被应用于复杂体系中微量毒鼠强和含氟急性鼠药的预分离和预富集。同时，基于 ELISA 的快速检测技术及试剂盒也已被开发用于急性鼠药的筛查。

（2）主要毒品分析技术

最为常见的毒品包括吗啡、可卡因、大麻和冰毒等。对于毒品的分析检测，目前主要有以下两类方法。

①非色谱方法。非色谱方法是比较经典的方法。近年来，RIA 得到发展，当放射受体分析方法用于吗啡类毒品的分析检测时，具有快速、简单、灵敏度较高和准确度较好的特点。在非色谱方法中，毒品的传感检测技术是近年来发展最快的方法之一。另外，基于适体的毒品传感器也出现了，基于可卡因适体和电致化学发光检测的传感器可以检测低至 10^{-9} mol·L^{-1} 的可卡因。基于抗体的免疫传感器也已经被开发并用于其他各种毒品如吗啡等的检测，这类

传感器有较高的灵敏度和较好的特异性。

②基于色谱的方法。基于色谱的方法主要有:GC 联用方法,LC 联用技术和 CE 联用方法。用于毒品检测的主要是 LC-MS 或 LC-MS/MS 方法。结合各种 SIDE 技术或 LLE 技术,LC-MS 或 LC-MS/MS 法几乎可用于分析检测生物样品中各类毒品,UHPLC-MS 法还具有快速和试剂消耗量少的优点。CE(包括 CEC)-MS 是近年来发展起来的新的毒品分析方法,并已被尝试用于一些生物样品中的某些毒品,灵敏度和 GC-MS 以及 LC-MS 相当,但具有快速和试剂消耗量少等优点。

(3)藻毒素的分析技术

藻毒素富集于鱼类或贝类中并通过食物链传递,直接存在于饮用水中,严重威胁人类的健康,水体中微囊藻毒素的检测主要有化学分析法和生化分析法。

LC-MS(包括 LC-MS/MS)是最常用的方法,它不但可以对藻毒素进行定量分析,而且可以了解其分子质量和特征质量谱图,对其进行定性。结合各种新型 SPE 技术,如分子印迹 SPE 技术,被广泛应用于水体中各种微量藻毒素的检测,灵敏度达到亚 ng 级,并很好地解决多数藻毒素标准缺乏的问题。快速原子轰击质谱(FABMS)和液相次级离子质谱(LSIMS)是确定毒素分子质量的有效手段。

GC 结合电子捕捉检测器方法已被用于某些藻毒素的检测,检测限达到 pg 级。GC-MS 技术也已被广泛应用于藻毒素的检测,可以对藻毒素同时进行定性和定量分析,很好地解决多数藻毒素标准缺乏的问题。最近发展了 CE 法,CE 分析速度快、样品消耗量少,具有柱上富集功能。结合 LIF 检测器或 MS 检测器,也被用于藻毒素的检测,但在灵敏度方面要逊色于 LC。

毒素的免疫监测技术的原理是利用毒素诱发免疫反应产生抗体,利用抗体对抗原的特异性识别来对各种毒素进行监测。水质免疫检测中最常用的检测方法是竞争性非匀相酶联免疫检测。ELISA 检测藻毒素具有特异性好、灵敏、快速、简单、便携、易用和适用现场分析等特点,显示出良好的发展趋势。近年来,基于抗体和现代纳米材料及光电技术的免疫传感技术得到快速发展,这些免疫传感器保留了 ELISA 的高特异性,并提高了灵敏度。

由于微囊藻毒素能够抑制磷酸酶 PP1 和 PP2A 的活性,可以通过对酶活性的抑制程度来监测这几种毒素。磷酸酶抑制法能很好地检测出毒素,但是灵敏度太低。为了提高磷酸酶抑制法的灵敏度,近年来基于磷酸酶和现代光电技术的高灵敏藻毒素传感器得到快速发展,这些传感器的检测限可以达到亚 ppb 级,大大低于传统的磷酸酶抑制法。

(4)其他有机毒性物质的分析方法

有机毒性物质种类繁多,一些难降解有机污染物是高危毒性物质。对于这些类的有机毒性物质,目前主要的分析方法仍然是色谱及其联用技术,特别是 GC-MS 和 LC-MS 得到广泛的应用,极大地提高了这些物质检测结果的可靠性和准确性。

近年来,GC-MS/MS、LC-MS/MS、UPLC-MS/MS、GC(或 LC)-HRMS 技术和多维色谱-MS 联用技术得到快速发展,使得我们可以对上述毒性物质进行高通量分析,同时对多种毒性物质进行定性和定量分析。CE 结合高灵敏度检测器如 LIF 等,以及 CE-MS 联用技术近年来也在上述有机毒性物质的分析检测中得到应用,但是由于 CE 的稳定性问题,目前在实际样品的检测中应用较少。

除了色谱及其联用技术外,有机毒性物质的光电传感检测技术近年来也得到了迅速发展。

10.5.2　爆炸物分析

由于爆炸物的品种繁多,隐藏手段和策略又多种多样,给检测工作带来了诸多困难,再加上大多数爆炸物的蒸气压都很低,使得爆炸物检测一直都是一个挑战性难题。目前,以定性定量分析为基础来解决实际问题的分析化学是爆炸物分析检测中极其重要的手段,尤其是新型分析方法的出现和纳米技术的飞速发展给爆炸物的检测带来了新的机遇。

利用不同的分析方法,多种爆炸物检测技术被建立起来,总的来说分为两大类:体探测技术和痕量探测技术。体探测技术主要包括成像技术和核技术。痕量探测技术按照信号输出方式可分为离子迁移谱法、电化学分析法,光学分析法以及化学与生物传感法等。由于微量检测技术具有可靠性高、性能优异、多功能集成、可批量生产等优点,已经成为爆炸物检测研究的主流,在近年的研究中取得许多重要进展。

1. 爆炸物的检测技术

(1)X 射线和 γ 射线成像技术

X 射线成像技术是目前爆炸物检测中最简单和有效的方法之一,被广泛应用于火车站、码头、机场等公共场所。其成像的关键是如何通过图像分割技术将违禁品区域提取出来以克服爆炸物被其他物体遮挡问题。目前的 X 射线成像原理采用不同能级的多个 X 射线放射源,从不同方向透视被检查的物体,进而用排成阵列的多个传感器接收存储物体的图像,以获得与爆炸物相对应的彩色三维图像,大大提高了鉴别率。另外,先进的 X 射线检查仪还安装了自动报警系统,能够对炸药成分进行判断预警。

γ 射线可以代替 X 射线对爆炸物成分进行成像。因为 γ 射线的穿透能力更强,所以生成的图像质量会更好。尽管 X 射线、γ 射线成像技术对隐藏爆炸物的检测是有效的,但它们不能从本质上对爆炸物等违禁物品进行检测。此外,射线对人体有害,不能对人体进行检查,因此对"人体炸弹"起不到预警作用。

(2)核技术

与成像技术相比,基于核的技术探测性能更好。像核四极矩共振(NQR)技术可以确定原子种类,判定分子结构,还可以研究爆炸物的形态变化。NQR 检测虚惊率很低,但信号微弱,需要借助弱信号接收装置,并处于最佳的射频脉冲序列。此外,NOR 在公共安全检查时有可能对行李中的磁记录介质和磁性物质造成破坏。

由于中子能和原子相互作用产生特征 γ 射线,并可通过这些 γ 射线的数量推断物体中元素含量,从而判断爆炸物是否存在。近年来,在该方面出现了许多行之有效的技术方案,如热中子法(TNA)、快中子法(FNA)、脉冲快中子法(PFNA)、脉冲快速/热中子法(PFTNA)、快中子散射法(FNSA)、伴随 α 粒子法/中子飞行时间法等。其中,PFTNA 被国外的安检部门所使用,其原理是利用快中子探测物品中 C 和 O 的含量,并利用被测量物品慢化的热中子测量 N 和 H 的含量。而伴随粒子法可给出 C、N、O 含量的空间分布图,具有相当高的空间分辨本领和较强的爆炸物识别能力。

(3)光学分析方法

光学分析方法以其操作方便、过程简单、稳定性好等优点,在爆炸物检测方面发挥着重要作用。其中,光纤传感器是最有效、最接近实用化的气体传感器。

光学分析方法按照光信号的来源不同,可分为吸收法、荧光法、拉曼光谱法、太赫兹光谱法等。吸收法最为简单,因吸收峰移动产生的颜色变化可用于爆炸物的可视化检测;由于硝基芳烃爆炸物的缺电子特性容易引起电子转移或能量转移,从而导致荧光信号发生变化,荧光法被广泛应用于爆炸物的检测中;拉曼光谱是分子的"指纹谱",因此通过拉曼光谱可快速准确地识别爆炸物。

(4)电化学分析方法

硝基芳香类、硝胺类和硝基酯类爆炸物具有电化学活性,因此可以采用电化学方法对其进行分析检测。化学修饰电极能使爆炸物成分有效地分离富集,从而提高检测灵敏度和选择性。近年来,纳米技术的飞速发展为爆炸物的电化学检测提供了新的敏感材料。

(5)离子迁移谱分析

离子迁移谱分析是较成熟的痕量爆炸物检测技术。首先将爆炸物分子电离成离子,再施一弱电场令其漂移,通过计算离子的迁移率推断爆炸物是否存在。

2. 爆炸物的化学与生物传感检测

化学与生物传感器具有选择性好、灵敏度高、分析速度快、成本低、能在复杂的体系中进行在线连续监测的特点;可以高度自动化、微型化与集成化,适合野外现场分析的需求。因此,爆炸物的化学与生物传感检测一直是比较活跃的研究课题。

(1)质量传感器用于痕量爆炸物的分析

随着质量测量精度的不断提高,质量传感器已广泛应用于爆炸物的检测中。其中,石英晶体微天平(QCM)利用石英振子的频率变化与晶体表面质量成正比的原理,可实现对超痕量爆炸物的检测。

声表面波(SAW)传感技术通过测定表面结合爆炸物分子所引起的表面波特征变化来实现爆炸物检测的,具有较高的敏感性。

随着微电子机械系统(MEMS)技术的快速发展以及在多个领域的成功应用,MEMS检测爆炸物也受到人们的关注。其中,微悬臂梁传感器通过监测爆炸物吸附所产生的弯曲量或频率变化可实现爆炸物的实时探测。

(2)爆炸物的生物传感器检测

生物受体可产生对目标分子的特异性,所以利用与爆炸物分子互补的生物受体作为敏感材料的生物传感器灵敏度高、选择好,能够实现对爆炸物快速、连续检测。其中,免疫传感器将免疫测定法与传感技术相结合,利用免疫反应将爆炸物分子吸附到传感器件上,从而产生敏感的信号输出。自从酶联免疫吸附测定技术被用于废水中 TNT 的检测以来,免疫传感器吸引着研究者的兴趣,信号输出方式也由最初的吸收光谱法发展到荧光、电化学、质量检测、表面等离子体共振等。

10.5.3　食品安全分析

食品安全是关系到人体健康和国计民生的重大问题。在现在全球化的影响下,食品安全性问题已经变得没有国界,世界各地区的食品安全问题都会相互交叉影响,从而也会对我国食品安全性的信誉带来巨大的负面影响。

目前,我国在食品安全方面的主要技术存在几个问题:

①食品安全检测关键技术不完善且落后。

②缺乏完善的食品安全控制技术。

③没有广泛地应用危险性评估技术,特别是对化学性和生物性危害的暴露评估和定量危险性评估。

④食品安全标准体系与国际不接轨、内容不完善、技术落后。

下面,介绍几种常见的食品安全分析技术。

1. 农药残留检测技术

目前在我国使用的农药大多数为化学农药。由于农药性质、使用方法及使用时间不同,各种农药在食品中的残留程度有所差别。

在农药残留快速检测方面,国际上多采用酶联免疫法、放射免疫法、受体传感器法、金标记法和 eDNA 标记探针法等先进技术进行快速筛检。使用大型精密仪器检测时,为了缩短检测周期而使用一些先进技术,如快速溶剂提取(ASE)、固相萃取(SPE)、超临界萃取(SPF)、免疫亲和色谱(IAC)等样品的处理、浓缩技术,且实现了样品提取的自动化。为了追求灵敏度和效率,检测方法的更新和提高十分迅速,如 SPME 技术也正在从环境水、气样品分析应用向食品安全检测领域过渡。

目前,欧美等技术发达国家由于技术和仪器设备方面的优势,对农药残留的检测已从单个化合物的检测发展到可以同时检测几百种化合物的多残留系统分析,兽药残留的检测也向多组分方向发展。目前,国际上最具代表性的多残留分析方法主要有美国 FDA 的多残留方法、德国 DFG 的方法、荷兰卫生部的多残留分析方法、加拿大多残留检测方法。同时,为了适用于不同介质样品的分析,有些国家将农药残留分析的主要步骤、样品的采集、制备、提取、纯化、浓缩、分析、确证等采用的不同方法建成不同的模块,根据样品及分析要求的不同组合成不同的处理分析流程,从而建立起一个多残留检测选择检索程序的前处理技术平台,使复杂的技术流程简化而又有分析质量保证。

目前在农药多残留检测关键技术方面,具有挑战性的任务主要包括:

①农药残留分析平台研究,按农药品种分组分类建立系统的检测方法和农药多残留检测的技术平台,覆盖农药品种的范围能基本满足国内外相关法规和标准的要求,适用于粮谷、茶叶、蔬菜、水果和果汁。

②我国已有最高残留限量但缺乏检验方法的农药残留量技术的建立,包括除草剂、生长调节剂、杀菌剂和杀虫剂。

③快速检测技术和设备的研制,重点为氨基甲酸酯农药和有机磷农药快速检测方法及其试剂盒和相关设备。

2. 兽药残留检测技术

兽药残留是指食品动物用药后,任何可食动物源性产品中某些药物残留的原型药物或其代谢产物以及与兽药有关的杂质残留。我国主要使用的主要兽药包括抗生素、β-受体激动剂、驱寄生虫剂、激素及其他生长促进剂等。

目前,在兽药残留分析领域所取得的重要进展或发展趋势主要有样品分离纯化技术和定量分析新技术两个方面。样品分离纯化技术的简单化、微型化和自动化大大提高了提取或净化效率及自动化水平。其该技术包括固相萃取(SPE)、免疫亲和色谱(IAC)和分子印迹技术(MIT)等。在兽药残留定量分析方面,除了 GC 和 LC 仍然是最常用的手段外,毛细管电泳、毛细管电色谱(CEC)、免疫分析技术、生物传感器及各种联用技术都在食品分析中发挥越来越大的作用。

3. 食品添加剂和违禁化学品检测技术

食品加工技术的不断发展将会使用一系列的新工艺和新技术,如食品发酵工业中使用新的菌种、使用辐照技术来防腐、纳米钙与螯合钙等的出现,而这些也带来了一系列新的食品安全问题。在新技术方面,容易出现转基因食品安全性的不确定性和辐照食品副解产物的安全性问题。

另外,食品新资源的开发利用导致新的菌种不断涌现,而我国在食品工业用菌的食用安全方面,从管理到技术支持均存在大片空白。即使是一些投产时认为安全的菌种,在长期的传代使用过程中也可能发生变异,突变为产毒菌种,导致有毒代谢产物对食品的污染。

针对我国添加剂检验方法跟不上允许使用限量标准发展,而违禁化学品和国外新开发的添加剂的检验方法更加不能满足需要的形势,建立相应检验技术有利于开展市场和进出口岸监督、保护我国消费者的健康和利益,为食品贸易建立技术措施。

在食品添加剂和违禁化学品检测方面亟待解决的技术包括:

①重点建立还没有标准检测方法的甜味剂、色素、防腐剂和抗氧剂等的测定方法,同时将现有的分析方法提高分析等级,使之能满足现代食品工业的要求。

②功能食品中的有效成分,特别是建立我国功能食品中有效成分的测定方法,包括参类、褪黑素和低聚糖等。

③食品中违禁物测定方法,包括枸橼酸西地那非、盐酸酚氟拉明、罂粟碱和四甲基咪唑等分析方法。

④快速检测方法及其试剂和相关设备的研制,包括硝酸盐、亚硝酸盐、生物碱、巴比妥纸片速测技术和甲醇、杂醇油及食品中桐油、矿物油、磷化物等多功能、智能化光电比色计。

4. 生物毒素检测技术

生物毒素主要指水产品中的生物毒素,包括河豚毒素、霉菌毒素、麻痹性贝毒、腹泻性贝毒和神经性贝毒微囊藻毒素。人类在摄食了含有这些生物毒素的水产品发生中毒后,追究中毒原因并逐步了解这些毒素的化学性质,从而建立它们的分离检测技术,为防治生物毒素中毒提供了强有力的技术保障。

河豚毒素的检测在我国有特殊的需要,但目前尚没有能满足日常监督检验需要的快速方法。我国在贝类生物毒素的检测能力,特别是在以现代生物手段发展的快速检测技术方面尚没有形成适应我国食品安全监控需要的能力。针对常规化学分析方法测定生物毒素难以满足国际上越来越严格的允许限量标准要求,在灵敏度方面取得突破,并满足食品安全监控中快速检测的要求。通过单克隆抗体技术制备一系列的生物毒素的抗体,进而制备免疫亲和色谱技术和 ELISA 测定试剂盒,使我国食品中生物毒素危害得到有效控制。

在生物毒素检测方面我国亟待解决的技术有:

①霉菌毒素的检测技术包括亲和色谱技术结合 HPLC 检测技术和 ELISA 试剂盒。在黄曲霉毒素检测方面能够检测 B1、B2、G1、G2,并发展黄曲霉毒素硅酸盐溶胶凝胶高效分离微柱技术。

②贝类毒素和藻类毒素,建立麻痹性贝毒、遗忘性贝毒、神经性贝毒、腹泻性贝毒、蛤毒素和淡水藻中微囊藻毒素的检测方法的免疫法和 LC-MS 法。

5. 转基因食品的安全性分析

转基因食品(GMF),是指部分或全部利用转基因生物体生产的食品和食品添加剂。与传统食品相比,转基因食品可以增加食品的营养成分,延长食品的保持期,降低生产成本,提高生产效率及产量等。

然而,转基因食品对人类健康产生不良影响:

①可能含有对人体有毒害作用的物质。

②可能含有使人体产生致敏反应的物质。

③营养价值可能与非转基因食品具有显著不同,长期食用转基因食品可能对人体健康产生某些不利影响。

另外,转基因食品的原料即转基因生物对生态环境的影响,包括转基因生物与非转基因生物的生存竞争性、生殖隔离距离、与近缘野生种的可交配性及对非靶生物的影响等。

转基因食品的检测主要从两方面入手:

①核酸检测,即检测遗传物质中是否含有插入的外源基因。

②蛋白质检测,即通过对插入外源基因表达的蛋白质产物或其功能进行检测,或者是检测插入外源基因对载体基因表达的影响。

核酸检测主要有各种 PCR 方法、Southern 杂交、Northern 杂交和基因芯片技术等。蛋白质检测主要有酶联免疫吸附测定法、蛋白质印迹法、"侧流"型免疫测定法和试纸法等。近年来,CE 技术也逐渐应用到转基因食品的检测中。CE 方法比平板凝胶电泳法具有更高的分离效率和更快的分离速度,于是有取代平板凝胶电泳方法的趋势。

目前,有多种 CE 方法成功地应用在转基因食品的检测中,这些方法从电泳分离手段分类可分为毛细管凝胶电泳、毛细管无胶筛分电泳及芯片 CE 等,从电泳检测器分类可分为紫外检测、荧光检测、激光诱导荧光检测、化学发光及电致化学发光检测法等。另外,芯片 CE 技术也在转基因食品检测中得到了应用。

10.6　环境分析化学

环境分析化学是分析化学理论与方法的重要应用领域之一,又是环境化学的一个重要支撑。环境化学分析又称环境分析,是分析化学的理论与方法上的应用领域之一。

环境分析化学是研究和应用现代分析化学的基本理论和方法,用于鉴别和测定环境污染物的学科分支。

环境分析化学的特点如下：

①研究对象复杂、广泛。

②样品组成复杂,被测组分含量低微。不仅要定性、定量,而且要作形态分析和价态分析。这就要求不断研究高选择性、高灵敏度的分析方法。

③样品稳定性差。这就要求分析要适时、快速。最好是发展现场连续、自动和遥控等分析技术方法。

④被测对象的有害性。既然是环境污染物,自然会对人或生物存在危险。它可能表现为毒性、三致性、可燃性、爆炸性、腐蚀性等,这就要求环境分析工作者具有高度责任心和献身精神,又要具有严谨的科学作风和高超的分析技能。

10.6.1　环境分析监测与保护

环境分析与环境监测是既有密切联系又有区别的概念。环境分析是环境监测的基石之一,环境监测是在环境分析基础上发展起来的。环境分析以不连续操作和实验室分析为主,往往只能分析测定一些局部的、短时间的单个的污染物质。这对评价环境质量来说就远远不够了。它需要有多种代表环境质量标志的数据环境监测的内容要比环境分析广泛得多。既包含化学污染物,也包含物理因素污染和生物污染,以及寄生虫、有害微生物等。此外,环境监测为了采集代表环境质量的数据,更注重对污染因素进行长时间的、连续的监测。环境监测技术按目的不同可分为例行的监视性监测、研究性监测、事故性监测、自卫性监测;按监测对象不同又可分为大气监测、水质监测、土壤监测、生物监测、生态监测、能量监测等。

当代的一个重大问题就是,面对世界人口不断增长和集中以及生活水准不断提高,我们应当如何保护好环境。保护环境要求对污染物及其强度作时间和空间方面的追踪,掌握其来源、分布、迁移、反应、转化归宿及对环境的影响程度。在此基础上,总结环境变化的规律,做出对环境污染的预测和预防,为环境治理奠定科学基础。环境分析工作者要和环境医学等学科合作,逐步制定出污染物允许最高浓度。环境分析的目标之一就是在污染物远低于阈值时就能检测出来,以便尽早采取措施,而不总是费时费力地补救。环境分析已渗透在整个环境科学各个领域,起着十分重要的作用。

早期、即时的环境分析使人们及早做出关于污染的来源、变化趋势和采取对策的水平的慎重决定。所以说,检测就是保护。提高环境监测水平关键是要改进分析方法,提高分析检测方法的灵敏度、选择性、准确度和分析速度,以便在远低于污染物危险阈值的浓度时就能够检测出来,从而能够提示我们及早采取措施。

10.6.2　环境分析的取样

环境分析的取样是分析监测工作的关键步骤之一,是一项十分复杂、耗时耗力、技术性要求甚高的工作。为了合理布设采样点,确定采样时间、采样频度和采样量,就必须根据分析监测的对象、监测项目和监测要求,事先对监测区的情况作详细调查。弄清污染源的分布,工业区的布局,相关企业的性质、产品、规模等情况,"三废"排放量及所含有害物质的类别;了解监测区域水文、气象、地质、地貌、城市给排水、降雨量及主导风向;了解人口分布,农药及化肥使用情况等。充分利用历史资料和备方面信息,将有助于减少取样工作量。虽然增加采样点、采样持续时间、采样频度和采样量都有利于提高分析监测结果的可靠性,但必须同时要考虑人力、物力的消耗。因此,要优化采样方案,当然,还要考虑到采样方法实施的可能性。

1. 水样的采集和保存

水质监测涉及范围甚广,包括河流、湖泊、水库、海洋、地下水、工业用水、排放水、生活饮用水等。我们以河流、湖泊为例。

（1）采样点的布设

在对河流和湖泊考虑采样点的布设时,常将其看成一个三维空间,而采样点就分布在某一断面上。监测断面应设置在水域的关键位置上,例如河流进入城市以前的地方;湖泊、水库的主要入口或出口处;有大量废水排入河流的主要居民区、工业区的上游或下游;饮用水源区、主要风景区、水上娱乐区、排灌站等。有时为了取得水系和河流的环境背景监测值,还应在清洁的、基本上未受人类活动影响的河段上设置"背景断面"。在一断面上采样点的数目,取决于水面的宽度和深度,监测断面和采样点的位置确定后,应设立人工标志物,使每次采样取自同一位置,以保证样品的可比性。倘若是对工业废水监测的采样,可以有针对性地选择车间或工厂总排污口处布点采样,也可以在污水处理设施的出口处布点,以考察对废水处理的效果。

（2）采样频率

为使采集的水样具有代表性,能够反映水质的变化规律,必须确定合理的采样时间和频率。如为了掌握河流水质的季节变化,需要采集四季的水样,每季不少于三次;也可按丰水期、平水期和枯水期采样,每期采样两次;对于一些重要的控制断面,为能了解一天内或几天内的水质变化,可以在一天 24 h 内按一定时间间隔进行采样;背景断面每年采样 1~2 次即可。

（3）水样的采集

环保部门使用多种类型的水质监测采样器。最简单的当为水桶和单层采水瓶,结构简单,使用方便,但水样与空气接触,不适于测定水中溶解氧;常用的采水器还有直立式采水器、手摇泵、电动采水泵、连续自动定时采水器、深层采水器等。当采样环境流量大,水深时,常采用急流采样器,如图 10-8 所示。它是将一根长钢管固定在铁框上,管内装有一根长橡皮管,橡皮管上部用夹子夹紧,橡皮管下端与瓶塞上一根短玻璃管连接,橡皮塞上另有一根长玻璃管直通至采样瓶底部。当采集水样时,塞紧橡胶塞,沿垂直方向伸入要求的水深处,打开上部橡皮管夹,水样便从长玻璃管口进入样品瓶中,瓶内空气由短玻璃管沿橡皮管排出。这样采集的水样是与大气隔绝的,所以可用于测定水中溶解性气体,如溶解氧。当然,对采样瓶或采样桶的材质应有一定规格,要求其化学性能稳定,不吸附待测组分,容易清洗,可反复使用等。

（4）水样的保存

水样在存放过程中,由于物理的、化学的和生物的作用,其成分可能发生变化。如金属离子可能被瓶壁吸附,硫化物、亚硫酸盐、氰化物可能被氧化,苯酚类可能被细菌分解等等。为此,水样保存应当采取三项措施:一是选择性质稳定、杂质含量低的材料作贮水容器,如硼硅玻璃、石英、聚乙烯、聚四氟乙烯等;二是尽可能地缩短采样和测定的时间间隔。一些项目尽量在现场测定,如水样的 pH、色度、嗅味、悬浮物、浊度、电导、溶解氧等;三是对不能尽快分析的水样采取适当的保存措施,如加入化学试剂,冷藏或冷冻。冷藏或冷冻是很好的保存技术,但它不适用于很多类型的样品;加入化学试剂可调节水样的 pH,防止金属离子水解沉淀或被瓶壁吸附,或起生物抑制的作用。当然,加入的保存试剂纯度要高,并且不能干扰以后的测定。必要时,应做相应的空白试验,对测定结果进行校正。

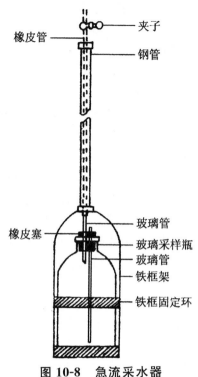

图 10-8　急流采水器

2. 大气样品的采集

(1)大气采样点的布设

大气"海阔天空",合理布点对了解污染的特征及提高监测效率显得更为重要。通常采用的布点方法有以下 4 种:

①网格布点法。该法是将监测区域的地面按地理坐标划分成若干均匀方格,采样点可设在方格中心,如图 10-9 所示。网格大小视污染源、人口分布及人力、物力等因素而定。但对一个城市来说,总点数应在 15 个以上,如果将网格划分的足够小,则可将监测结果绘成污染物浓度空间分布图,对城市环境状况的了解和治理将有重要意义。

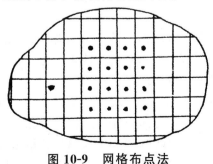

图 10-9　网格布点法

②同心圆布点法。该法适用于污染源的调查或风向多变的情况。先以点污染源为圆心，画同心圆，圆间距约 $0.5 \sim 2.0$ km，同心圆数目不少于 5 个，再画出 8 方位的放射线。同心圆与放射线的交点即为监测点，如图 10-10 所示。

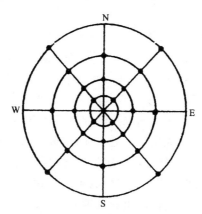

图 10-10　同心圆布点法

③扇形布点法。该法适用于主导风向明确，风向变化不大的情况。首先以主导风向为轴线，向两侧分别画出 $30°$，$22.5°$，$15°$ 等夹射角射线，再画出三条放射线和同心弧线，射线与弧线交叉点即为监测点，如图 10-11 所示。

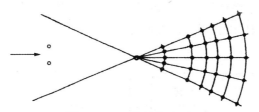

图 10-11　扇形布点法

④功能区布点法。该法是将监测区划分为工业区、商业区、居住区、工业居住混合区、交通稠密区、文化区和清洁区，在各功能区设置一定数量的采样点。该法多用于区域性常规监测。

（2）采样时间和频度

我国监测技术规范对环境空气污染例行监测规定的采样时间（一个采样周期所持续的时间）和采样频度（在采样时间内的采样次数）如表 10-1 所示。

表 10-1　环境空气采样时间与频度

临测项目	采样时间和频度
二氧化硫	隔日采样，每次采样连续 (24 ± 0.5) h，每月 $14\sim16$ d，每年 12 个月
氮氧化物	隔日采样，每次采样连续 (24 ± 0.5) h，每月 $14\sim16$ d，每年 12 个月
总悬浮颗粒物	隔双日采样，每天 (24 ± 0.5) h 连续监测，每月监测 $5\sim6$ d，每年 12 个月监测
灰尘自然沉降量	每月 (30 ± 1) d 监测，每年 12 个月监测
硫酸盐化速率	每月 (30 ± 1) d 监测，每年 12 个月监测

（3）环境空气的采样方法

①直接采样法。直接抽取少量空气样品进行分析。该法所得结果为污染物瞬时浓度,要求采用的分析方法有较高的灵敏度。该法常用的采样工具为塑料袋、玻璃注射器、采气管和真空瓶。

②富集采样法。富集采样法又称浓缩采样法。该法适合于大气中污染物浓度甚低时的情况,在采样同时将污染物进行富集。所以,该法测定的是采样时间内有害物质的平均浓度。常采用的是溶液吸收法和填充柱阻留法。溶液吸收法是将待测气体通过吸收液,由于溶解作用或化学反应将待测组分吸收进吸收液中。吸收液中待测组分浓度与通气时间、吸收速度大小等相关。常用的吸收液有水、化学试剂的水溶液和有机溶剂等。选择吸收液时应考虑到以下因素:吸收液对富集对象溶解度大或化学反应快速;吸收液要有足够的稳定性;吸收液不应影响下一步测定。填充柱阻留法是让气样以一定流速通过用活性炭、硅胶、分子筛等填充的玻璃管或不锈钢管柱,通过吸附、反应等作用,使待测组分阻留在柱中的填充剂上,达到浓缩的目的。采样后通过解吸或溶剂洗脱,使待测组分从填充剂上释放出来进行测定。

3. 土壤样品的采集

土壤是人类和生物赖以生存的基础。土壤中的化学污染物通过食物链进入人体,所以,土壤中所含的农药和重金属是环境监测的重点之一。土壤不均一性比大气和水体严重得多,因此更强调多点土壤采样,采样点的布设要根据污染情况和监测目的设定。所采得样品等量均匀混合,反复按四分法弃取,以获得有代表性的样品。通常按图 10-12 所示的 4 种方式之一布设采样点。

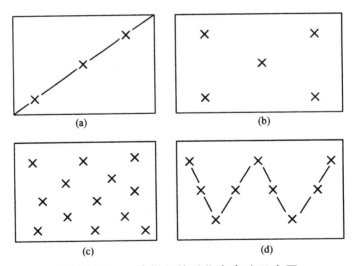

图 10-12　土壤样品的采集布点法示意图

(a)蛇形布点法:适用于大面积、地势不平坦的田块;(b)梅花形布点法:适用于面积较小、地势平坦的田块;
(c)棋盘式布点法:适用于地势平坦的水型污染的田块;(d)对角线布点法:适用于污水灌溉的田块

测定土壤中的挥发酚、铵态氮、硝态氮、二价铁等不稳定成分,需要提供新鲜土壤样品。除此之外,绝大多数土壤测定项目均要求提供风干样品。因为风干样品较易混匀,重复性、准确性均比较好,也有利于防止土壤的霉变。将风干样品贮存于玻瓶或聚乙烯瓶中,在阴凉、干燥、避光、密封条件下可保存一年以上。

10.7　其他分析化学应用的前沿领域

现代分析化学完全能提供各种物质的组成、含量、结构、分布、形态等全面的信息。而微区分析、无损分析、联用技术、在线检测等新技术、新方法的应用正使分析化学向更高的境界发展,孕育着新的飞跃。

分析化学将进一步吸取生物学、微电子学、计算机学、数学、材料科学等学科的新成就,朝着提高选择性,提高灵敏度,提高分析速度的方向发展。提高分析技术的智能化水平,尽可能地获取复杂体系的多维化学信息,充分利用与挖掘化学信息。同时分析化学将由现在的化学模式转变为生物-化学模式。分析化学家将更加关注生物活性物质和生命体本身的研究。

10.7.1　分析化学信息

21 世纪人类已经进入了信息化时代,国际的人流、物流和信息流在不断地交换和更迭,信息所包含的内容也在不断地扩展和延伸。信息具有普遍性、无限性、时效性、真伪性和保密性等多种特征。真实的信息反映客观事物的运动状态及变化规律,只有真实的信息才成为科学决策的依据。

按照载体的不同,信息可分为纸质印刷型和非纸质印刷型。纸质印刷型是目前最为主要、最为普遍的信息媒体类型,如图书、期刊等;非纸质印刷型利用的是光、电、磁技术所建立的现代信息媒体,如缩微胶片、计算机阅读型的各种文件、数据库及机读电子出版物等,特别是建立在现代计算机技术和通信技术基础上的网络系统,可以使人们以前所未有的速度和容量获取信息。

分析化学是人们利用分析方法研究物质组成、含量和结构等化学信息的科学,在科学研究和社会发展的不同领域中应用十分广泛,产生了“海量”的分析数据和分析结果,形成了巨大的分析化学信息资源,并随着计算机技术和网络技术的飞速发展而迅速传播、交流和扩展。所以,学习和掌握有效地获取与利用分析化学信息资源的基本知识,应是分析化学专业的重要内容之一。

10.7.2　高分子材料性能分析

高分子材料作为材料领域的后起之秀,与传统的金属和无机材料相比具有许多十分突出的性能,而且来源丰富、加工方便、价格低廉。一个世纪以来,高分子材料的生产和应用取得了突飞猛进的发展,发展速度远远超过了其他传统材料。

目前,世界高分子合成材料的年产量已达 2 亿吨,并且在现代工业、农业、能源、交通、建筑、国防等各个领域都获得了广泛应用。在当今许多尖端技术领域,例如微电子、光电信息技术、生物技术、空间技术、海洋工程等,高分子材料也已成为不可或缺的重要材料。

高分子材料的优异性能与其特殊结构密切相关。结构是决定高分子材料使用性能的基础,而材料的性能则是其内在结构在一定条件下的表现。要知道高分子材料有什么特殊性能、可以在哪些领域应用,必须对聚合物材料的结构有必要的了解。

　　此外,材料的性能是决定该材料能否在特定条件下使用的依据。人们在从事高分子材料合成、加工和应用的过程中,通常需要对产品质量进行控制和评价,因此需要分析测试聚合物的各种性能。

　　聚合物的结构和性能分析除了使用一些经典的分析方法,还需要使用现代分析方法和技术。例如,聚合物的结构分析就涉及红外光谱、拉曼光谱、电子能谱、核磁共振、X射线衍射、电子衍射、中子散射、电子显微镜、原子力显微镜、热分析等多种现代分析仪器的使用。而对于聚合物材料的性能测试而言,由于材料的性能非常宽泛,包括力学性能、耐热性能、电性能、光学性能、流变性能等,所涉及的测试仪器和试验方法就更多了。

参考文献

[1]潘祖亭,黄朝表.分析化学.武汉:华中科技大学出版社,2011.

[2]屠闻文.分析化学分析方法及原理研究.北京:中国原子能出版社,2012.

[3]薛华.分析化学(第2版).北京:清华大学出版社,1997.

[4]吴性良,孔继烈.分析化学原理(第2版).北京:化学工业出版社,2010.

[5]席先蓉.分析化学.北京:中国医药出版社,2006.

[6]国家自然科学基金委员会化学科技部;庄乾坤,刘虎威,陈洪渊.分析化学学科前沿与展望.北京:科学出版社,2012.

[7]许金生.仪器分析.南京:南京大学出版社,2003.

[8]陶增宁,白桂蓉.分析化学.北京:中央广播电视大学出版社,1995.

[9]王蕾,崔迎.仪器分析.天津:天津大学出版社,2009.

[10]陈智栋,何明阳.化工分析技术.北京:化学工业出版社,2010.

[11]孙延一,吴灵.仪器分析.武汉:华中科技大学出版社,2012.

[12]蒋云霞.分析化学.北京:中国环境科学出版社,2007.

[13]严拯宇.仪器分析(第2版).南京:东南大学出版社,2009.

[14]周梅村.仪器分析.武汉:华中科技大学出版社,2008.

[15]马长华,曾元儿.分析化学.北京:科学出版社,2005.

[16]高歧.分析化学.北京:高等教育出版社,2006.

[17]王芬.分析化学(第2版).北京:中国农业出版社,2009.

[18]王令令.分析化学计算基础.北京:化学工业出版社,2002.

[19]薛华.分析化学(第2版).北京:清华大学出版社,1997.

[20]杨立军.分析化学.北京:北京理工大学出版社,2011.

[21]王炳强.仪器分析——光谱与电化学分析技术.北京:化学工业出版社,2010.

[22]郭英凯.仪器分析.北京:化学工业出版社,2009.

[23]曹国庆.仪器分析.北京:高等教育出版社,2007.

[24]张寒琦.仪器分析.北京:高等教育出版社,2009.

[25]方惠群,于俊生,史坚编.仪器分析.北京:科学出版社,2002.

[26]郭勇,杨宏秀.仪器分析.北京:地震出版社,2001.

[27]陈媛梅.分析化学.北京:科学出版社,2012.

[28]魏福祥.仪器分析及应用.北京:中国石化出版社,2009.

[29]田丹碧.仪器分析.北京:化学工业出版社,2004.